U0151357

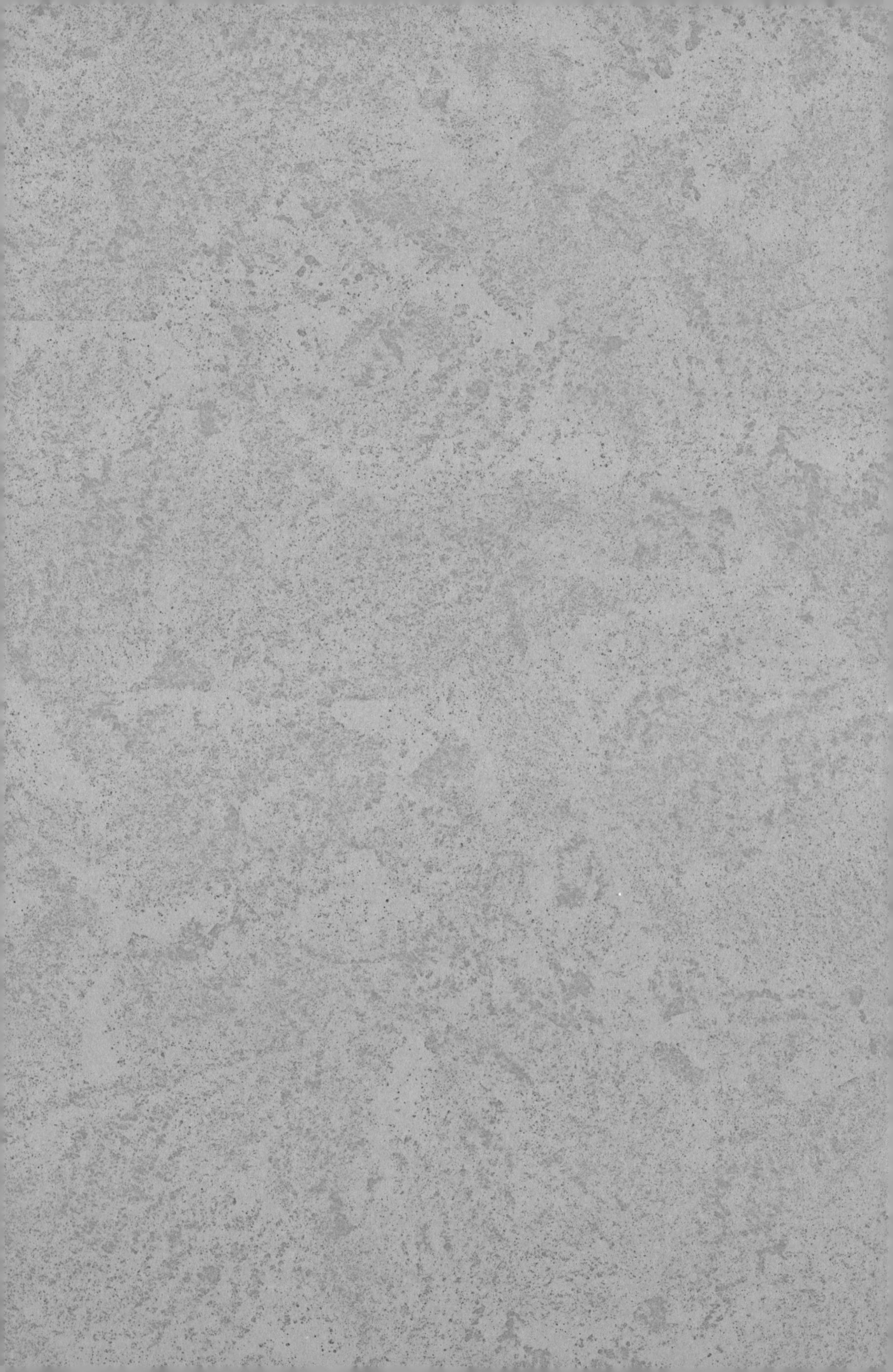

本书为国家社科基金重点项目“金元以来山陕水利图碑的搜集整理与研究”
（项目编号：17AZS009）最终研究成果

张俊峰 著

金元以来山陕水利社会新探

Monuments Illustrating the Water Conservancy Society in Shanxi and Shaanxi since the Jin and Yuan Dynasties

南開大學出版社
天津出版传媒集团
天津人民出版社

图书在版编目(CIP)数据

图碑证史：金元以来山陕水利社会新探 / 张俊峰著
. -- 天津：南开大学出版社：天津人民出版社,
2024.6
ISBN 978-7-310-06453-3

Ⅰ.①图… Ⅱ.①张… Ⅲ.①水利史—史料—陕西—
辽宋金元时代②社会史—史料—陕西—辽宋金元时代③水
利史—史料—山西—辽宋金元时代④社会史—史料—山西
—辽宋金元时代 Ⅳ.①TV-092②K294.1③K292.5

中国国家版本馆CIP数据核字(2023)第134960号

图碑证史:金元以来山陕水利社会新探

TUBEI ZHENGSHI : JIN YUAN YILAI SHAN SHAAN SHUILI SHEHUI XIN TAN

出　　版　南开大学出版社　天津人民出版社
出 版 人　刘文华
地　　址　天津市南开区卫津路94号
邮政编码　300071
邮购电话　(022)23332469
网　　址　https://nkup.nankai.edu.cn

策划编辑　李佩俊
责任编辑　路文静　李佩俊
封面设计　明轩文化 TEL:23674746 · 王　烨

印　　刷　天津创先河普业印刷有限公司
经　　销　新华书店
开　　本　710毫米×1000毫米　1/16
印　　张　21.75
插　　页　24
字　　数　386千字
版次印次　2024年6月第1版　2024年6月第1次印刷
定　　价　198.00元

山西·明嘉靖四十二年(1563)·闻喜《水利人工牌帖碑记》

山西·明嘉靖四十二年(1563)·闻喜《水利人工牌帖碑记》碑阴

《涑水渠图说》

山西·明万历十九年(1591)·介休洪山村《源泉水利诗图碑》

山西·明万历二十一年(1593)·介休洪山村《新浚洪山泉源记》

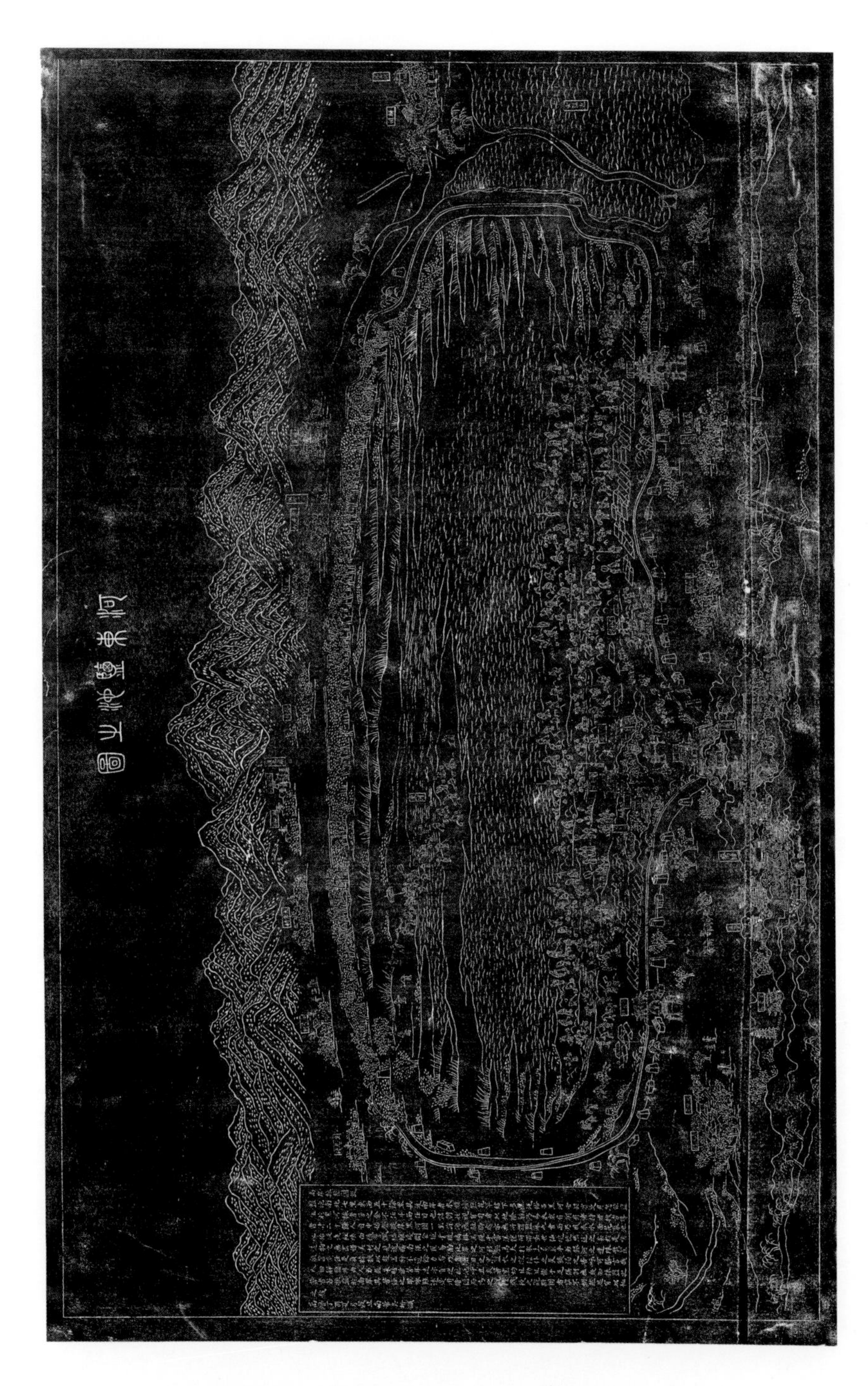

山西·明万历二十五年(1597)·运城《河东盐池之图》

山西·明万历二十八年(1600)·河津《瓜峪口图说碑》

山西·清雍正四年(1726)·赵城《建霍渠分水铁栅详》

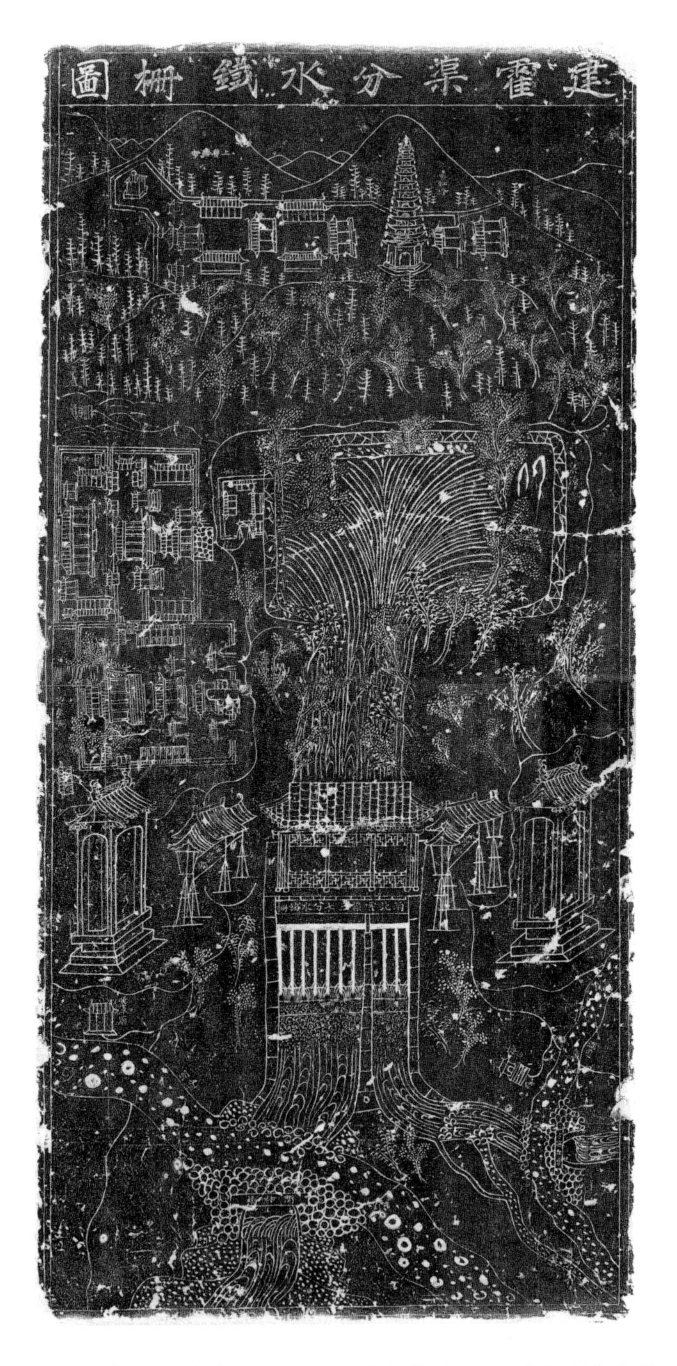

山西·清雍正四年(1726)·赵城《建霍渠分水铁栅详》碑阴
《建霍渠分水铁栅图》

山西·清乾隆四十三年（1778）·稷山《稷山新绛马壁峪分水图碑》

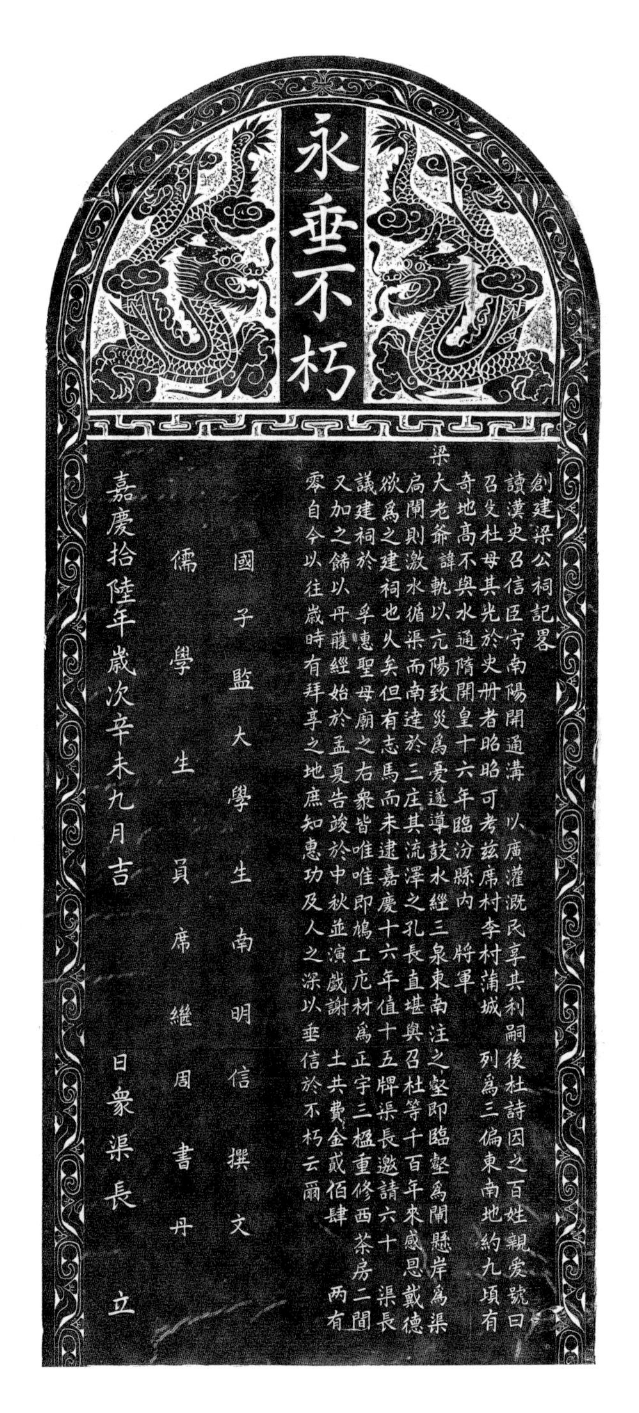

永垂不朽

創建梁公祠記畧
讀漢史召信臣守南陽開通溝 以廣灌溉民享其利嗣後杜詩因之百姓親爱號曰
召父杜母其光於史冊者昭昭可考玆席村李村蒲城 列爲三偏東南地約九頃有
奇地高不與水通隋開皇十六年臨汾縣内 將軍
梁大老爺諱軌以亢陽致災爲憂遂導鼓水經三泉東南注之壑即臨壑爲閘懸岸爲渠
扃閘則激水循渠而南達於三庄其流澤之孔長直堪與召杜等千百年來感恩戴德
欲爲之建祠也久矣但有志焉而未逮嘉慶十六年值十五牌渠長邀請六十 渠長
議建祠於 孚惠聖母廟之右衆皆唯唯即鳩工庀材爲正宇三楹重修西茶房二間
又加之飾以丹雘經始於孟夏告竣於中秋並演戲謝土共費金貳佰肆 两有
零自今以往歲時有拜享之地庶知惠功及人之深以垂信於不朽云爾

國子監大學生南明信撰文
儒學生員席繼周書丹

嘉慶拾陸年歲次辛未九月吉 日衆渠長 立

山西·清嘉庆十六年(1811)·新绛席村《创建梁公祠记略》

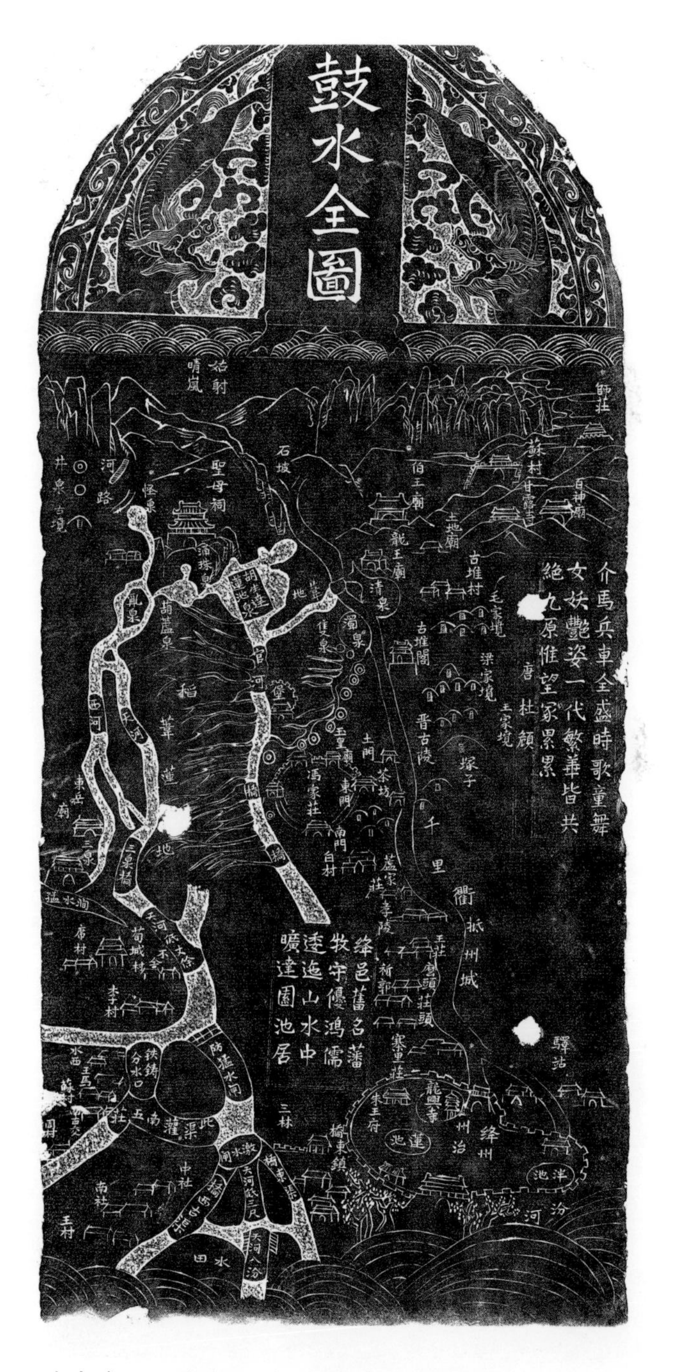

山西·清嘉庆十六年(1811)·新绛席村《创建梁公祠记略》碑阴
《鼓水全图》

山西·清道光二年(1822)·曲沃《沸泉水利图碑》

山西·清同治元年(1862)·《平遥县新庄村水利图碑》碑阳

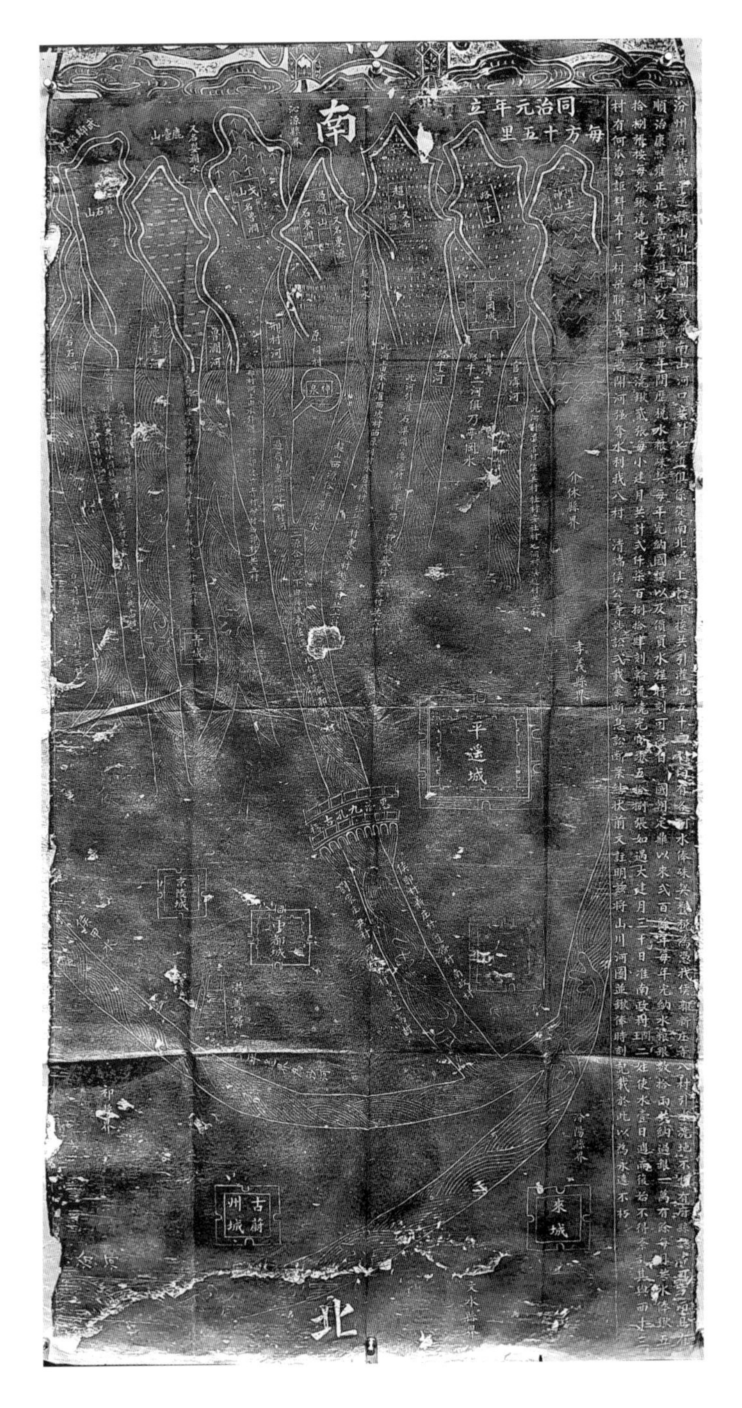

山西·清同治元年(1862)·《平遥县新庄村水利图碑》碑阴

山西·清同治四年(1865)·太原西张村《呼延同心两渠图说》

山西·清同治四年(1865)·太原西张村《村界图碑》

山西·清同治十二年(1873)·新绛白村《鼓水全图》

山西·清光绪七年(1881)·霍州《贾村社水利碑记》碑阴《泉图》

山西·清·运城夏县南大里乡赵村《河图》

山西·清·运城夏县南大里乡赵村《青龙河石盆图》

山西·1921年·霍州《贾村上渠新开泉图碑》碑阴

山西·1925年·霍州杜庄村《淆波碑记》

山西·1925年·霍州杜庄村《潜波碑记》碑阴

《马跑泉附近地形概图》

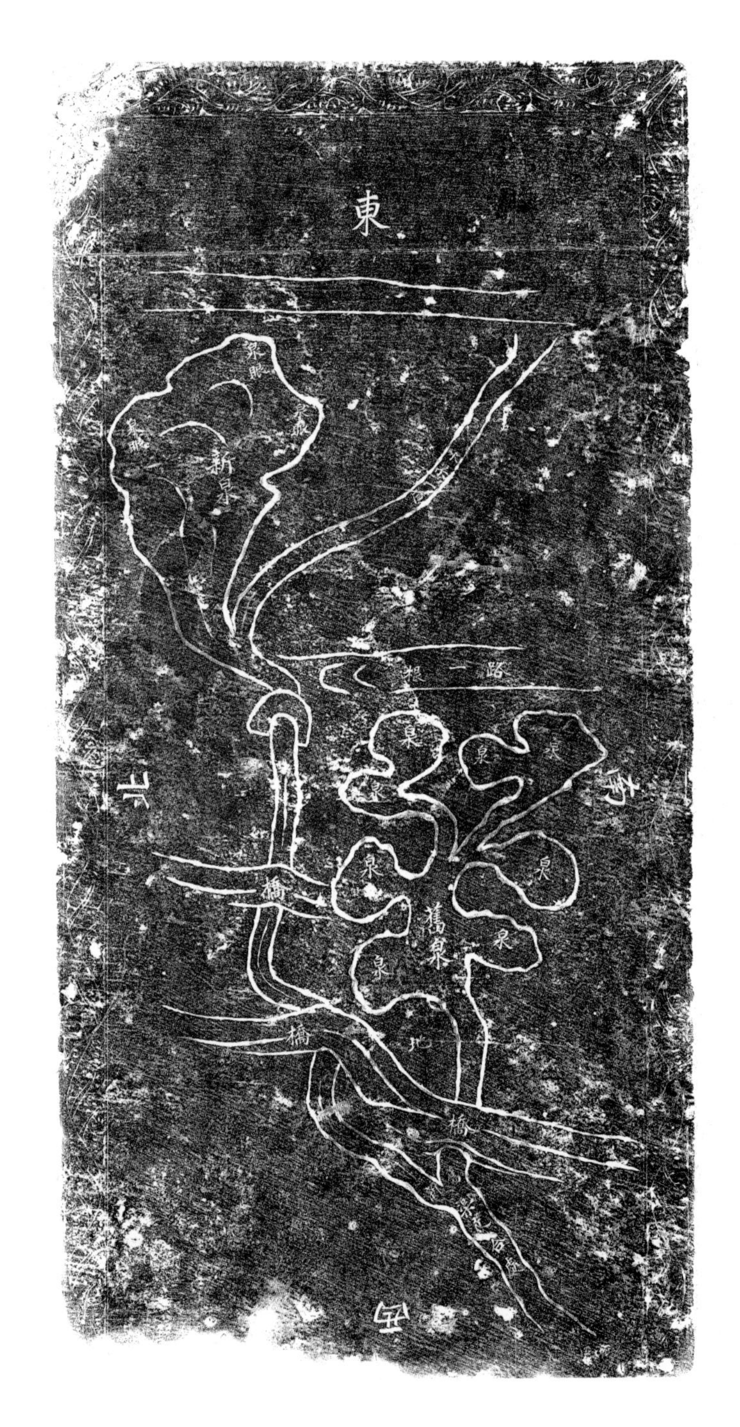

山西·1926年·霍州《贾村下渠新开泉图碑》

山西·1935年·平遥《南北鲁涧河源流水道详图》

山西·河津干涧村《三峪渠图碑》

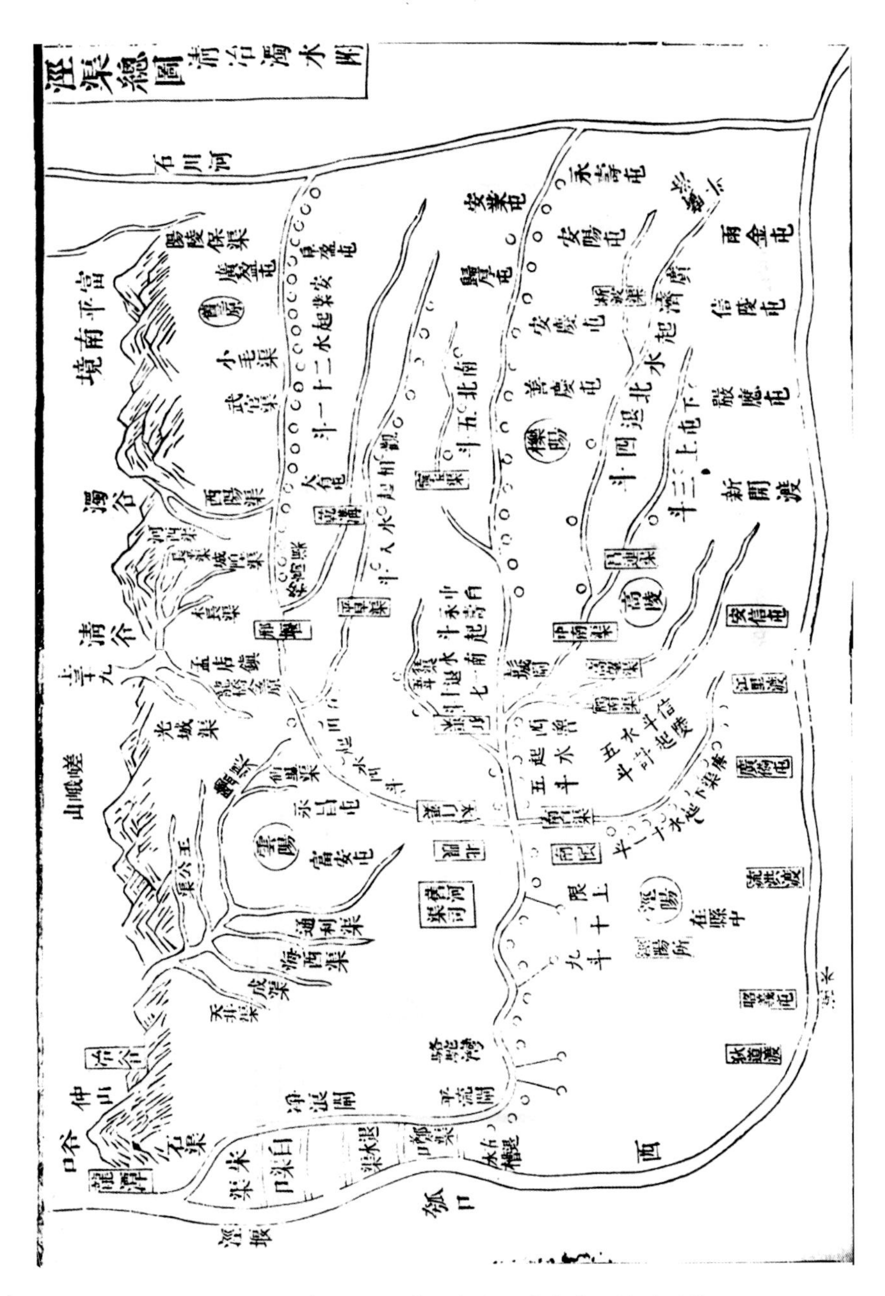

陕西·元·李好文撰《长安志图》中《泾渠总图》

陕西·明成化五年(1469)·泾惠渠管理局《新开广惠渠记》
碑阴《历代因革画图》及摹绘图

陕西·清道光二十四年(1844)·潼关《黄河滩阡图碑》

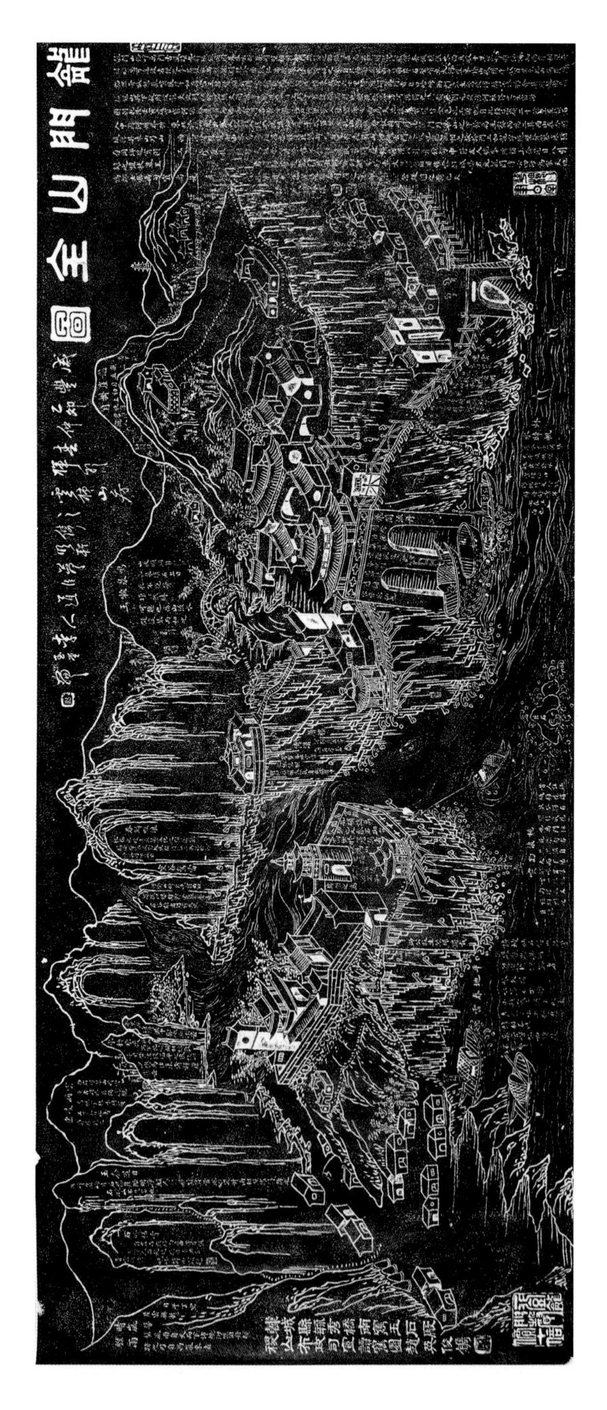

陕西·清咸丰五年(1855)·韩城《龙门山全图》

浙江·南宋绍兴八年（1138）、明洪武三年（1370）重刊·丽水
《通济堰图》

河南·清乾隆二十三年(1758)·商丘永城县《开归陈汝四郡治河图》

广东·清康熙五十七年(1718)·佛山《存院围基图碑记》

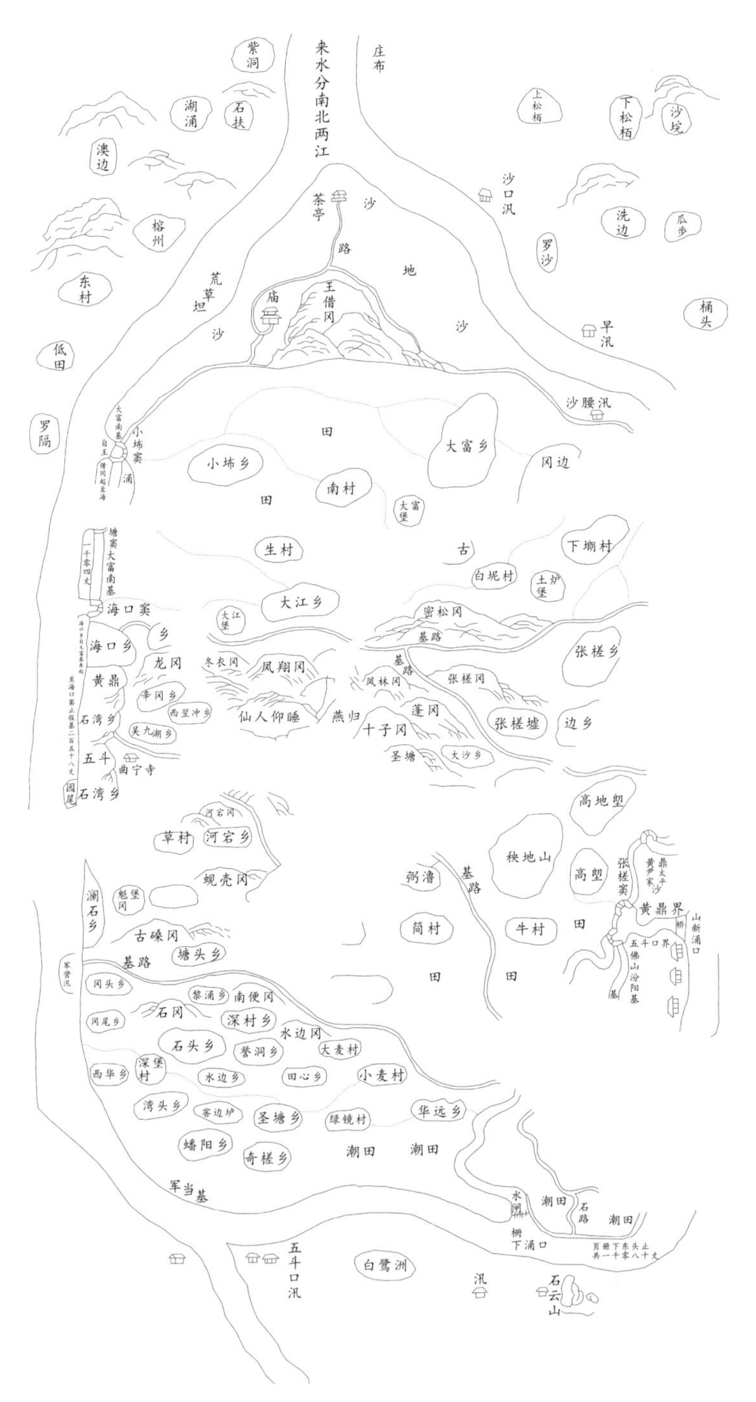

广东·清康熙五十七年(1718)·佛山《存院围基图碑记》局部摹绘图

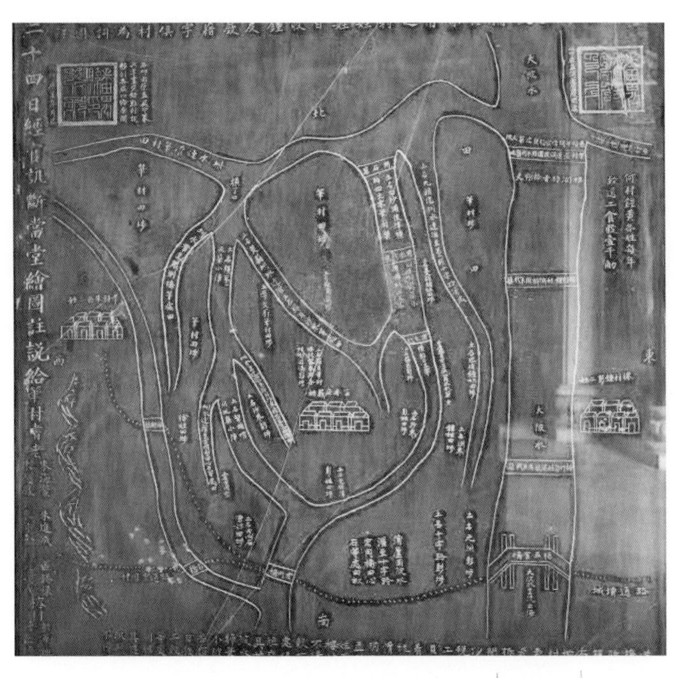

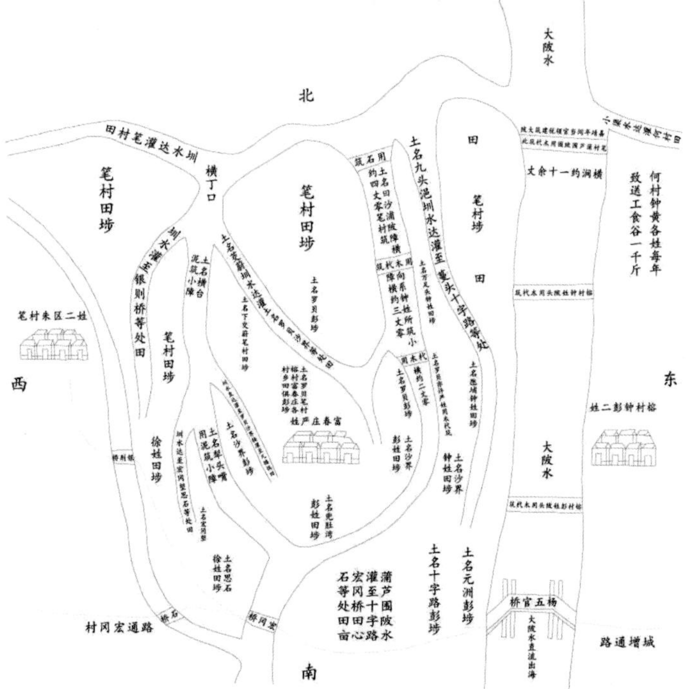

广东·清道光十二年(1832)·番禺《蒲芦园陂图各圳水道图》及摹绘图

序　一

置放在案头的这部书稿——《图碑证史：金元以来山陕水利社会新探》，已经是张俊峰同志有关水利社会史研究的第三本著述了。前两本分别是《水利社会的类型：明清以来洪洞水利与乡村社会变迁》（北京大学出版社2012年版）、《泉域社会：对明清山西环境史的一种解读》（商务印书馆2018年版）。如果从1999年俊峰同志步入硕士研究生阶段算起，至今已有二十多个年头。二十多年来，他以水利社会史为治史之焦点，可谓久久为功，成就斐然。我为他取得的成就感到欣慰，也对这本新著的出版表示祝贺。

俊峰同志前后三部著作的出版，不免勾起我对国内水利社会史研究的一点感想。三部著作，从时间维度上看去，一定程度上反映出国内水利社会史研究的三个阶段：①世纪之交，回应科学发展、可持续发展的伟大社会实践，水利社会史在中国社会史的大花圃中破土而出，应运而生。②"水利"和"社会"的连体结合，突破了过去"就水利而水利"，过多重视水利工程和技术而忽略社会环境因素的局限，进而试图建立一个"以水利为中心延伸出来的区域性社会关系体系"。③以水为中心，勾连环境、土地、人口、森林、植被、气候等资源要素及其变化，进而考察由此形成的社会政治、经济、文化、制度、组织、规则、象征、传说、人物、家族等社会生产、生活多方面的历史变迁，这就是水利社会史最初的研究样貌。

山西大学中国社会史研究中心从人口、资源、环境史的角度出发，"以水为中心"开展水利社会史的研究。我清楚地记得，2004年，在山西大学举行的“首届区域社会史比较研究中青年学者学术讨论会”期间，来自加拿大的丁荷生教授对我说，你们把关于水利的研究拓展到了水利社会的研究，这是一个新的研究方向。当然，这只是朋友间一句鼓励的话。俊峰关于“洪洞水利”的研究，就是他在博士论文的基础上修改完成的，又是这一时期水利社会史研究具有代表性的著述之一。该书对洪洞霍泉、通利渠和雷鸣渠三种不同类型的灌溉系统进行分析研究，利用的资料包括各种水利志书、县志、专志、村志、地名志、文史资料等，又有二十余次田野调查所得多种渠碑、庙碑、水册、渠册、口述等。正是基于如此勤苦的文献和田野工作，该书在研究三种不同类型灌溉系统的基础上，提出了“从类型学视角出发开展中国水利社会史研究”的命题。

大约十年时间，泉域社会、流域社会、湖域社会、洪灌社会、库域社会等，不同类型的“以水为中心”的社会史研究成果大量涌现。关于黄土高原、河套平原、华北平原、江汉平原、江南水乡、华南山区等地，都发表了不少水利社会史相关的论著和论文。俊峰的第二部著作《泉域社会：对明清山西环境史的一种解读》，正是这一波学术潮流中的研究成果之一。该书将个案研究与专题研究相结合，对山西太原晋水、介休洪山、洪洞霍泉三个泉域社会的历史变迁进行考察，进一步对泉域社会民众的水权观念、分水传说、水神信仰等问题进行专题研究，最后从四个方面对泉域社会研究的理论进行反思，是一个富有创新意识的积极探索。最近这些年来，水利社会史研究出现了一个明显多元化的趋向——多个区域的研究、多种理论的运用、多个学科的方法、多种视角的探讨、多种资料的发现，等等，甚至构建“水历史”学科也呼之欲出了。对此我是翘首以待，乐见其成的。

话说回来，俊峰的第三部水利社会史研究著述，即将要付梓的《图碑证史：金元以来山陕水利社会新探》，是当前水利社会史多元化研究趋向中一部重要的、具有创新性的著作。我在通读书稿后，感到本书最大的突破，在于其将图碑这一重要的历史遗存纳入水利社会史研究的视野中，它不仅拓宽了资料的范围，同样拓宽了研究的视野。

水利是关乎治国安邦的大事，中国传统史学历来不乏对水及水利事业的记载。自司马迁《史记》立《河渠志》以降，“河渠书”“沟洫志”“食货志”乃至“五行志”，成为记载有关水及水利事业的固定话语文本，各代正史中的记述不胜枚举，各地方志中的记载具体翔实，这些都是水利社会史研究的基本素材。在林林总总的水及水利事务典籍志书中，文字历来是最主要的部分，但也不乏一些“渠道图”“水利图”之类的图像穿插其间，个别专门的水利志书甚至会有很多绘图。我多次提及的刘大鹏的《晋水志》（此志共十三卷，现存一至四卷有影印本），卷首即有《晋水源流图》，除此之外，“各河篇端，均冠以图，俾阅者易于参考，不知茫然无所指也”。新近所见《晋水志卷第九・陆堡河》（晋祠镇北大寺武海龙先生提供），除卷首之《陆堡河总图》外，又有《陆堡河全图》《狮子口图》《第一闸图》《第二闸图》《北大闸第一图》《北大闸第二图》《北大闸第三图》《第三闸南大闸口图》《后河口图》《后河口下口图》《崇福寺后口图》，共计十二幅图。文字“意蕴闳深”，插图一目了然。但是，对于过去识字率有限的广大乡村野夫而言，他们既难见其文，也大都不识其字，如此就有了矗立在乡村各种庙宇或水利工程原址上的水利碑碣。一般而言，水利碑碣多数也是文字的镌刻，或谓文字的重复，大多尚可在有关的水利典籍中读到，典籍未见而仍可见到的水利碑碣，经过数百上千年的风削雨浸，存世可见者毕竟有限。相对于存世有限的水利碑碣而言，“水利图碑”就更为难见了。

俊峰同志在二十多年来的水利社会史研究中，非常注重“走向田野与社会”，搜集到很多地方志书、渠册、契约、族谱、档案、碑刻等文献资料，同样收获了一些比较稀见的“水利图碑”。本书插页展示的数十通水利图碑拓片，就是他多年辛苦所得。多数图碑属首次公布，给人震撼，令人开眼。难能可贵的是，书中对晋南涑水、洪洞霍泉、陕西泾渠、平遥七条山水河、绛州鼓水、曲沃沸泉、晋南三村七处个案进行分析探讨。以图为中心，多种资料萃于一体，多个视角考察实际，条分缕析，不乏新见。他的期望是“能够弥补既往研究中偏重以文字史料为重点，忽视图像资料的不足，做到将碑刻、族谱、契约、档案和图像等地方或民间文献完整运用于区域整体史研究的过程当中，实现视角的创新，达到透过图像看物质文化、社会景观、可视的叙事史的学术追求”。应该说，这样的“学术追求”，本书在一定程度上是达到了。

七处个案中，我对“清代绛州鼓堆泉域的村际纷争和水利秩序——以《鼓水全图》为中心的调查与研究”一章颇有兴趣，这是因为，我的家乡就在绛州。旧时绛州的州治在今天的新绛县，汾河在紧靠县城的南侧穿流而过直奔龙门，城北有发源于九原山的鼓水直达州衙，为水旱码头，人称“小北京”。我的家乡在汾河以南的峨嵋山岭，俗称“七十二架岭，八十二条沟”，是一个靠天吃饭的小山村。县里的人大都清楚，汾南人历来多外出经商讨生活，汾北人则以农为本足以糊口，大概就是因为这股可以灌溉田亩的鼓水。又，隋代开始，县令梁轨就开发了自鼓水源头到县衙的渠道，不仅沿途田亩得灌，而且将鼓水引到高高的官衙花园。我的中学时代，虽然无缘到占据州治旧址的新绛中学就读，却每每向往至今遗址尚存的官衙花园。深可遗憾的是，迄今为止，我并没有对鼓水进行全面系统之研究，俊峰的这本书解除了我的饥渴，尤其是其对《鼓水全图》的解读，让我对鼓水的历史有了更为清晰的了解。据俊峰的发现，《鼓水全图》前后两幅，均为石刻，亦均为民间刊刻。一为清嘉庆十六年（1811）席村所刻，一为清同治十二年（1873）白村所刻。席村、白村同属鼓水得益村庄，而前后两碑间隔六十余年之久。两图关注的对象均为鼓堆泉灌溉系统，而绘图的风格不同、描绘的主要区域不同、显示的水道不同。有此三个不同，反映的是两村刊碑的不同立场和诉求，亦即不同的“水权宣示”。可叹的是，清代乾隆年间直至民国初年，席村和白村成为数次因争水争地而起激烈冲突的主角，两幅《鼓水全图》在官府解决争端过程中虽未成为判案的唯一依据，但它却对依据水册和志书“率由旧章”的官方权威造成了巨大的冲击。“由图碑数十年间衍生成的观念、认知和印象撼动了数百年来的传统，甚至能够挑战成文的正式规则”，俊峰关于《鼓水全图》两通图碑的解读，证实了这一有价值的见解。

我对本书的另一个兴趣点，是俊峰将山陕水利社会进行合体研究。俗有山陕自古一家之说，“秦晋之好”数千年渊源流淌延绵不绝。两地不仅历史文化联系紧密，而且民间交流甚为频繁。不仅如此，地理位置上，两地一条黄河之隔，同属黄土高原区。除去一些河流地带不多的盆地外，到处可见的是破碎的黄土丘陵、纵横的山地沟壑。气候则是大陆性的寒冷干燥，降水量不大且分布不均，除了不多的水利工程外，大多是靠天吃饭的干旱区。如此自然环境条件下，水就成为生存和发展中非常紧缺的物质资源。凿井饮水、挖池蓄水、修渠饮水等节水用水的历史实践，成为黄土高原民众的一种历史惯习。在严重缺水的黄土高原丘陵山区地带，“惜水如油”并不是过分夸大的说法。值得注意的是，无论缺水区还是那些泉水、河水相对丰沛的“丰水区”，都会有历史遗留下来的文献和碑碣。也是在二十多年前，胡英泽同志的博士论文以山陕间龙门至潼关的“小北干流”为研究对象，出版了《流动的土地：明清以来黄河小北干流区域社会研究》一书，该书除了利用田野工作所得数十种鱼鳞册、地册外，同时搜集到八十余通碑碣和不少地图。俊峰的这本《图碑证史：金元以来山陕水利社会新探》，七处个案中虽然涉及陕西境内的只有泾渠一处，但他的研究视野毕竟是跨省区的黄土高原，或曰一种跨区域的研究。区域社会史研究中的“区域”，既是一个具体的区域，又是一个相对的区域，是一个相对的动态性概念。区域社会史的研究要有跨区域的意识，也要有整体史的追求。

水利社会史的研究，已经走过了二十多年的历程。从最初试图建立“以水利为中心延伸出来的区域性社会关系体系”，到多种类型、多个区域的“遍地开花”，再到现今多种学科的融合及多种理论方法的吸收运用，甚至“水历史”学科的呼之欲出，呈现出来的是一种千姿百态的发展趋向。其中，正史、志书、专史、渠册、水册、地图、碑刻、口述等文献资料和田野工作所得，大大扩展了水利社会史研究的资料范围。俊峰的这部新著以图碑为核心，试图“图碑证史”，从文到图，资料利用上实现了新的突破。正如他所说的那样，“每一幅水利图碑的背后就是一个个地域社会围绕水资源分配和管理进行长期博弈、调整和互动的结果，不仅内容丰富，而且精彩纷呈”。当然，水利图碑“与文字碑刻、水册、契约乃至建筑、传说、壁画等其他形式的资料一样，都是为了尽可能地重构历史原境。从这个意义上说，资料没有高下优劣之分，对新史料进行收集利用的同时也必须正视其他资料各自的特质和有效性”。我是认可他的这一观点的。

难能可贵的是，本书绪言和结语两部分，不仅对二十多年来水利社会史的研究进行了系统的学术梳理，而且对进一步开展水利社会史的研究提出了前瞻性的看法。我为开展水利社会史研究鼓与呼，也为水利社会史研究取得的成就感到高兴。在我看来，很长一个时期以来，国内史学界将土地作为生产资料最主要的要素，对封建土地所有制进行了广泛而深入的讨论，并以此为线索进一步讨论中国封建社会何以漫长乃至中国历史分期等重大问题，前辈学者取得的一系列成果令人敬佩。相对而言，我们对和土地一样重要的水的研究却显然不够。土地和水都是人们赖以生存、生活和发展的重要物质生活资料，人们“为了生活”，“能够生活”，土地和水都是不可或缺的，这是从唯物史观出发的水利社会史研究的理论渊源。我在最近一篇题目为《“以水为中心”：区域社会史研究的一个路径》（《史林》2023年第6期）的文章摘要中写道：“中国史学界围绕历史时期的土地问题展开了长期广泛而深入的讨论。与土地一样，传统农业社会中，人们围绕水的使用与管理，也形成了一套完整的体系。全面来看，水利社会就是以水为中心延伸出来的地域性自然和社会关系体系。‘以水为中心’

的研究，可以贯通自然和社会两个方面，可以作为一条路径探讨区域社会全面的历史，进而实现从区域到整体的社会史研究目标。”自然，这样一个立足社会史研究的学术目标，相对于试图建立一个“水历史”学科的目标，那还是小巫见大巫了。

水利社会史也好，“水历史”也罢，都需要学者长期辛勤地工作。愿与俊峰及同好互勉。

行 龙
2024年春于山西大学
中国社会史研究中心

序　二

我一直认为张俊峰教授（以下敬称略）供职的山西大学中国社会史研究中心是国内同类学术团体中最具活力、实力、向心力、竞争力的队伍之一；无论在管理体制、学术风格、团队结构，还是在资料积累、课题创设、研究成绩方面都是如此。张俊峰循着乔志强、行龙两位教授开创的中国社会史研究的山西脉络入门，先成长，再成熟，现已作为新一届中心掌门，带领着一帮雄心勃勃的青年才俊，开辟出一片新的天地！作为同行好友、忘年之交，看到张俊峰能在这样优质的学术平台上施展才华，我心里实在高兴。正因为如此，当张俊峰要我为他的新作《图碑证史：金元以来山陕水利社会新探》写点感想以作序言，当然就引为幸事，不敢也不愿推辞了。

首先会引起读者关注的，一定是“图碑证史”四字对于中国水利史研究的特殊意义。在学理上，“图碑证史”既不新也不僻，大体上可视为与“二重证据法”类似的一种资料使用形式，主要做法是收集整理某地水利碑刻的拓本、抄本、影像和实物，提取其中的图文信息，根据其反映的内容，对某地、某个（类）水利事件的有关细节和具体过程进行深入解读，在其他各类资料的配合下，发现新线索，解决新问题。随着石刻文化及社会史研究不断向纵深推进，全国级和省区级历代碑刻资料陆续结集、出版，如北京图书馆金石组编《北京图书馆藏中国历代石刻拓本汇编》（1989）、张正明等主编《明清山西碑刻资料选》（2005、2007）、刘泽民主编《三晋石刻大全》（2015）等。不少学者发表的范围稍窄但水利专题更明确的成果，也为开展这方面的研究提供了必要的条件，如董竹山等编著《洪洞介休水利碑刻辑录》(2003)、李松等辑校《〈芍陂纪事〉校注暨芍陂史料汇编》(2016)、赵志宏著《云南水利碑刻辑释》(2019)、赵超著《黄河流域水利碑刻集成》(2021)、余丽萍等著《大理古代水利碑刻研究》(2017)、刘诗颖著《明清时期武威地区水利碑刻调查与研究》(2021)等，都以所收资料体现的较高专业水准得到了学界的好评。但是，能以跨省区中等时段为时空范围，能将专题性水利史研究明确框定在"水利图碑"基础上，以补某地区现有水利文献之不足的作品还很少见到，这就使张俊峰的这本著作具有了首创性和开创性意义。

其次，"首创"容易理解，"开创"则需具体说明，因为这层意义表现在张俊峰对水利图碑这一资料形式本身的深入认识中。在他看来，"图碑"是"古代中国人在各自地域处理人水关系、进行资源分配和管理过程中出现的新事物……它的出现不是孤立的，是具有普遍意义的。……每一通水利图碑所承载的就是一个地域社会较长时段的发展历史……能够丰富并推动偏重以文字碑刻为核心史料的水利社会史研究，甚至在一定程度上还可以修正某些研究结论"。之所以会对其做出这样高的评价，并不是由于图碑现存数量多和分布范围广，而是出于以下两个理由：一是水利图碑的出现和演变，反映了"从单纯强调文字描述到图文并茂、图文结合的发展过程"，也就是资料品质得到了明显的提升；二是图碑中的图像有助于研究者进行图文互证，因为"图像是历史的遗留，同时也记录着历史，是解读历史的重要证据。从图像中，我们不仅能看到过去的影像，更能通过对影像的解读探索它们背后潜藏的政治、经济、军事、文化、社会等多种信息"，这就大大改善和丰富了现有的研究方法，"从以往比较侧重收集文字史料转移到注重图文资料尤其是图像资料的搜集……达到图像证史的目的"。虽然水利图碑之"图"能不能直接称之为"图像"还可以再斟酌（详下），但援"图碑"创意之显豁直达，以补"文碑"语意之烦琐暧昧，并用此法贯穿全书各章各节，则罕见先例。其得其失，亦为同侪观瞻所系。

再次，张俊峰从众多的水利碑刻资料中关注“图碑”这一类别，是在对中国水利研究学术史进行宏观把握、从而深刻认识了“图碑”所具特殊地位后得出的结论。所谓宏观把握，具体表现在他对新中国成立以来水利研究三个时代所用资料及所达目标的类型梳理。在1949—1989年的第一个时代，主要使用正规资料，即正史中的河渠书、沟洫志、水利志，历代一统志、省府县志中的水利记，以及与治水、水工直接相关的专志，所达目标是对全国各地水利工程、水利事业、水利技术和江河湖泊在人类干预下发生演变的历史进行综合性整理。在1990—2010年的第二个时代，展开了类型学指引下的区域性水利社会史研究，推出以《陕山地区水资源与民间社会调查资料集》（共四集）为代表的一系列区域性水利文献和研究成果。在此基础上进一步发展而成2010年以来的第三个时代，整理出版了各地的水利碑刻、水渠图册、水利契约、水案判例、渔民文书等反映问题更复杂、剖析案件更细致、牵涉层面更多样的水利文献，引起国际学术界同行的高度评价和广泛应用。随着区域性和跨域性水利社会研究的推进，以山陕型、关中型、华北型、水网型、泉域型、库域型、围垸型、集权型为代表的中国水利社会中层理论的积累，也达到“有可能为全人类提供一个中国范式和中国经验”的高度。然而张俊峰认为，上述三个研究时代尽管成就斐然，但在主体资料的选用上还存在某些共同的缺陷，其中最主要一项，就是“对于那些雕刻在石碑之上，与所在区域民众生活息息相关，广为某一地域民众熟知的水利图碑的史料价值却未予以足够的关注，充其量只是将其作为水利碑和民间水利文献这些海量文献的附属资料”，对此他很不满意，立志必须弥补，因为“‘水利图碑’是一种将江、河、湖、泉等水利开发的渠道、堤坝、水道、航运工程地图等直接镌刻于碑石之上，以便于永久流传和传承利用的特殊文献形态”，即便出于配齐资料品种的工具性考虑也不应该被忽视、轻视，更不要说此类资料的覆盖面及其系统运用，对于水利社会研究方法所具之特殊地位了。

最后，水利图碑对于水利社会研究所具有的特殊意义，在于相比包括文碑在内的一般水利文献，它可以从不同侧面揭示地方社会的结构和水利事件的实际过程，它就是说根据水利图碑，研究者可以发现一些水利文献中不易反映的问题，甚至可以反向思考作为民间文献之一的图碑本身在反映基层社会事实方面的一些特点。本书第六章讨论的清代绛州鼓堆泉域由席村、白村分别刊立的两通《鼓水全图》碑就是典型一例。两块图碑传达的信息非常丰富，都是以鼓堆泉为源头的渠道图以及周边的村落、庙宇、水利设施等，但两碑表达的重点则随立场的不同而呈现差异。张俊峰结合其他文献资料的记载，发现这些差异是席村与白村在鼓堆泉流域不同的成村历史、居民构成和对泉水资源不同利用份额的反映。积累多年而难分难解的委屈、纠结、愤怒和不满，导致两村村民不得不对簿公堂，诉诸法律，而官府的介入结果往往又不能真正解决问题，所以只能在不影响社会整体利益前提下的“和稀泥”，民间社会矛盾的处理常常就是如此了结的。《鼓水全图》一类水利图碑的特殊功能也就表现在这里。刻成的图碑分别反映了各村的利益，席村图碑“潜移默化地影响着村民，不论是否识字，人们都可以通过此图对席村在整个鼓水流域中的定位有一个明确的印象”；白村图碑也是如此，“土地争端是白村刊图的直接原因……对官方正式记录的接受也是该图的特点”。张俊峰由此得出了两个重要结论：一是“水利图碑也并非能应对所有争端，图像长于呈现空间，对涉及时间的信息其表现能力是不如文字的”，这可以看作是受制于图碑资料类别的局限和“短处”；二是“水利图碑的出现并非一个水利社会各个利益集团博弈调和并产生的公认秩序的产物，而是作为‘最小利益体’的聚落对资源诉求的展现。换言之，水利图碑并不标志着一个水利社会运行秩序尘埃落定的联合声明，而常常是在利用了不同性质的公共权威默许之后才得以刊立，是一个夹带着刊立人‘私货’的单方面宣言”。

最令我叹服的就是以上几点概括。水利图碑之“夹带私货”，更是一个令人拍案叫绝的判断。此四字不宜作贬义解，若能指出什么是“私货”，当事人刊立图碑时“夹带”了多少“私货”，那是要在洞悉了事件全过程、盘活了全部细节后才能得出的“诛心”之论，岂容我等“吃瓜”人轻易置喙？官方文献可以堂而皇之宣扬政治正确的“公”，地方文献也可以兼而有之捎及小家小我的“私”，没想到高高矗立的威严石碑居然也会在复杂的社会运作中，以图文并茂的形式成了当事人“夹带私货”的载体，以至于“由图碑数十年间衍生成的观念、认知和印象撼动了数百年来的传统，甚至能够挑战成文的正式规则”。图碑之能被或应被赋予“证史”重任的必要性和可行性，于此可得充分地说明。

这里也让我顺路想到了与阅读文献有关的一些问题。一般而言，官方文献受统治者地位、立场、价值、利益的支配，常对朝堂之外的社会事务存在一定的偏见或猜忌，更会忽略和省略许多生动的生活细节，甚至会特意或无意地覆盖、抹杀、否认、歪曲与官方观点不相符合的事实。但由于官方文献面对的是范围不可控的读者，因而奉公行事的编撰者会有心理压力而不得不遵守公开的和正式的职业规范。而谱牒、碑刻、契文、规约等民间文献虽有官方文献所不具备的巨大价值，但因其读者范围有限可控，致使身份、目的各异的编撰者“夹带私货”的可能性剧增，也会存在一定的局限。因此，在使用包括图碑在内的各类民间文献时，进行必要的史料鉴别和史料批判工作是绝对必要的。华东师范大学王家范提醒我们阅读方志时要密切关注“上有政策，下有对策”的普遍性，中山大学刘志伟提醒我们拿到族谱时要常常记得“倒过来读”，厦门大学郑振满提醒我们面对地方文献时要尽力理清“地方逻辑”。张俊峰的四字判断也是这个意思，但与诸大佬的“提醒”相比，“夹带私货”论则更实在、更精彩地显出作者对民间社会实际运作内在套路和外在表现形式之间那种奥妙微妙的平衡之深刻领悟。佩服之余，更值得仔细琢磨，好好把玩。

可以提出来供张俊峰在今后研究中继续思考的有以下几点。

第一，如前所说，图像之“图”与图碑之“图”似乎有所不同。可以“实现视角的创新，达到透过图像看物质文化、社会景观、可视的叙事史的学术追求”的图像，按我的理解，应该是指人们创作的各种画像、塑像、影像、造像一类通过对所指事物和现象进行摹写而成的作品，其能指与所指几乎是重叠的，只有这样的图像，才能使“我们不仅能看到过去的影像，更能通过对影像的解读探索它们背后潜藏的政治、经济、军事、文化、社会等多种信息”，我们的思路、情绪和认知是可以同这些图像传递的信息发生“短路”、出现火花的；而图碑中的“图”，多为简洁的线性示意图，按本书的描述，就是对水利存在状态的渠道走向示意、水利开发示意、资源情况示意、村落形势示意、沟渠分水示意、族群关系示意、地形分布示意等。如何在这两种性质不同、手法不同的“图”中找到共通的逻辑，使图碑之“图”也能如图像之“图”一样，与研究者产生共鸣，使之成为“认识过去文化中宗教和政治生活视觉表象之力量的最佳向导”，是需要作者在今后的实践中做出示范，并继续探索和总结的。

第二，本书第六章结论中有几个意味深长的问号：“水利图碑是什么性质的存在？水利图碑在地方社会起到了多大作用？为什么会出现从文字到图像的转变？”这些问题的提出，说明作者已在一定程度上意识到在以“图碑证史”之前，还有属于图碑本身的“内史性”问题需要解决，就像我们在研究族谱、以谱证史之前，一定会问族谱究竟是什么文献？人们记录族谱的目的是什么？人们在记录族谱内容这件事上发现了什么意义？等等。不问这些前提性问题不行，不认真追问、不表现出自洽的逻辑并得出一个初步结论更不行。

第三，若要真正以“图碑证史”，就要努力做到可用以“证史”的图碑具有系列性、连续性、系统性的特点。要做到这点当然很难，图碑毕竟不是图像，但取法乎上，仅得其中，要求高不一定是坏事，事实上也不见得就没有实现的可能（如席村、白村分别刊立的两通

《鼓水全图》就差强人意，约略似之）。要知道写过《图像证史》的彼得·伯克，是用287幅年代可确定、已完稿的画像（还不包括他掌握的332款有准确年代的纪念章）才完成《制造路易十四》的。而在写作该书之时的欧洲（1989年），在路易十四的历史形象靠着文献几乎已世人皆知、人们坚信“不存在什么未见诸文字记载的重要史实”（见该书中文版前言）的情况下，作者是需要克服巨大困难后才能勉力做到这一点的。

以上是我读了张俊峰新作后的一些感想和联想，焦点有些散，考虑也不周全，有些内容可能已超出了本书范围。但因为与张俊峰的交情够了，互相间已有充分的默契，所以我一点不担心，他是懂我的。

谨此祝贺本书的出版，期待张俊峰取得更大的成就。

是为序。

钱　杭

2023年9月于上海

目 录

绪言　水利社会史研究大有可为

水利社会史是社会史研究呈现区域转向条件下的产物，是区域社会史研究中出现的一个学术热点，方兴未艾，成果显著，吸引了多学科研究者的关注。如果放长眼光来看，20世纪以来的中国水利史研究已经走过了三个阶段，从水利工程、水利技术史到水利社会史，再到对水的历史的综合研究。[①]为推进今后的水利社会史研究，笔者将结合最新观察和思考，对水利社会史研究的发展走向进一步加以讨论和展望。

经过二十余年的发展，水利社会史研究在区域上已呈现出“遍地开花”之势。最初引起学界关注的无疑是山西、陕西地区围绕民间水利碑刻、民间水利文献开展的多学科调查和研究。其中，“不灌而治”的山西四社五村水利文献与民俗、《洪洞介休水利碑文集》、山西四社五村用水习俗、陕西关中《沟洫轶闻杂录》等均引起海内外学界的关注，以此为据开展不同角度的水利史研究，将山陕水利社会史研究推进到一个极高水平。王铭铭曾言，山西作为一个水资源匮乏的省份，却有着如此丰富的水利碑刻和水利文献，极大地改变了学者们的学术偏见。在此前后，萧正洪、董晓萍、韩茂莉、张小军、钞晓鸿等均利用这些资料并结合调查口述资料，发表了一批山陕水利社会史研究的成果。与此同时，山西大学中国社会史研究中心基于山西方志文献中大量争水事件和水利诉讼的记载，主张从社会史角度开展中国人口资源环境史研究，提出了以水为中心的山西社会的观点。由于上述研究

①张俊峰:《七十年中国水利史研究的三个时代》,云南大学“从水出发的中国历史”第二届水域史工作坊会议论文,2019年7月16—17日。

者的努力，山陕地区成为中国水利社会史研究的一个核心区域。此后，山陕水利社会史研究的国际化水平也不断提高。井黑忍、森田明、内山雅生、祁建民、张继莹等人的研究，就反映了海外学界对包括山陕区域在内的北方水利社会史研究的持续关注。

关于中国水利社会的类型，笔者在以往研究中曾有过总结，其中具有代表性的有王铭铭从宏观视角出发提出的丰水型、缺水型和水运型三大类型水利社会，他说："历史上，诸如四川丰水区，出现都江堰治水模式；诸如山西缺水区，出现'分水民间治理模式'；在沿海、河流和运河地带，围绕漕运建构起来的复杂政治、社会、经济、文化网络，也值得关注。"[①]与此类似，王建革认为华北平原至少存在两种灌溉水利形态和水利社会模式，一种是建立在土地私有制基础上、以民间组织管理为主导的旱地水利模式，可以河北滏阳河上游区域为代表；另一种是国家控制下的水利集权模式，可分为以防涝为基础的水利集权模式和集防涝、抗旱为一体的水利集权模式两种，分别以天津围田和小站营田为代表。在他看来，即使在北方地区，历史时期也存在水多和水少两种不同的水资源条件，因而建立在此基础上的水资源开发、管理和发展模式必然是存在差异的。他进一步比较了华北平原和江南水乡的两个差异：一是华北平原水权具有可分性，江南圩田区水面广涝灾多，水权非但不可分，往往还是一种共同责任；二是由于华北水资源稀缺，地多水少，焦点在于"与地争水"。江南水资源丰富，土地稀缺，焦点在于"与水争地"。[②]水资源稀缺程度的不同造成了南北方水利社会不同的特点。以上可视为水利社会史兴起之初学界对中国水利社会类型的宏观把握。需要注意的是，两人对水利社会类型的划分，其实是有着不同标准的。或为水的多少，或为功能差异，或为国家或民间主导，说明人们对水利社会类型的认识和划分一开始就存在差异。开展水利社会类型研究，必须注意研究者采用标准是否

① 王铭铭：《水利社会的类型》，《读书》2004年第11期。

② 王建革：《华北平原水利与社会分析（1368—1949）》，《中国农史》2000年第2期。

一致的问题，否则必将导致概念的混淆。

一、北方水利社会的类型研究

就水利社会史研究的区域实践而言，近些年在原有类型划分的基础上又涌现出不少新类型。先就北方区域而言，山西大学水利社会史研究团队在山西区域研究基础上，提出泉域社会、流域社会、湖域社会、沟域社会（即洪灌型）四种水利社会类型，初步建立起水利社会史的研究框架和知识体系。[①]在关注生产用水的同时，也讨论了黄土高原地区民生用水问题，呈现该区域民众如何通过打井、挖池、引泉、开渠等方式解决吃水困难，以及与此相关的各种社会关系和生活场景。[②]与此相似的是董晓萍、蓝克利等人发现的山西四社五村节水模式，向学界展示了山西南部一个极端缺水区域，如何通过传统村社组织解决民众吃水困难，满足最低吃水需求的典型案例，是为水利社会的一种特殊类型。[③]与此相比，泉域、流域这两种类型的水利社会则体现了黄土高原地区水资源性相对稳定、丰富区域的社会形态。沟域社会则是广泛存在于吕梁山东南麓山前丘陵区，利用山洪水灌溉的水利社会类型。湖域社会在山西主要表现为人们对水的观念差异所导致的湖泊或存或废的不同命运，体现了一种生态史的视角，如对汾阳文湖、清源东湖、河东五姓湖的开发利用等。由此可见，山西水利社会类型划分中，有灌溉用水和民生用水的区别。在灌溉用水类型划分中，则是按照水源性质和特点进行分类的，与王铭铭、王建革采用的划分标准亦有不同。

就北方其他区域而言，近来学界对明清以来西北边疆民族地区水利社会史的研究取得了较大进展，研究者在新疆伊犁、甘肃河西走

① 行龙：《水利社会史探源——兼论以水为中心的山西社会》，《山西大学学报（哲学社会科学版）》2008年第1期；张俊峰：《水利社会的类型——明清以来洪洞水利与乡村社会变迁》，北京大学出版社，2012年。

② 胡英泽：《水井与北方乡村社会》，《近代史研究》2006年第1期。

③ 董晓萍、［法］蓝克利：《不灌而治：山西四社五村水利文献与民俗》，中华书局，2003年。

廊、内蒙古土默特地区做了有益探索，挖掘出新的水利社会类型。研究者发现，水在西北地区的核心作用突出，水利是探究西北地区人水关系的一个重要路径。其中，潘威基于甘肃古浪县大靖河、景泰县大沙河、新疆伊犁阿帕尔河三个浅山小流域的观察，提出传统时代西北干旱区小流域水利开发中的三种模式——“小型渠坝模式”“边城水利模式”和“军屯山水模式”。[①]同时，他还基于新疆伊犁锡伯营水利开发模式，提出“旗屯水利社会”概念，[②]展示了清以来西北边疆地区军屯、水利和边防三者的内在关联，可视为有别于内地水利社会的一种新类型。[③]

甘肃河西走廊也是西北干旱区水利社会史研究的一个重要区域。河西走廊位于西北内陆，天然降水匮乏，祁连山高山积雪融水汇集而成的河流是当地重要水源。潘春辉探讨了清代河西走廊水利管理中的官员角色、官绅关系和水利纠纷中的政府应对等问题，认为河西走廊在水源形成、管水制度、农业发展、社会治理和环境变迁等方面具有显著的地域特性，形成了一个“以水为中心”的社会。[④]张景平关注河西走廊水利开发和管理中国家的角色，认为国家治水对于干旱区水利秩序形成和维系发挥关键作用。[⑤]这一观点与潘威的研究形成反差。

① 潘威、蓝图：《西北干旱区小流域水利现代化过程的初步思考——基于甘肃新疆地区若干样本的考察》，《云南大学学报》2021年第3期；潘威：《清代民国时期伊犁锡伯旗屯水利社会的形成与瓦解》，《西域研究》2020年第3期；潘威：《清前中期伊犁锡伯营水利营建与旗屯社会》，《西北民族论丛》2020年第1期。

② 旗屯水利社会其实是建立在八旗制度基础上，由戍边的锡伯营人通过农耕方式，在新疆伊犁这个边疆地区通过兴修水利实现粮饷自给，客观上也巩固了边防的一种发展模式。其本身所具有的军事化色彩与内地水利社会有着较大差异。

③ 类似的有田卫疆基于民国时期新疆和田地区绿洲农业和生态环境档案研究提出的“和田水利社会”概念，争水纠纷和水利诉讼是当地社会的一种常态。

④ 潘春辉：《明清以来河西走廊水利社会特点》，《中国社会科学报》2020年9月14日。

⑤ 参见张景平：《干旱区近代水利危机中的技术、制度与国家介入——以河西走廊讨赖河流域为个案的研究》，《中国经济史研究》2016年第6期；张景平、王忠静：《从龙王庙到水管所——明清以来河西走廊灌溉活动中的国家与信仰》，《近代史研究》2016年第3期；张景平：《“国家走廊”和“国家水利”：河西走廊水资源开发史中的政治与社会逻辑》，《中国民族报·理论周刊》2018年8月24日。

潘威发现甘肃民勤的传统水利秩序并未因民国时期国民政府的全面介入而解体，反而得到了恢复和强化。由政府主导的水利建设工程引发了民众与官方的对立情绪，造成了地方水利秩序的混乱局面，民众以恢复传统水利秩序来对抗新式水利工程。因此不能过于夸大国家治水在干旱区水利社会变迁中发挥的决定性作用，而应高度重视传统时代基层社会的治水经验和实践。他进一步揭示了甘肃古浪县“坝区社会”的类型，将基于“渠—坝”设施，以“坝”为社会运作核心单元，以承担国家定额赋税为分水原则的地方社会称为传统“坝区社会”，提炼出河西走廊水利社会的一种重要类型。这种类型的水利社会分布于祁连山前地带的众多独立小流域，具有典型性。我们有理由相信，随着研究的深入，学者们能够从河西走廊挖掘出更多干旱区水利社会类型。[①]

内蒙古河套地区的水利开发伴随走西口移民的迁入，在晚清民国时期开始进入高潮。王建革较早开展了清末河套水利的研究，运用当时流行的国家与社会理论，认为河套地区的地商制度适应了当地的生态环境和汉蒙杂居的社会环境，因而在水利经营上取得了成功。清末官办水利的刚性介入，忽视了对基层社会的协调，难以建立与乡村社会相适应的机制而终归失败，由此开启了社会史视野下的河套水利史研究。杜静元认为，“以地商为中心的社会组织在河套地区所进行的水利开发和土地开发的过程，提供了一个在农牧边界地带上社会组织会暂时比国家中央集权更有效地组织水利工程的个案”，他将河套水利社会称为“河域型水利社会”。[②]尽管其试图从组织、制度、关系三个方面来阐释河域型水利社会的运行机制，但他

① 这一点如潘威论文中所言：“河西走廊虽然都为干旱—半干旱气候环境下的灌溉农业，但内部仍旧存在比较大的差异性，在研究中不应将其预设为‘均质的整体’，应通过一系列典型区域的个案探讨支撑今后对河西走廊水利问题的进一步深入。”参见潘威：《民国时期甘肃民勤传统水利秩序的瓦解与“恢复”》，《中国历史地理论丛》2021年第1期。

② 杜静元：《组织、制度与关系：河套水利社会形成的内在机制——兼论水利社会的一种类型》，《西北民族研究》2019年第1期。

对这种类型水利社会的分析却失之笼统。相比之下，田宓对河套地区大青山万家沟的研究，则提供了一个具体的水利社会实践类型。[①] 万家沟小流域是一个清洪两用的水利灌区，随着走西口移民的进入，这里最先形成了一个稳定的使用清水灌地的村落联盟。后来者如山西原平移民贾姓，通过投资开发万家沟洪水淤地，逐步掌握了对万家沟洪水的使用权。由于洪水的不稳定性，贾姓便通过贿赂和买卖的方式获取对万家沟清水的使用权，导致当地各种类型的水利纠纷发生。在开发水利和处理纠纷的过程中，蒙汉关系、汉汉关系得以重塑，形成了一套用水秩序。新中国成立后，蒙旗社会通过土地重新分配、水权公有等方式，使当地水利秩序发生根本改变。不过，田宓在研究中尚未对蒙地水利社会类型进行有意识的提炼，其着眼点还在于整体地审视蒙旗社会。蒙地水利开发的类型当不止于此，存在进一步挖掘的必要。

综上所述，我国北方地区目前呈现给学界的水利社会类型，主要包括山西"泉域社会"、山西四社五村的"节水社会"、新疆锡伯营"旗屯水利社会"、甘肃河西走廊的"坝区社会"、内蒙古河套地区的"河域型水利社会"和万家沟"小流域社会"等。目力所及，除了起步较早的山陕区域和近些年兴起的西北干旱区水利社会史及其类型研究外，华北平原、东北平原区域近年来尚未见到与上述旨趣基本相似的代表成果，说明在类型学视野下开展北方水利社会史研究仍有较大发展空间。

二、南方水利社会的类型研究

就南方的水利社会类型研究而言，目前已为学界所知的有钱杭的"库域型水利社会"，鲁西奇的江汉平原"圩垸型水利社会"，徐斌、

---

① 田宓：《水利秩序与蒙旗社会——以清代以来黄河河套万家沟小流域变迁史为例》，《中国历史地理论丛》2021年第1期。

刘诗古等人推动的洞庭湖、鄱阳湖两湖地区的“水域社会”[①]，由王建革、冯贤亮、谢湜等众多学者推动的明清江南水利社会研究。[②]除此之外，近年来南方区域的水利社会史研究的空间范围也有不断扩大和深入的趋势。研究区域涉及安徽、江西、福建、浙江、广西、云南、贵州等省份，兹择其要者做简要评述。

安徽的水利社会史研究以徽州为代表。徽州多山地丘陵，当地水利社会史研究集中于对“堨坝”水利系统的研究。其中，吕堨是徽州歙县西乡规模最大、灌溉面积最广的堨坝。吴媛媛研究发现，围绕吕堨这一水利工程的开凿和管理，当地宗族取得了对水利系统的控制权，她通过解读《吕堨志》，讲述了水利与当地宗族紧密结合的故事。[③]与吴媛媛的研究一致，余康发现，在吕堨水利开发过程中，存在着历史当事人有意篡改地方水利专志来建构符合其自身利益的话语，争夺地方水利控制权的行为。不过他认为水利虽是山区地域秩序的重要组成部分，但往往并非最核心之事务，商业和商人主导下的低地核心区的形成才是影响吕堨管理的重要因素，强调商业因素在地方水利中的支配性地位，以此质疑水利社会的理论解释效力。[④]笔者以为，余康对水利社会的理解或有片面之嫌，水利社会并非简单强调水在某一区域社会发展中的核心或支配地位，而是强调以水为视角观察区域社会。徽州山区水利发达地区，水利无疑是当地最为重要的生存

① 近来也有研究者将两湖地区的水利社会称之为“湖域社会”，指出明代两湖地区存在农进渔退，产权形态从水域权到地权的转变，这与两湖地区移民自明中期以后的垸田开发、围垸造田行为有关。该行为导致生态环境遭受破坏，垸田开发与洪涝灾害的矛盾贯穿两湖平原开发的始终。详见项露林、张锦鹏：《从“水域权”到“地权”：产权视阈下“湖域社会”的历史转型——以明代两湖平原为中心》，《河南社会科学》2019年第4期。

② 南方区域的上述水利社会史研究，参见张俊峰：《当前中国水利社会史研究的新问题与新视角》，《史林》2019年第4期。

③ 吴媛媛：《明清时期徽州民间水利组织与地域社会——以歙县西乡昌堨、吕堨为例》，《安徽大学学报》2013年第2期。

④ 余康：《“山村型”社会与水利管理制度转型——以徽州吕堨为中心的考察（1127—1930）》，华东师范大学2019年硕士学位论文。

资源和人们争夺的对象。商业资本进入水利领域，恰恰表明水利在地域社会发展和权力格局中的重要性，具有重要的象征意义。

与徽州山地水利社会研究相似，廖艳彬从长时段的视野出发，对五代以来尤其是明清至民国时期江西泰和县槎滩陂做了研究，提出“陂域型水利社会”概念。[①]槎滩陂是南方山区典型的筑坝引水工程，其水利开发经历了从五代至两宋时期宗族村落的一姓独修独管，到元代的多姓合修联管，明中期以后形成五姓宗族联管的局面，一直延续到清代和民国时期。因此，水利与宗族的关系便成为其论述的中心和重点，表明宗族组织在区域水利开发和水利秩序的形成过程中发挥着某种关键作用。不过，他对“陂域型水利社会”的概念、内涵和类型学意义尚缺乏具体论述。作者有开展水利社会类型研究的意识，但是大量具体的工作仍有待展开。无论是槎滩陂还是吕堨水利系统，均为水利社会史研究提供了南方山区水利的典型案例，对于丰富和推进今后的水利社会史研究有很大助益。

福建的水利社会史研究，以对莆田平原以木兰溪为界的南北洋水利系统的研究最具代表性，主要包括木兰陂、延寿陂、太平陂、使华陂、南安陂等。据郑振满研究，在莆田沿海平原，水利是最重要的生态资源。经过唐末五代尤其是宋明以来长期的水利建设和围海造田，当地逐渐形成以木兰陂为枢纽的南洋水利系统，以延寿陂、太平陂、使华陂为枢纽的北洋水利系统，以南安陂为枢纽的九里洋水利系统。每一个水利系统中的村落，必须共同维护水利设施，共同分配水源，共同抗洪排涝，有时还要共同和周边的村落争水源、打官司，因此实际上就是一个水利共同体。明清以来莆田平原的各大家族在争夺水源引发的家族械斗和行政系统带来的共同赋税责任的双重影响下，通过建立庙宇的形式达成了以宗教仪式为核心的村落联盟。[②]水利、宗族、

① 廖艳彬：《陂域型水利社会研究——基于江西泰和县槎滩陂水利系统的社会史考察》，商务印书馆，2017年。

② 郑振满：《莆田平原的聚落形态与仪式联盟》，周尚意等主编：《地理学评论 第二辑——第五届人文地理学沙龙纪实》，商务印书馆，2010年，第25—37页。

神庙系统和村落仪式联盟构成了莆田平原水利社会的重要特征。尽管郑振满的研究重点并未落在水利社会的类型研究上，而是试图从聚落形态和聚落关系入手，把社区研究转变为区域研究。然而这种建立在水利系统之上的宗族、宗教和村落仪式联盟研究，恰恰暗合了水利社会史整体史的追求。因此可将其视为一个相当典型的水利社会类型研究。这种大规模的水利系统与前述江西、徽州的山区小规模水利相比，显然是南方水利社会的一种不同类型，需要从生态、行政、社会、经济、文化层面开展更加综合的整体史研究。

浙江的水利社会类型研究，除钱杭提出的“库域型水利社会”外，近年来也取得了新的突破。其中，陈涛对浙东萧绍平原、林昌丈对浙江通济堰的研究具有代表性。陈涛研究认为，明代浦阳江改道是萧绍平原开发进程中的关键节点。以浦阳江改道为契机，萧绍平原水利事务在空间上从平原内部转向外围，由蓄泄内水变为障遏外水，从而使得萧绍平原的河湖水系联结成完整的水利系统。其中三江闸发挥阻咸蓄淡、节制内部河湖水系的功能，西江塘发挥阻挡浦阳江、钱塘江洪水威胁的功能，麻溪坝发挥阻止浦阳江进入萧绍平原内部的功能，三大水利工程保证了萧绍平原水利系统的稳定性。最终，山阴、会稽和萧山三县形成了跨县域的“山会萧”水利共同体。[①]尽管陈涛基于萧绍平原水利系统的研究并未归纳提炼出新的水利社会类型，但是这种整体性的研究路径与郑振满、钱杭等人的研究风格是完全一致的，具有明显的南方区域因水多、水大、水咸而导致的地域团结协作精神，可视为南方沿海沿江丰水地区水利社会的一种突出特征。

林昌丈使用“水利灌区”概念研究浙江丽水的通济堰。早在南宋时期通济堰已形成“三源四十八派”，由陂—渠—湖—塘串联而成的灌溉水利系统，受益面积两千余顷。林昌丈认为“水利灌区”是以公

---

① 陈涛:《明代浦阳江改道与萧绍平原水利转型》,《历史地理研究》2021年第1期;李晓方、陈涛:《明清时期萧绍平原的水利协作与纠纷——以三江闸议修争端为中心》,《史林》2019年第2期。

共水利设施为基础并以水为纽带而形成的用水区域。它不仅是一地人群的基本生存区，也是基本生活区。“灌区”往往和村落相重叠，故对“灌区”的剖析离不开对村落及其村落共同体的研究。这一见解与水利社会史研究的认识高度一致。每个水利系统首先是一个灌区，在此基础上形成制度、组织、秩序和社会。他不使用“水利共同体”或“水利社会”的概念，很大程度上是考虑到灌区的范围大小不等，所谓“大者涵有数万亩之田地，可跨数县，小者仅一两村的范围而已。很难想象大‘灌区’是如何地紧密不可分。因而，‘灌区’的共同体特征应是基于一定的地域范围而言”[①]。笔者以为，即使是大型灌区，也是由具体的渠道和村庄构成的，比起小型灌区，只是在层级和系统上更为复杂而已，并不妨碍研究者对“水利社会”概念的使用。

以上是对当前我国南方若干区域水利社会类型的一个归纳和评价，旨在展示类型学视野下水利社会史研究的丰硕成果。涉及的区域和类型主要有徽州山区以堨坝为代表的中小型水利灌溉系统及其区域社会、江西泰和槎滩陂及其“陂域型水利社会”、福建莆田平原南北洋大型水利系统及其超村庄仪式联盟、浙东萧绍平原跨县域的“山会萧水利共同体”、浙江丽水的通济堰“水利灌区”等。其中既有山地丘陵区的小型水利灌区，也有平原区范围较广的大型水利灌区，与北方区域的水利社会类型多有异同。此外，南方区域尚有研究者对广西桂江流域水上运输及其流域社会的研究，对云贵高原“坝子社会”的研究，对云南滇池高原湖泊水利类型的研究，等等。对于丰富和推动今后的水利社会类型研究也具有重要价值，成果值得期待。

三、水利社会史研究的创新之路

为进一步推动今后中国水利社会史研究的学术创新，以下将从理论、视角、方法、史料四个方面加以反思和展望。

---

① 林昌丈:《“水利灌区”的形成及其演变——以处州通济堰为中心》,《中国农史》2011年第3期。

(一)水利社会史研究要有重大理论关切和理论创新

第一，正面回应魏特夫的治水国家说和东方专制主义是水利社会史研究者面临的首要任务。水利社会史兴起之初，即高度重视与水相关的重大理论问题的思考。魏特夫《东方专制主义》中的核心观点有二：一是建构了以开凿运河、修建堤坝和兴修灌溉工程为核心的治水必然导致专制主义的理论，二是把苏联和中国都纳入东方专制主义理论体系中。按照魏特夫的理论，在那些单纯依靠降水量无法满足农业生产的地方，灌溉成为农业经济的基础。灌溉所需的大型水利设施和防洪工程绝非个体所能完成，需要国家政权来统一协调和管理，以便征调各地劳动力进行修建。因此，治水导致了专制主义，由此产生的权力是一种极权力量。[①]由于魏特夫的东方专制主义是冷战时代的产物，他的学说带有对东亚尤其是中国政治体制和意识形态的敌视和污蔑，加之其学说在东西方学界的广泛流播，产生了不良影响。

为此，1994年中国学界对魏特夫的学说进行了集中评判，认为魏特夫的治水社会完全是历史的虚构，东方专制主义理论既违背社会发展和国家起源的客观历史进程，又背离社会发展和国家起源的科学理论，将传统的东方专制主义绝对化，也是对马克思亚细亚生产方式的歪曲与背离。有研究者指出，“我们不能采取简单否定的做法，特别是涉及一些学术问题，更应以科学的态度、冷静的眼光、审慎客观地加以评论”[②]。就当时的情况来看，研究者对于魏特夫所说的国家治水行为，以及国家在治水问题上的支配性地位等问题，并未针锋相对予以回应和清理。相反，冀朝鼎在1936年用英文发表的《中国历史上的基本经济区与水利事业的发展》一书中，不仅援引了魏特夫早期关于亚洲治水问题的学说，而且着重论述了古代中国国家在大型水利工程中所起到的决定性作用和地位，强调水利与历代封建国家基本经

① 金寿福:《东方专制主义理论是冷战产物》,《历史评论》2020年第2期。

② 申汇:《评魏特夫〈东方专制主义〉研讨会述要》,《中国史研究动态》1994年第7期。

济区的密切关系，客观上也间接支持了魏特夫的治水国家学说。这本书在1981年中文本出版后，在中国水利史和当前的水利社会史研究中也有重要影响。

正本必须清源。国家在重大水利工程建设中所具有的重要作用是毋庸置疑的，但是过于夸大国家治水的绝对支配地位和有效性则是不可取的，它忽视了不同历史时期国家治水的局限性，罔顾国家治水失败的众多历史事实，忽略了地方社会和民间力量在水利等公共事务中的主体性和主导作用，简化乃至曲解了中国水利史和中国社会发展史。这一切都有赖于水利社会史研究者予以澄清和回答，也是水利社会史研究者应当承担的重大使命。2012年，笔者曾撰文就此问题进行过梳理，解释了欧美学者如魏丕信、彼得·C.珀杜、格尔茨、兰辛等人基于中国和东南亚的案例，对魏特夫治水社会理论的正面回应。因此，反思和批判魏特夫的治水学说便成为水利社会史研究者的一个理论自觉和出发点。[①]二十年来的水利社会类型研究所揭示出的水利社会的多样性和复杂性，正是对这一理论关怀的积极回应。

第二，在回应和批判魏特夫治水学说的同时，反思和超越日本学界的水利共同体论也是水利社会史研究者需要重视的问题。水利社会史研究者对水利共同体概念的反思，在十多年前已达成共识，“水利社会”正是对“水利共同体”的替代和超越。[②]研究者使用“水利社会”而弃用“水利共同体”的根本原因，在于日本学界的水利共同体概念过于狭隘和实体化了，有些研究者甚至将其与特定地域和水利组织相对等，因而无法满足人们从水的立场出发研究中国社会的治学要求。不少研究者如王铭铭、行龙、钱杭、谢湜等人对水利社会的概念和旨趣均做了定义和解释，认为水利社会就是要研究以水为中心的一系列区域性社会关系体系，水利社会大于水利共同体，水利共同体充

---

① 张俊峰：《明清中国水利社会史研究的理论视野》，《史学理论研究》2012年第2期。

② 张俊峰：《水利共同体研究：反思与超越》，《中国社会科学报》2011年4月11日。

其量只是水利社会的一个组成部分而已。[1]水利共同体以共同获得和维护某种性质的水利为前提，水利社会则将包含一个特定区域内所有已获水利者、未充分获水利者、未获水利者、直接受水害者、间接受水害者、与己无关的居住者等各类人群，[2]这才符合水利社会史研究整体史的追求。具有水利社会史倾向的研究者将这一问题的讨论进一步引向深入，以鲁西奇和郑振满的研究最具代表性。[3]当前和今后的水利社会史研究者，对于水利社会和水利共同体概念的区别和联系应当予以清醒认识，不可混淆和随意替换。

第三，要明确水利社会与水域社会的区别和联系。与水利社会史研究在北方区域的兴盛相比，近年来南方区域兴起的水域史研究也呈现蓬勃发展态势。[4]水域社会研究者之所以关注水域，是因为在长江流域及其南方丰水区域，水域面积大大超过了陆地面积，因而水域成为人们的主要生产和生活空间。研究南方的水域史与研究北方的水利社会史一样，都是区域特性的集中表现。不过，水域社会史和水利社会史还是有差别的。水域社会史研究涉及渔民、鱼课制度、水上人与陆上人的关系，关注编户齐民赋税户籍等问题，是社会史研究的区域表现，尽管与水有关，但总体上应该属于水的社会史研究范畴，而非当前“灌溉”水利社会史的研究范畴。水域社会更是一种环境史、社会史、经济史的综合研究。尽管有此区分，但是从水域的角度和水利的角度，相较于过去从土地的角度开展的区域社会研究，毕竟是一种视角和领域的更新，两者之间还是存在交叉和相似之处的，未来的水利社会史研究应当充分吸收水域社会的视角、理念和方法，充实和扩

---

① 相关研究和评述见张俊峰:《泉域社会:对明清山西环境史的一种解读》,商务印书馆,2018年,第22—26页。

② 钱杭:《共同体理论视野下的湘湖水利集团——兼论“库域型”水利社会》,《中国社会科学》2008年第2期。

③ 鲁西奇:《“水利社会”的形成——以明清时期江汉平原的围垸为中心》,《中国经济史研究》2013年第2期;郑振满:《莆田平原的聚落形态与仪式联盟》,周尚意等主编:《地理学评论 第二辑——第五届人文地理学沙龙纪实》,商务印书馆,2010年,第25—37页。

④ 贺喜、科大卫主编:《浮生:水上人的历史人类学研究》,中西书局,2021年。

大水利社会史研究的类型和范围。

第四，要重视环境史、景观史的研究，结合史学发展新趋势，将新理念、新视角纳入水利社会史研究当中。伴随西方环境史研究的兴起，环境史的理念和旨趣逐渐得到国内学界的认同和实践。如果说社会史研究是以人为中心，那么在环境史研究者看来，就是要打破这种以人为中心的偏执，强调环境既不是背景，也不是配角，而是人类社会历史发展的主角。如张玲基于北宋华北平原黄河河道变迁的历史研究指出，黄河塑造了北宋王朝的历史，河流、平原和人一样，都应当平等对待，都是历史发展的主角。[①]同样，景观史也得到学界的关注和实践，将景观史研究引入到水利社会史研究中，应该说是最为恰当的。[②]这不仅是因为中国空间范围大，地域差别明显，适合开展景观研究，而且是因为各地不同的自然环境和水文条件，导致了不同的环境景观，在此基础上历史时期的人们在适应和改造环境的过程中，创造了多种多样的水利景观，诸如江南水乡的河湖网络和圩田景观，宁夏平原的多种水体组合景观，萧绍平原的塘坝闸水利景观，哈尼族梯田的人工水利景观，等等，各有各的历史和特点。它们所凸显的就是人、自然、社会长期互动的结果，与社会史研究长时段、整体史的追求有异曲同工之处。

（二）水利社会史研究期待视角转换和内容创新

当前的水利社会史实践中，研究视角和研究领域已经日益多元，极具层次性和整体性，表明今后的水利社会史研究仍大有可为。具体而言，至少呈现出如下三个方面的变化。

一是在研究类型和空间上愈益广泛，比如旱区与涝区，丰水区、缺水区与水运区的划分，泉域、库域、流域、湖域、海域、江域、陂

---

① 张玲：《河流，平原，政权：北宋中国的一出环境戏剧，1048—1128》（*The River, the Plain, and the State: An Environmental Drama in Northern Song China, 1048—1128*），英国剑桥大学出版社，2016年。

② 耿金：《中国水利史研究路径选择与景观视角》，《史学理论研究》2020年第5期。

域、雪域、沟域等提法。在此基础上，从乡村到城市的转换也是一个显著变化。过去的水利社会史研究多以乡村为重点，描述的是传统时代乡村社会围绕水资源开发利用而形成的社会关系、水利文化、水权观念、社会秩序等。与农村相比，城市水利同样应当进入研究者的视野，围绕城市水体，包括河、池、湖、泉、井、堤堰、排水等景观和设施开展的研究大量涌现出来，与乡村水利社会史研究形成了鲜明对比。其中，邱仲麟对明清北京城市“水窝子”的研究、董晓萍对北京民间水治理的研究等均有代表性。①

二是在研究内容上，出现了从生产性用水扩展到消费性用水的变化。水利社会史研究的范围进一步拓展，研究对象也更加多元，跨入到水的社会史研究新阶段。过去的水利社会史研究，多注重探究生产性用水，比如农田水利灌溉、水力加工业，如水碓、水磨、水碾等，在北方表现为水利灌溉与水力加工用水的矛盾；在南方水多的区域，则有灌溉用水和航运用水的冲突等。随着研究的深入，不论农村还是城市，民生用水问题、水质好坏问题、水污染问题、水体景观营建等不断进入研究者的视野，②可视为水利社会史研究的一个新趋势。

三是在研究范围上，出现了从水利史到水害史的变化，既要重视水利问题，也要重视水害的问题。③不能只关注水利，不重视水害，水利与水害共同构成了水利社会史研究的核心内容，不可偏废。水害主要表现为洪水灾害、河流水质污染、防洪排涝的问题。事实上，学术界对水害史的研究历来就极为重视，通常将其纳入灾荒史的研究范畴。但是就与水相关的社会史研究而言，水害史理当纳入水的社会史

①张俊峰：《泉域社会：对明清山西环境史的一种解读》，商务印书馆，2018年，第38—39页。

② 李玉尚：《清末以来江南城市的生活用水与霍乱》，《社会科学》2010年第1期；梁志平：《渐变下的调适：上海水质环境变迁与饮水改良简析（1842—1980）》，《兰州学刊》2011年第12期；张亮：《清末民国成都的饮用水源、水质与改良》，《民国研究》2019年第2期；李嘎：《旱域清泓：明清山西城市中的自然水域与社会利用——基于11座典型城市的考察》，《社会史研究》2020年第9辑。

③ 夏明方：《文明的“双相”：灾害与历史的缠绕》，广西师范大学出版社，2020年。

研究当中，这样才能使得水社会史研究更具包容性、层次性和整体性。只兴利不除害，只谈利不言害，只会将水利社会史研究局限在一个狭窄的范围里，不符合社会史整体史追求的目标。

(三)水利社会史研究的学术理念与方法创新

一是将整体史、长时段、自下而上与自上而下相结合，继续作为当前和今后水利社会史研究一以贯之的学术理念。水利社会史研究的旨趣，并不满足于就水言水，而是将水作为观察区域社会历史变迁的一个视角，通过水勾连起不同区域社会的环境、生态、地理、工程、技术、村落、市镇、家族、政治、权力、文化、信仰和习俗等诸多要素，系统展示水在不同区域所扮演的角色和地位，深化对不同区域社会的认识，丰富和加强对整体中国的理解。既要注重区域社会不同要素之间的横向联系，又要把握区域社会的纵向变迁，不如此则难以呈现区域社会历史发展的阶段性和差异性，无从认识区域社会历史发展的基本脉络。自下而上与自上而下的结合，则是实现从纵向与横向角度观察区域社会历史的手段和路径。正因为如此，在当前的水利社会史研究中，多学科交叉、融通的色彩愈益浓厚。从国内水利社会史的学术队伍来看，有历史学、人类学、民俗学、经济学、历史地理学、水利学，呈现出多学科并存的局面，说明水利社会史研究是一个相当综合的学术领域，有利于借鉴和吸收多学科研究的成果，推动学术创新。

二是灵活运用个案研究与专题研究的方法。前文所述南北方区域不同水利社会类型的研究，多数采用个案研究的方法，这表明在实践层面，个案研究更具有操作性，个案研究与总体研究的关系并非一加一等于二的概念，而是在个案研究基础上，以点带面，以深入细致的分析推导出更具广泛意义的经验性认识，从而形成对区域整体的认知，深化水利社会史研究。笔者对山西泉域社会的研究中，就采用了个案研究的方法，选取汾河流域若干典型古老泉水灌区，分别展开个案性的实证研究，在呈现差异性的同时，发现了泉域社会的共性特征，提炼出作为“泉域社会”应当具备的五个要素，进而将“泉域社会”对于水利社会类型研究、中国水利社会史研究所具有的意义做出了总结和提升。[①]个案研究的目的并不是为了突出特殊性，而是为了揭示多元性和差异性，总体上是为了求同，不仅仅满足于求异。专题研究则是选取水利社会中的某些核心要素和共性问题开展专门研究，避免个案研究中出现的结构化倾向，准确把握水利社会史研究的核心和主线。比如研究者对北方干旱半干旱区域历史水权形成及其特征的研究，就使人们能够充分了解水权观念在地方社会水利秩序形成和维系中所扮演的重要角色，也有助于理解水缺乏地区明清以来频繁发生的水权纠纷和水利诉讼行为。[②]除此之外，历史时期北方区域民间水信仰、水习俗、水文化、水交易行为背后，均隐藏着现实社会中的水资源分配和水利秩序的维系和变迁问题。将个案和专题研究相结合有助于推进水利社会史乃至水社会史的研究。

三是重视田野调查，田野与文献相结合是二十多年来水利社会史研究的一个重要方法。田野调查的目的首先在于发现有价值的研究对象，包括民间文献资料的发掘和利用。从近年各地研究者的实践来看，无不受益于田野调查中新发现的一手资料和鲜为人知的基层社会历史。然而田野调查的目的并不仅限于此，对于研究者而言，走向田野与社会，在田野中发现历史，获得现场感，实现对研究对象的“时空穿行”，获得对研究区域、对象和人群的切身感受，以“同情之理解”设身处地地感知历史行动者所处的生存环境、社会心理和行为逻辑，从容游走于历史和现实当中，方能突破历史研究者对文字史料的过分依赖，最大限度地接近历史真实，实现从水的立场出发讲述区域社会历史变迁的基本目标。

---

① 张俊峰：《超越村庄：泉域社会在中国研究中的意义》，《学术研究》2013年第7期。

② 张俊峰：《清至民国内蒙古土默特地区的水权交易——兼与晋陕地区比较》，《近代史研究》2017年第3期；田宓：《“水权”的生成——以归化城土默特大青山沟水为例》，《中国经济史研究》2019年第2期。

(四)水利社会史研究的资料发掘与学术创新

既要重视新史料尤其是民间水利史料的发掘利用，也要加强对史料的甄别和整理。史料是史学研究的根本，对于水利社会史研究而言，尤其需要建立一套属于该学科自身的史料学。就以往的研究来看，碑刻、契约、水利志书、水利档案构成了研究者使用的核心史料，尤其是对各种民间水利文献的挖掘和利用，对区域水利社会史研究产生了极大的推动作用。二十多年来水利社会史研究的发展，无不得益于各地对包括上述资料在内的地方文献的搜集、整理和出版。在碑刻整理方面，山西省最具代表性。由山西省三晋文化研究会推动的《三晋石刻大全》是目前为止在碑刻资料整理方面最具规模的，如同华南的族谱、徽州的契约一样，碑刻已成为山西社会史研究的一个重要标识。即使就契约文书而言，近年来北方区域的契约文书整理也呈现出新面貌。由山西大学、清华大学共同推动整理的山西民间契约文书，数量庞大，资料系统，改变了人们对于北方地区契约文书缺乏的认知。[①]同样，《清代至民国时期归化城土默特土地契约》《内蒙古土默特金氏家族契约文书汇集》[②]的整理出版，为研究者开展内蒙古土默特地区水权研究提供了可能。以此为基础，田宓对土默特地区碑刻、契约、档案、家谱等文献做了进一步搜集，推动了土默特地区水权问题和水利社会的研究。笔者在开展北方区域的水利社会史研究中，提出不仅要根据碑刻文献中的文字史料进行史实还原，还要重视图像资料的利用，注重图文互证、图文互补、图文互勘。[③]从文字到图像，以水利图像为纽带，进一步挖掘整理包括水利碑刻、水利史志、水利档案、水利契约、村史村志、家谱族谱等在内的史料，注意

① 郝平主编：《清代山西民间契约文书》(全13册)，商务印书馆，2019年。另，清华大学图书馆自2010年开始收集民间文书，藏品已达八万余件，以山西地区为主。

②两书分见内蒙古大学出版社，2011年、2012年；中央民族大学出版社，2011年。

③张俊峰：《金元以来山陕水利图碑与历史水权问题》，《山西大学学报(哲学社会科学版)》2017年第3期。

史料的系统性、完整性和关联性，普遍建立起水利社会史研究的综合性资料库。

当然，仅仅依靠新史料的挖掘整理还是远远不够的，加强对史料的甄别，透过史料、文本去挖掘史料背后隐藏的历史信息，也是非常重要的。钱杭在萧山湘湖水利社会的研究中，就注意挖掘《萧山湘湖志》这一文本背后的信息，注意到文本作者与湘湖利益集团之间的利害关系，由此解构了此前研究者单纯依靠文本提供的文字信息进行历史叙述的研究方式，为人们讲述了一个不一样的湘湖水利开发史。[1]同样，余康前揭文对徽州吕堨志的文本解读，也采用了与钱杭类似的方法，发现了地方宗族和士绅通过编纂水利专志将个人意志进行合法化建构的过程。这样的研究凸显了水利社会史研究所追求的以人为中心，穿透历史表象直达历史深层，通过讲故事的方式重构地方社会的真实历史和变迁过程。

---

① 钱杭：《库域型水利社会研究——萧山湘湖水利集团的兴与衰》，上海人民出版社，2009年。

第一章　金元以来山陕水利图碑与历史水权问题

“水利图碑”是一种将江、河、湖、泉等水利开发的渠道、堤坝、水道、航运工程地图等直接镌刻于碑石之上，以便于永久流传和传承利用的特殊文献形态。作为水利图的一种，水利图碑与水利图应该说是既有区别也有联系。以笔者目力所及，学界以往对于水利图的搜集、整理与研究相对较多，对水利图碑的利用较少。

著名经济学家冀朝鼎先生在《中国历史上的基本经济区与水利事业的发展》[①]这一具有国际影响的重要著作中，大量参考并使用了中国古代重要的治水文献，如靳辅的《治河方略》、潘季驯的《河防全书》、傅泽洪的《行水金鉴》、胡渭的《禹贡锥指》、施笃臣的《江汉堤防图考》、董恂的《江北运程》、康基田的《河渠纪闻》等。这些文献中包含有大量关于黄河、长江、淮河、大运河及其他河流的地图资料。

然而就这些已知水利图的具体形态来看，主要仍限于纸质形态。至于明清方志中的各地水利图则更为常见，且同样为纸质形态。其中，笔者印象最深的，莫过于1917年山西省洪洞县令孙奂仑等纂修的《洪洞县水利志补》[②]。作者在该书中不仅搜集并誊录了该县四十余条渠道的渠册这一珍贵文献，而且绘制了每条渠道的灌溉示意图，可谓图文并茂，被称为北方水利史研究的一部重要地方文献。早在20世纪六七十年代，日本学界已有学者使用该资料开展中国水利史的研究。然而就国内外相关研究的整体状况而言，以水利图碑为主要切入

① 冀朝鼎：《中国历史上的基本经济区与水利事业的发展》，中国社会科学出版社，1981年。

② 孙奂仑等纂修：《洪洞县水利志补》1917年版，台湾成文出版社，1968年。

点和核心资料开展水利社会史和区域社会史研究的成果并不多见，较常见的是以水利碑和水利文献为核心资料开展的调查研究。

一、从文字到图像：被忽视的山陕水利图碑

水利社会史尤其是山陕水利社会史研究是一个在国内外学界产生了重要影响的热点领域，成就斐然。在各地学者注重眼光向下、注重田野调查、注重从民间发现历史的学术关怀下，近些年来包括山陕在内的很多区域，在碑刻、档案、契约、族谱等民间文献搜集整理方面取得了重要突破，研究已经具有了很高的起点和理论高度。

在此背景下，山陕水利史或者说以水为中心的环境史、社会史研究成为一个学术热点，形成了一批重要的成果。其中，以陕西师范大学萧正洪、李令福、王双怀，厦门大学钞晓鸿等为代表，利用陕西省丰富的水利碑刻尤其是珍贵的民间水利文献，开展关中水权、水环境、历史地理、水利共同体等问题的研究，在国内外学界产生了重要影响。[①]同样，山西省丰富的水利碑刻、民间水册、渠册等文献也引起研究者的关注。其中，北京大学赵世瑜、韩茂莉、王铭铭，清华大学张小军，新加坡国立大学的中国学者王锦萍，山西大学行龙及其团队对山西汾河流域水利史的研究在学界也颇引人注目。[②]中国学界在山陕水利史研究方面的学术成就在国际学界也产生了重要影响。董晓萍教授在法国巴黎举办的国际会议上，宣读山西四社五村“不灌而

① 参见萧正洪：《历史时期关中地区农田灌溉中的水权问题》，《中国经济史研究》1999年第1期；李令福：《论秦郑国渠的引水方式》，《中国历史地理论丛》2001年第16期；王双怀：《从环境变迁视角探讨西部水利的几个重要问题》，《西北大学学报（自然科学版）》2004年第34期；钞晓鸿：《灌溉，环境与水利共同体——基于清代关中中部的分析》，《中国社会科学》2006年第4期。

② 参见赵世瑜：《分水之争：公共资源与乡土社会的权力和象征——以明清山西汾水流域的若干案例为中心》，《中国社会科学》2005年第2期；韩茂莉：《近代山陕地区基层水利管理体系探析》，《中国经济史研究》2006年第1期；王铭铭：《“水利社会”的类型》，《读书》2004年第11期；张小军：《复合产权：一个实质论和资本体系的视角——山西介休洪山泉的历史水权个案研究》，《社会学研究》2007年第4期；王锦萍：《宗教组织与水利系统：蒙元时期山西水利社会中的僧道团体探析》，《历史人类学学刊》2011年第1期；行龙编：《山西水利社会史》，北京大学出版社，2012年。

治”的节水自治传统，引起国际学界关注。日本学者森田明教授在日本学术杂志《东洋史访》中，以15页的篇幅介绍中国学界上述研究对日本水利共同体论的批评和建议。[①]

毋庸讳言，学界以往在国家与社会关系视角、在水利共同体论的讨论上，在充分挖掘利用山陕水利碑刻和民间水利文献所记载的文字史料，结合田野调查方法所开展的区域社会史、环境史、历史地理学等有关领域研究上，确实是成就非凡。然而对于那些雕刻在石碑之上，与所在区域民众生活息息相关，广为某一地域民众熟知的水利图碑的史料价值却未予以足够的关注，充其量只是将其作为水利碑和民间水利文献这些海量文献的附属资料。尽管研究者在某一个案研究中遇到水利图碑时也会意识到其本身的价值，但是在观念上却因其“数量少，不多见”等偏见而未能专门进行深入细致的搜集、整理和研究。

关于国内现存水利图碑的数量，2013年有论者撰文说：“就今而见，传世并已刊布的‘水利图碑’主要有六通”，分别是浙江省仙居县的明初《运河水利图碑》；西安碑林博物馆藏明嘉靖十四年（1535）《黄河图说》碑；河南省商丘博物馆藏清乾隆二十三年（1758）开封、归德、陈州、汝阳四府三十六州县《水利图碑》；山西省洪洞县《霍泉分水图碑》；安徽省寿县《安丰塘水利图碑》；苏州市景德路城隍庙清嘉庆二年（1797）《苏郡城河三横四直图》。当然，还有论者撰文考证在浙江省丽水市发现的刻于南宋绍兴八年（1138），明洪武三年（1370）重立的《通济堰图碑》。[②]这七通水利图碑，最早的出现于宋代，年代集中于明清，地域上涉及江苏、浙江、安徽、河南、山西、陕西。可见水利图碑在空间上的分布还是比较广泛的。

然而目前传世并刊布的水利图碑数量难道仅仅是个位数吗？笔者以为这是不够客观的。水利图碑作为古代中国人在各自地域处理人水

---

① 森田明、『「水利共同体」論に対する中国からの批判と提言』、『東洋史訪』2007(13)。

② 林昌丈:《“通济堰图”考》,《中国地方志》2013年第12期。

关系、进行资源分配和管理过程中出现的新事物，一定经历了一个兴起、发展和传承演变的历史过程。仅仅从上述七通水利图碑所涉及的时空范围来看，它应当是在宋金元明清以来就已产生并日渐成熟的一个新事物。它的出现不是孤立的，是具有普遍意义的。除上述七通外，人们在广州番禺笔岗村玄帝庙内还发现了清道光十二年（1832）《番禺县正堂讯断绘注蒲芦图陂围各圳水道图形碑》，该碑既有渠道图，又有碑文，内容涉及村庄、大姓、宗族之间的水利纠葛，可谓图文并茂；浙江绍兴会稽山的禹王庙碑林中专门陈列了明成化年间镌刻的《山会水则碑》《戴琥水利碑》，后者据说是该省最早的一通治水图。尽管现在很难断言这种类型碑的数量究竟有多少，但我们笃信，每一通水利图碑所承载的就是一个地域社会较长时段的发展历史，开展以水利图碑为中心的搜集、整理与研究应该是大有可为的，能够丰富并推动偏重以文字碑刻为核心史料的水利社会史研究，甚至在一定程度上还可以修正某些研究结论。

再就山陕地区水利图碑的数量而论，我们认为，目前传世并刊布的也并非仅仅西安碑林和山西洪洞的两通，其数量应相当庞大，保守估计至少有数十通，若再加上地方志中的水利图，其数量则更为庞大。

就山西省而论，最具代表性的有：太原晋祠人刘大鹏遗著《晋水志》和《晋祠志》当中，有多幅作者手绘的晋祠四河渠道分布图，其中包括了村庄、渠道、如何分水等信息；在介休洪山泉域，则有明万历十九年（1591）《源泉诗文碑》，该碑上半部分为诗序与诗文，下半部分为线刻洪山泉源图，有山有庙有水源等写实景观；另有明万历二十一年（1593）《新浚洪山泉源记》，该碑上半部为记文，下半部为洪山泉东中西三河、村庄、稻田、介休县城等位置分布图，信息较明万历十六年（1588）图碑更为翔实。遗憾的是，以往研究者对于介休洪山泉如此重要的水利图碑并未有足够的重视，而是将重点置放于内容看似丰富的水利文字碑刻当中。

相比之下，我们在曲沃县沸泉林交村龙岩寺所见清顺治十一年（1654）《林交景明分水图碑》，内容更为翔实，信息更加充分，完美展现了曲沃浍河流域林交、景明等六村争水分水的历史。该水利图碑在以往研究中同样不为人所知。与此类似，闻喜县侯村乡元家庄宋氏祠堂院内现存明代《涑水渠图说》碑阳上半部分为图示，下半部分和碑阴为图说，系明洪武二十一年（1388）刻石，明嘉靖四十二年（1563）重刻。同样，在河津三峪灌区的僧楼镇马家堡村发现的明万历二十八年（1600）《瓜峪口图说碑》、河津市樊村镇干涧村关帝庙清同治十一年（1872）《开三渠图碑记》也都是新发现的水利图碑。其中，《瓜峪口图说碑》为分水记事碑，记述瓜峪水泉的水系和灌溉田亩的状况，碑阴镌刻瓜峪水系图。与河津邻近的新绛鼓堆泉域白村舞台则保留着同治十二年（1873）所立《鼓水全图》碑。笔者目力所及，霍州大张镇贾村娲皇庙也保存着清代一通包含贾村在内的灌溉渠道路线图碑。

在山西，绘制水利图碑以确保村庄水权的传统一直延续至民国时期。在山西水利社会史研究中，广为国内外学界引用的1917年洪洞县令孙奂仑等纂修的《洪洞县水利志补》，不仅收集了四十余部渠册，而且还绘制了每一条渠道的走向、线路和沿途村庄图，总数达四十余幅，反映了当地相当发达成熟的用水管水体系。1920年，阎锡山治下的六政三事委员会组织完成的《山西各县渠道表》，则是对山西全省范围内各大、中、小型渠道情况的调查，反映了山西这个水资源匮乏的省份自古以来对灌溉水资源的重视程度。

再就陕西省而言，管见所及，陕西关中地区历史最久、规模最大、对当地影响最深的莫过于郑白渠。唐代《水部式》对郑白渠的灌溉管理制度就列有专门条款。元代李好文著《长安志图》下卷中有《泾渠总图》《富平县境石川溉田图》两幅，并有泾渠图说、渠堰因革、洪堰制度、用水则例等内容，显示了当时关中地区已经高度发达的水利灌溉和管理系统，在众多水利图中可以算得上是年代较早且最为完备的。与文献著作中的水利图相比，关中地区当下已公开出版的水利碑刻中也有水利图碑发现。如《历代引泾碑文集》中收录的明成化五年（1469）陕西巡抚项忠撰《新开广惠渠记》，碑阴就刻有《历代因革画图》和《广惠渠工程记录》，是考察泾渠各引水口位置变迁的重要史料。清代陕西泾阳的《泾惠渠碑》则清晰刻画了清代引泾诸渠的渠口、路线和走向，价值斐然。此外，还有一类水利图碑是与黄河河道变迁有关的。如清道光二十四年（1844）《黄河滩阡图碑》，便记载了潼关附近黄河西浸、滚动，土地崩塌迁移，地亩损失及村庄形势等。此种类型的水利图碑数量不少，与学界在山陕黄河小北干流区域发现的大量滩地鱼鳞册结合在一起，便是探究黄河两岸村庄状况及民众互动关系的核心史料。

与上述引水灌渠的水利图碑不同，山陕地区还有一种类型的水利图碑是与某一特定名胜有关的，比如龙门图碑。在张学会主编的《河东水利石刻》[①]一书中，就有多幅龙门图碑。其中，《古耿龙门全图》碑的上半部分为明人薛瑄所作东龙门八景诗，下半部分为线刻图。图中可见山川形胜、商船、市镇等信息。与此相应，现存于河津龙门村的《龙门古渡石刻图》刻有龙门山陕宽度与西龙门八景诗，且有地名坐标。两幅图显示了位于黄河东岸的山西人眼中的龙门景观及其意象。与此形成鲜明对比的，是陕西韩城博物馆收藏的清同治十三年（1874）《九折黄河龙门全图》碑，碑中有“龙门全图”字样，所见龙门景观与河对岸的山西便大不相同。初步统计，山陕两省现存龙门图碑便不少于十幅。这些图碑在以往的研究中同样是被研究者所忽视的。

“从文字到图像”既是一个长期历史演变过程，也是水利社会史研究方法论的创新。它包括两层含义，一是就本章所探讨的“水利图碑”自身出现和演变过程来看，存在一个从单纯强调文字描述到图文并茂、图文结合的发展过程；二是指我们欲将研究视角从以往比较侧重收集文字史料转移到注重图文资料尤其是图像资料的搜集，实现

① 张学会主编:《河东水利石刻》,山西人民出版社,2004年。

图文互证，达到图像证史的目的。图像是历史的遗留，同时也记录着历史，是解读历史的重要证据。从图像中，我们不仅能看到过去的影像，更能通过对影像的解读探索它们背后潜藏的政治、经济、军事、文化、社会等多种信息。[①]鉴于学界对山陕水利图碑尚未开展有针对性的研究，因此，我们对山陕水利图碑开展的调查研究，便是一项很有必要且极具创新性的探索。这些水利图碑与山陕地区同样丰富的水利碑刻和水利文献一起构成了进行该区域社会史研究的重要史料，静待有心者耕耘。

二、从金元到明清:长时段与山陕水利图碑研究

如前所言，国内现有水利图碑出现的年代，尽管以明清时期为主，但是在南宋、金元时期全国各地已经有水利图碑的记载和发现，如浙江丽水的《通济堰图》碑，就是南宋绍兴八年（1138）初刻，明洪武三年（1370）重刻的。山西洪洞、赵城两县霍泉三七分水之法，在金天眷二年（1139）《都总管镇国定两县水碑》中就已确立，一直延续至清雍正三年（1725）的《霍泉分水图碑》，其本身就是一个连续的历史过程。同样，曲沃龙岩寺在金承安三年（1198）已有《沸泉分水碑记》，现存清顺治十一年（1654）《林交景明分水图碑》所承袭的正是金代分水的传统。陕西在元代出现的《长安志图·泾渠总图》则是李好文任职西台时，“刻泾水为图，集古今渠堰兴坏废置始末，与其法禁条例、田赋名数、民庶利病，合为一书”而成，是研究关中地区水利社会变迁的重要资料。因此，在研究时段上，我们应当注重长时段和整体性的考察，从金元一直延续到明清，考察金元与明清之间的联系和区别。通过金元看明清，通过明清看金元，着重考察历史和传统的延续性与断裂性的问题。

就山陕水利开发的历史阶段而言，金元时期无疑是一个承前启后、至关重要的时段。研究表明，唐宋时期，山陕水利开发已基本达

① 参见[英]彼得·伯克:《图像证史》,杨豫译,北京大学出版社,2008年。

到各自历史时期的最大规模。[①]南宋及金元时期随着南方经济的崛起，水利在北方地区尽管依然很重要，却已无法和长江流域相媲美了，水利基本经济区已经从北方逐渐过渡到南方了。[②]诚如《宋史》中所言："大抵南渡后，水田之利，富于中原，故水利大兴。"[③]就我们掌握的山陕水利图碑所在各个地域水利社会的具体历史进程来看，金元时期的水利发展恰恰处于衰落和恢复发展阶段。正因为如此，对水资源的分配和管理便愈加严格起来。就陕西关中地区而言，宋元明时期关中泾渠灌溉系统中，出现了石龟、水尺、石人等水则去测量、控制水量。[④]同样，在山西汾河流域的霍泉水利系统中，早在北宋开宝年间（968—976）已出现了限水石、逼水石等分水设施。霍泉所在的洪洞和赵城两县在金大定十一年（1171）出现"洪洞赵城争水，岁久至不相婚嫁"的严峻局面。因此，与金元时期山陕水利出现衰落局面相伴而来的，便是连绵不绝的地方水利纠纷和诉讼事件。水利图碑的出现，既是水利管理精细化的一个表征，更是对地方水利管理难度增加的一个最有力的反映。在此，我们可以分别举出山陕地区的不同案例来加以讨论。

在山西省，目前所见水利图碑几乎全都与地域间的分水故事有关。研究者曾就山西汾河流域"油锅捞钱、三七分水"的民间传说进行过社会史的解读。[⑤]笔者还发现，涉及分水故事的地点与水利图碑出现的地点具有一定的耦合性。只不过，分水故事或者有关分水的历

---

① 参见李令福:《关中水利开发与环境》,人民出版社,2004年,第228—287页;张俊峰、行龙:《公共秩序的形成与变迁:对唐宋以来山西泉域社会的历史考察》,陕西师范大学西北历史环境与经济社会发展研究中心编:《人类社会经济行为对环境的影响和作用》,三秦出版社,2007年,第193—233页。

② 参见冀朝鼎:《中国历史上的基本经济区与水利事业的发展》,朱诗鳌译,中国社会科学出版社,1998年,第104—105页。

③《宋史》第一百七十三卷《食货志》,中华书局,1985年,第29页。

④ 参见李令福:《关中水利开发与环境》,人民出版社,2004年,第262—271页。

⑤ 参见张俊峰:《油锅捞钱与三七分水:明清时期汾河流域的水冲突与水文化》,《中国社会经济史研究》2009年第4期。

史和文字记载出现在前，水利图碑的出现则要晚近很多。在此，我们可以新绛鼓堆泉为例说明此类水利图碑本身重要的学术价值。

位于新绛鼓堆泉域的白村现存有清同治十二年（1873）所立《鼓水全图》碑。此碑高177厘米，广47厘米。分刻为上下两截，上刻图，下刻《获图记》。石首为圆形，额题“鼓水全图”。按照《获图记》所载，我们大体可以了解此图出现的原委：清同治十二年（1873）十月，白村与席村等三村因为争夺渠道旁树木的砍伐权而发生诉讼。一个名叫“席大中”的当事人在新绛县令沈钟堂讯时递交此图，说“上注数十村庄名，乃为公共之物”。于是县令便据此图所划定的村界，判定白村胜诉。后来白村便将这张图刻于碑石保存下来。尽管这起案件与水利纠纷无关，但《鼓水全图》却发挥了关键作用，成为断案的重要依据，表明不论当地官员还是争讼双方，均认可其权威性，更说明水利图在当地水利日常管理和运营中是为当地人所熟知的，在鼓堆水利系统的运行过程中实际上是有重要作用的。这张《鼓水全图》平时应当是掌握在水利管理者手中。我们还注意到，在争树风波发生以前，《鼓水全图》本身就已存在了，至于其本身是纸图还是碑图，从现有文字信息中似乎已经无法彻底搞清楚。若单纯依据《获图记》字面意思来判断，当事人席大中当堂呈上的是《鼓水全图》，而非《鼓水全图》碑，更非拓片。诉讼结束后，新绛县将此图和案卷一并存档，白村人意识到此图的重要性，才将此图刻于石碑后永久保存。

然而如果我们仅仅将对这幅图的理解停留于此，这通图碑的出现似乎只是起因于一个与水利无关的偶然事件，至于图碑本身所蕴含的鼓堆泉域丰富的水利信息以及图碑与地域社会的密切关系则无从谈起。这恰恰是过去研究中被人们忽视的地方。笔者以为，对《鼓水全图》碑的认识，应当置放于鼓堆泉域长期水利开发的大历史进程中来加以考量。无论是《鼓水全图》还是《鼓水全图》碑，都是长时段水利社会复杂互动关系的一个结果。对于这个结果的认识，则需要通过还原具体的历史过程来加以把握和解答。

与山西汾河流域其他泉域相比，新绛鼓堆泉的开发年代相对晚一些。据载，隋开皇十六年（596），内将军临汾县令梁轨“患州民井卤，生物瘠疲。因凿山原，自北三十里引古水”[1]，始开渠十二，灌田五百顷。[2]此举虽发生在隋代，影响却极深远，唐宋时期屡屡有人撰文追述，如晚唐人樊宗师撰《绛守居园池记》、北宋咸平六年（1003）绛州通判孙冲撰《重刻绛守居园池记序略》，以及北宋治平元年（1064）薛宗孺的《梁令祠记》等，说明自隋兴水利以来，鼓堆水利之盛，令地方社会受益匪浅，以至后人时常会念及梁轨的首创之功。北宋嘉祐元年（1056）时任并州通判的司马光途经绛州时，对鼓堆泉的开发情状作了如此记述：“盛寒不冰，大旱不耗，淫雨不溢。其南釃为三渠，一载高地入州城，使州民园沼之用；二散布田间，灌溉万余顷，所余皆归之于汾。田之所生，禾麻稌穱，肥茂香甘，异他水所灌。”[3]司马光所记“万余顷”的数字虽值得怀疑，灌溉效益显著则是确定无疑的。金元时期，鼓堆泉虽然得以继续维持灌溉效益，却又不断遭受困难，“渠道壅塞、水利失修”之类记载开始出现。如南宋前期，绛州为金人所有，郡守富察（女真人）“以绛地形穹崇，艰于水利，思欲导泉入圃。博议虽久，竟以高下势殊，不能遂”。后虽开了新渠，水却不能入。于是富察祈求神助，水始得入渠。究其实质，可能是水位被抬高的缘故。[4]元至元六年（1269），王恽在《绛州正平县新开溥润渠记》中提及鼓堆泉灌溉之利时称：“余尝有事鼓溪之神，登高望远，观隋令梁公某曾引用鼓水分溉田畴，几绛之西北郊，于今蒙被其泽者众，其水有余蓄，而河为限以

---

① （宋）孙冲：《重刻绛守居园池记序略》，北宋咸平六年（1003），出自（清）李焕扬修、（清）张于铸纂：《直隶绛州志》卷十四《艺文》，清光绪五年（1879）版，第30页。

② 参见（宋）薛宗孺：《梁令祠记》，北宋治平元年（1064），出自（清）李焕扬修、（清）张于铸纂：《直隶绛州志》卷十四《艺文》，清光绪五年（1879）版，第36页。

③ （宋）司马光：《鼓堆泉记》，北宋嘉祐元年（1056）立石，出自曾枣庄、刘琳：《全宋文》第56册，第231页。

④ （宋）洪迈：《夷坚志》甲，卷八，文渊阁四库全书版，第12页。

隔之。”[①]似乎说明此时的鼓堆水利依然如故。遗憾的是，仅仅七十余年后，当李荣祖知绛州任时，却出现“水利之不通也，不知其几何年矣”的颓废现象，于是李荣祖“循其迹衍而凿之，及涤其源而疏其流，浚其窒而通其碍”，经过不懈努力，“田园有灌溉之泽，而川派无壅竭之患，阖境皆受其福”。[②]尽管如此，与唐宋时期鼓堆水利勃兴的情状相比，金元时期更多显现出水利失修与“守成”困难的迹象。这种不利形势在明清时期更加明显，据明万历十六年（1588）薛国民《白公疏通水利记略》称，鼓堆泉引水工程的某些部分时有淤废，因“上流下漱，易于坍塌。自（隆）庆、（万）历以来，郊田不沾水泽者盖廿年矣，卒未有复之者”。水利失修至此，灌溉效益便可想而知了。

与金元以来鼓堆泉域水利失修的状况相比，明代晋藩王府势力进入新绛，与民争利，更加剧了当地灌溉水资源紧张的局面。据鼓堆泉域碑文载：“我朝天顺间，灵邱王藩于绛坊若园，悉起府第，入城之水，存二日于府州，堆四日于北关，北关平粮改征水粮自此始。”[③]灵邱王府移至绛州前，并无北关、府州分用鼓堆泉水之例。王府就藩绛州城后，此例即被修改，不但府州分到2日水程，绛州北关也跟着受益，分得4日水程。[④]此后，该用水状况进一步得到确认，“嘉靖十一年重新番牌，计二十九日一周”。其中，除原先民间用水顺序不做变更外，新增“北关四昼四夜”“灵邱府一昼一夜”“州衙一昼一夜”。水程由原来的23个昼夜拉长为29个昼夜。泉域民众虽无法与王府、

---

① (元)王恽:《秋涧集》卷三十七,文渊阁四库全书版,第1页。

② (元)王沂:《李公荣祖政绩碑》,元至正元年(1341)立石,出自(清)刘显第修、(清)陶用曙纂:《直隶绛州志》卷四《艺文》,清康熙九年(1670)版,第41页。

③ (明)张与行:《绛州北关水利记》,明万历年间(1573—1620)立石,原碑已佚,文据乾隆《直隶绛州志》卷十五抄录。

④ 对此事件似可做如下推测:虽然王府可以凭借官势获得用水权,却难以抵挡民众舆论的批评。因为王府用水必然要经过北关,北关民人是没有用水权的。只有先将北关纳入用水系统,赋予其水权,才能使王府用水变得合情合理,民间便不再有微词。只是因此埋下了水不足用的隐患。

州衙相争，却敢于在民间互争，于是出现了违背明嘉靖十一年（1532）用水番牌的现象："关居末流，正番之内，往往为上庄侵阻，水甫及畦，渠勿告涸，额日虽四，半是画饼。有力之家，凿井接济，未敢全倚，但自用不济，而以济人，非情也。"为了消弭王府、州衙分民间水利"扰民""害民"的消极影响，嘉靖年间上任的绛守张弘宇听从介石李公的建议，"以王府之水，灌寨里之田，而以官衙自用之水偿之"，始缓解了用水紧张的局势。

延至清代，鼓堆水利系统的重点则从满足州城、县衙用水转移到民间灌溉用水。发展空间上也从州城、县衙所在的东部渠系转移到了西部渠系，更多的用水村庄加入鼓堆水利灌溉系统中，所谓"王马七庄，重私约甚于官法"，即鼓堆水利民间化的一个突出表现。这一点在清同治十二年（1873）的《鼓水全图》碑中表现得相当清晰。一张图所要表达的内容又何止千言万语。我们只有站在长时段和整体史的视角上来审视《鼓水全图》碑，才能充分挖掘其更为深层和丰富的历史信息，才能更为准确地把握地域社会的历史进程。从本质上来讲，水利图碑中每一个具体的村庄名称和村界、渠道走向和渠界，乃至每一座庙宇、方位等信息，均是地方水利管理精细化的突出表现。水利图碑背后所昭示的，乃是明清以来山西水利社会中愈益增强的水权意识。它与我们此前在山西、内蒙古等地新发现的买卖水权契约文书，均是地域社会民众表达其水权意识的一个重要媒介。在此意义上，我们说《鼓水全图》碑是有类型学价值的。

与山西这种出现年代虽晚，却能突出反映其与特定地域社会民众日常生活密切关系的水利图碑相比，我们在陕西关中引泾灌溉系统中所见水利图及其水利图碑，则呈现出另外一个面向——体现了其与国家治水的密切关系。这或许与引泾水利工程规模浩大、国家的重视程度高有关。就现阶段我们掌握的陕西水利图碑来看，主要限于关中大型水利灌溉工程，尤其是明代的广惠渠和清代的泾惠渠，国家在这些渠道水利工程中自秦汉以来就长期扮演主导角色，因此在元代李好文的《长安图志》中对于关中泾渠、富平县石川溉田图，均是站在国家治水的角度绘制的。明代陕西巡抚项忠所绘广惠渠《历代因革画图》和清代的《泾惠渠碑》均具有这种特点。这类水利图碑与冀朝鼎前揭书所引清代治水著作和堤堰工程图的性质是一致的。

三、小结：山陕水利图碑与中国水利社会史研究

结合目前已经掌握的相关资料判断，从金元到明清是山陕水利图碑产生、形成和发展的一个完整时段，是一个具有连续性的传统。由于水利图碑这一新生事物并不仅仅是山陕地区独有的，而是在整个中国范围内在宋金元明清即已出现过的，那么这项研究也就具有了跨区域的意义。

通过上述初步研究可知，每一幅水利图的背后就是一个地域社会围绕水资源分配和管理进行长期博弈、调整和互动的结果，不仅内容丰富，而且精彩纷呈。我们在开展研究时，既要从总体上首先将山陕水利图碑的发展变迁状况梳理清楚，同时也要以每一通水利图碑为中心，结合学界已有研究和其他民间文献，开展个案性的综合研究。我们深知，每一通水利图碑都可能属于不同的类型，有着各自不同的特点。在具体研究中，要分门别类，抓好问题和重点，力求能够为学界呈现出山陕水利图碑的个性特征及其与全国其他区域水利图碑的共同点，并努力挖掘差异性背后的原因所在。

我们希望通过本研究，真正实现“长时段、整体性”的研究目标，“通过金元看明清”，“通过明清看金元”，注重联系性和整体性。通过对山陕水利图碑的研究，期望能够弥补既往研究中偏重以文字史料为重点，忽视图像资料的不足，做到将碑刻、族谱、契约、档案和图像等地方或民间文献完整运用于区域整体史研究的过程当中，实现视角的创新，达到透过图像看物质文化、社会景观、可视的叙事史的学术追求。正如论者所言：“尽管文本也可以提供有价值的线索，但图像本身却是认识过去文化中宗教和政治生活视觉表象之力量的最佳

向导。”[1]这正是笔者专门选择水利图碑开展山陕水利社会史研究的一个新尝试。桃李不言，下自成蹊。今后对山陕水利图碑的研究还需要我们付诸更多的田野调查和努力，相信更多数量、更多类型水利图碑的发现、搜集、整理与研究，必将会推动中国水利社会史研究更进一步发展。

① 参见 Stephen Bann. Face-to-Face with History, *New Literary History*, Vol.29, 1998, pp. 235-246。

第二章　宋明以来涑水河开发与微型灌溉社会的形成

——以明嘉靖闻喜县《涑水渠图说》碑为中心

就山西区域而言，北宋王安石变法是当地水资源开发的一个重要历史契机。北宋熙宁二年（1069）十一月，王安石颁布《农田水利约束》法令，鼓励各地官民为“农田水利法”出谋划策，要求各县如实汇报境内荒田数量、地点及治理方法，境内需疏浚的河流，应修建或扩建的水利工程，并给出相应的预算及施工方法。对安置流民、垦荒有功的官员给予奖励和晋升，对开垦荒田、兴修水利的百姓给予鼓励和资助，所谓“兴修水利田，起熙宁三年至九年，府界及诸路凡一万七百九十三处，为田三十六万一千一百七十八顷有奇。神宗元丰元年，诏开废田、兴水利，民力不能给役者，贷以常平钱谷，京西南路流民买耕牛者免征”[①]。在这一系列政策利好和政府推动下，山西各地迎来一个大兴农田水利建设的高潮，一时间各种引泉、引河、引洪灌溉工程大量涌现。闻喜县涑水河水利灌溉工程即这一时代条件下的产物。

一、“水出绛地，泽利闻民”：北宋熙宁水法颁布后的涑水河水利开发

涑水河发源于山西绛县烟庄峪，自东北向西南流过运城盆地中部区域，途经闻喜、夏县、安邑、临猗和永济，合姚暹渠水入五姓湖汇

①《宋史》卷一百二十六《食货志上》，中华书局，1985年，第4169页。

入黄河，是黄河中游地区一级支流、运城盆地的母亲河。河流全长196千米，是北方典型的间歇性河流，河川径流量小且不断衰减。流量不足是这条河流的最大特征，水资源缺乏则是长久以来制约该流域经济发展的一个瓶颈。县志记载："邑之温度岁可再熟，而土瘠泽艰，惟井灌者两获焉。麦最耐旱，土质亦宜。川原陵陂，一望皆麦，杂谷吉贝仅资补助。"[①]这条记载表明，当地主要是旱地农业，农作物以小麦为主，谷物杂粮和棉花种植在农作物结构中所占比例相当有限。正因为如此，决定旱地农业收成高低的便是降水和灌溉。涑水河所处的运城盆地，年均降雨量在500~600毫米，属于半湿润地带，但降水极不稳定，有"十年九旱"之说，气候特征总体上以旱为主，旱涝交替。站在当地人的角度，要发展农业，必须做好水利的文章。县志中所言"土瘠泽艰"的特点，越发凸显出通过兴修水利促进农业稳定和增长的作用。

从图2-1中可以看出，为了彻底解决涑水河流域所在运城盆地水量总体不足的问题，新中国成立以来主要做了两个方面的工作，一是修建中小型水库蓄水调节水量；二是沿黄河建立提水泵站，引黄灌溉，形成夹马口灌区、小樊灌区和尊村灌区，较好地缓解了涑水河水量紧缺的问题。相比之下，历史时期受技术条件和治理能力所限，水资源的开发利用只能停留在相对有限的层次。因此，对特定区域内有限水资源的争夺和开发，便成为首要问题。

闻喜县位于涑水河上游，自北宋王安石变法大兴农田水利开始，当地就有开发利用涑水河进行灌溉的历史。现存北宋熙宁三年（1070）《闻喜县青原里坡底村水利石碣记》是涑水河悠久水利开发史的最早见证。据载："古有涑水河一道，出绛县磨里村，截河堵堰，引水西流，自地中心开渠三里弯远，浇灌黄册水地粮八十余亩。其高埠地桔槔水斗浇灌，地窄水壮，余水冲磨二座，纳黄册课税，剩水还

①《闻喜县志》卷五《物产》，1919年石印本，第125页。

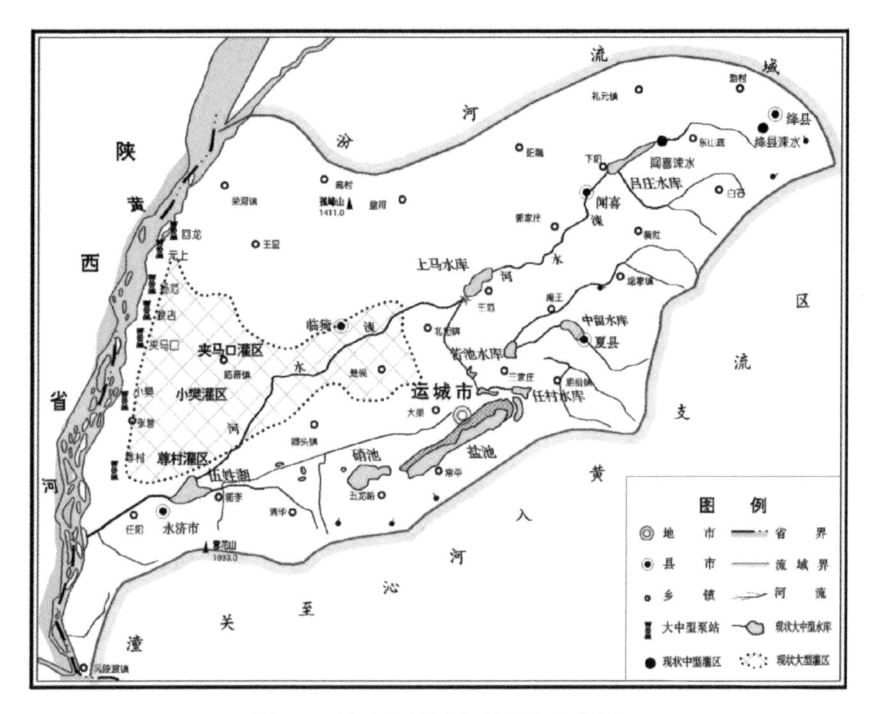

图2-1　涑水河流域水利开发示意图

说明:此图依据《山西涑水河流域水系图》(李英明等主编:《山西河流》,科学出版社,2004年,第227页)绘制而成。

河。水地明开于后，永为不朽。熙宁三年正月吉日立。”[①]该碑文字简短，包含的信息却很大。第一句表明，北宋熙宁三年（1070）闻喜县坡底村人已经在涑水河上“截河堵堰”，开渠三里，浇灌黄册水地粮八十余亩。“黄册水地粮”的表述，说明当地人对涑水河的开发已经得到官方的严密控制，开始对其征收水地赋税粮银。第二句话说明当时涑水河的开发除了在河流干道上截河堵堰外，还使用桔槔、水斗等提水设备浇灌高埠土地，解决高地农田灌溉问题。灌溉之余，因地制宜，利用“地窄水壮”的特点，在渠道上设置水冲磨2座，开发水能进行粮食加工，实现水资源的最大化利用。其中，纳黄册课税的记载表明，当时官方对水磨也有征税，说明北宋时期涑水河闻喜段水资源

① 北宋熙宁三年(1070)《闻喜县青原里坡底村水利石碣记》,碑存绛县博物馆。

开发已相当成熟且规范。这里的水利开发涉及了农田灌溉和水力加工两个问题。第三句“水地明开于后，永为不朽”，意在昭示坡底村众人所享有的合法用水权。从后附名单中可见，坡底村是一个以苏、乔二姓为主的杂姓村庄。众人拥有的水地多寡不均，最多的是13亩，最少的只有1.4亩，土地数量和规模很有限，可视为涑水河流经区域村庄开发水资源的一个缩影。

另据明嘉靖四十二年（1563）闻喜县元家院《涑水河图记》碑所述，“涑水发源绛县横岭关烟庄谷，至本县义宁里乔寺村地方截河堵堰，有古渠二道，续渠二道，浇灌晋宁、荣田、美分等里田地。……始于有宋熙宁间，尝有刻石在景云宫”[①]。证明北宋熙宁年间确系涑水河水利开发的一个标志性时段。“有古渠二道”表明闻喜人在涑水河上当时只开有两道渠。所谓“续渠二道”则反映了明嘉靖时期当地在涑水河上开堰开渠的情形，加上宋代的两道古渠，当时涑水河闻喜段共有4道渠。此说与明嘉靖四十二年（1563）闻喜知县李复聘的批文《水利人工牌帖碑记》碑一致：“据晋宁等里刘世荣、鲁九经等告称，本县涑水河源截河堵堰，有古渠四道，浇灌晋宁等里蔡薛等村田地。”[②]

不同的是，清乾隆《闻喜县志》载：“罗公渠，为堰者五，开于宋熙宁间者三。开于明洪武间者二。”[③]民国版《闻喜县志》重复了这一说法。清代和民国方志与明代古碑记载有出入。那么，宋代涑水河上所开渠堰究竟是2道还是3道？明清以来闻喜县涑水河上总共有几道渠堰？这是理清涑水河水利开发史的一个基本问题。综合宋代、明代碑刻和方志记载来看，所谓涑水渠五堰中，开于宋代的第一堰和第二堰，两堰渠口均在绛县磨里村；开于明代的第三、第四两堰，渠口

① 明嘉靖四十二年(1563)《涑水河图记》,碑存闻喜县侯村乡元家院宋氏祠堂院内。

② 明嘉靖四十二年(1563)《水利人工牌帖碑记》,碑存闻喜县侯村乡元家院宋氏祠堂院内。

③ 清乾隆三十年(1765)《闻喜县志》(刊本)卷一《山川·水利附》,第74页。

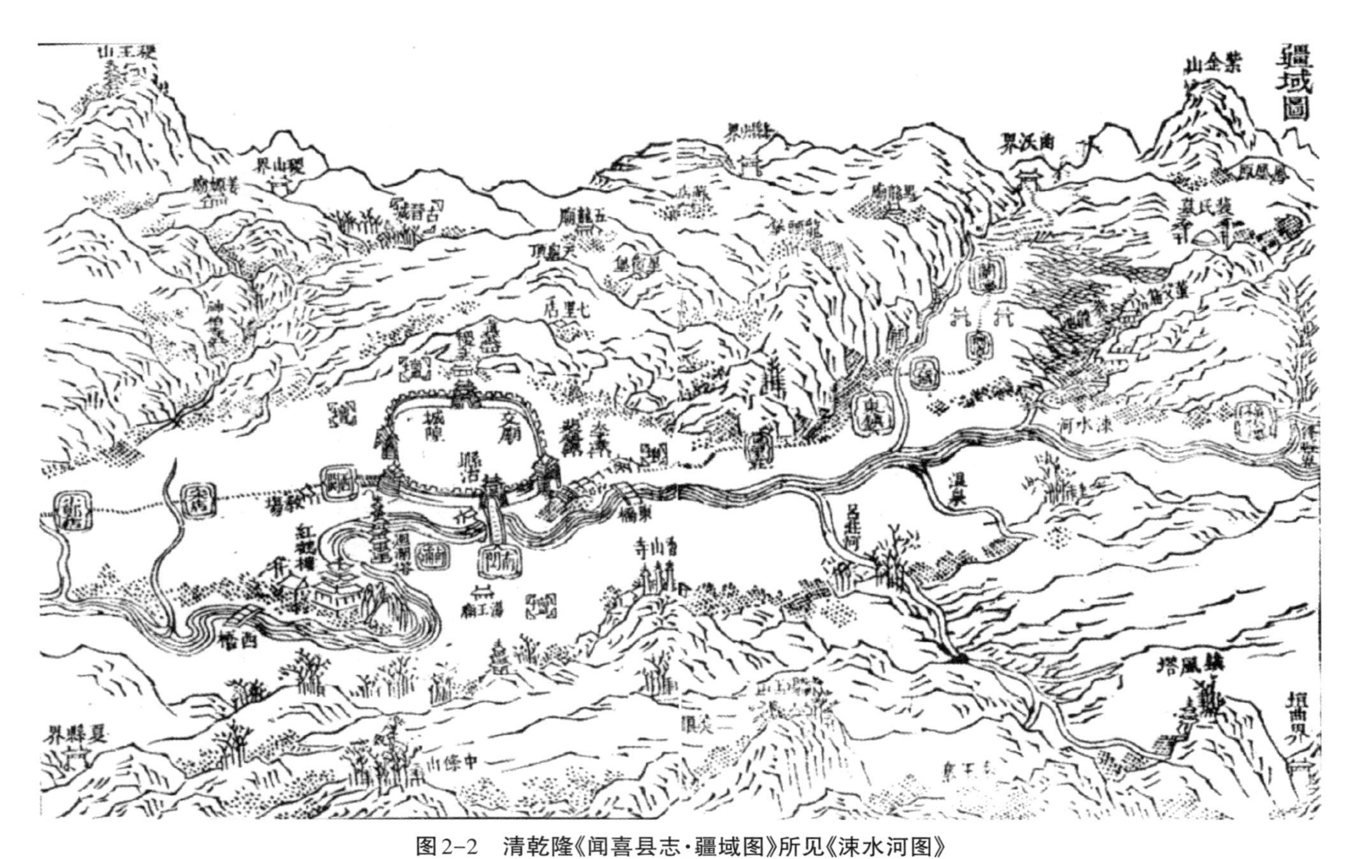

图2-2　清乾隆《闻喜县志·疆域图》所见《涑水河图》

说明：据清乾隆三十年（1765）《闻喜县志》（刊本）图考之《疆域图》（第20—21页）拼接而成。

均在闻喜县乔寺村；开于清代的为第五堰，渠口也在乔寺村。这种位置关系表明宋明两代涑水河水利开发遵循自上而下的原则。上游两堰用水规模远高于下游三堰。若加上北宋熙宁三年（1070）开凿的闻喜县坡底村渠，则宋代涑水河应为三道渠（堰）。清代方志中宋代三堰的说法应是将坡底村渠包含在内的。这样涑水河闻喜段实际上是有6道堰的，县志中并未列入坡底村渠的任何信息，笔者猜测应是乾隆时期方志撰写者未能收集到坡底村水利碑，加之坡底村仅灌溉一村，规模不大，因而有漏记的可能。

入清以来，涑水河的开发利用又有新进展。尤其是作为第二堰的王公渠水利工程，以往耗时费力，花费甚巨，县志称："王公渠至乔寺村界，阻沟难通，旧用木槽衔接通水，岁岁修理，犹虞坏漏。康熙四十九年知县江国栋用邑绅宁鼎轼之计，于两岸砌石洞，由沟底通过，彼岸吞而此岸吐，约费银五千余两，数百年不复修砌，利赖永久，龙神祠犹有江公石龛附祀之。"[①]这条记载说明当地官员和士绅为保障王公渠水利通畅，变过去的架设木槽通水改为开凿石洞通水，木槽易于朽坏，石洞一旦开通，则可长久使用，不必反复修理，省钱省力。如此一来，王公渠的溉田亩数达到近4000亩，5个村庄受益。修筑王公渠石洞工程是清代涑水河水利开发的一个典型和缩影，反映了当地官绅民在兴修水利上的努力和成效。清代水利上的进展，在清代和民国两种版本的县志中也有直接反映。清乾隆《闻喜县志》明确记载了涑水河五堰各自灌溉村庄的名称，且将五堰统称为罗公渠，并有"第二堰即王公渠"的说法，表明在当地方志话语中堰和渠含义是一样的。1919年的《闻喜县志》不仅记载了罗公渠五堰各自灌溉村庄名称，而且更为详细地记录了每条渠的使水周期、溉田数和缴纳水费的标准，兹列表统计如下：

① 《闻喜县志》卷四《沟洫》，1919年石印本，第119页。

表2-1　清至民国闻喜县涑水河渠道村庄灌溉地亩统计表

<table>
<tr><th rowspan="2">渠道名称</th><th colspan="2">清乾隆《闻喜县志》</th><th colspan="5">民国《闻喜县志》</th></tr>
<tr><th>村庄数</th><th>村庄名称</th><th>村庄数</th><th>村庄名称</th><th>使水周期</th><th>溉田亩数</th><th>纳水则银</th></tr>
<tr><td>第一堰</td><td>4</td><td>东外
乔寺
东山底
西山底</td><td>4</td><td>东外
乔寺
东山底
西山底</td><td>18日一周</td><td>1950</td><td rowspan="5">每亩纳水则银五分六厘一毫</td></tr>
<tr><td>第二堰（王公渠）</td><td>5</td><td>柳泉
爱里
东灌底
西灌底
东刘家院</td><td>5</td><td>柳 泉
爱 里
东灌底
西灌底
东刘家院</td><td></td><td>3894（1917年）</td></tr>
<tr><td>第三堰</td><td>1</td><td>乔寺</td><td>1</td><td>乔寺</td><td>16日一周</td><td>563</td></tr>
<tr><td>第四堰</td><td>5</td><td>西刘家院
元家院
大蔡薛
小蔡薛
侯 村</td><td>4</td><td>西刘家院
元家院
大蔡薛
小蔡薛</td><td>水三十二番（明嘉靖四十二年《水利人工牌帖碑记》）</td><td>256（明嘉靖四十二年），205（1917年）</td></tr>
<tr><td>第五堰</td><td>2</td><td>东下吕
西下吕</td><td>3</td><td>东下吕
西下吕
南下吕</td><td>15日一周</td><td>240</td></tr>
</table>

说明：①第二堰的东西灌底村，过去又称为东西观底村。②第四堰灌溉村庄中，明嘉靖四十二年曾有侯村和南下吕村在内，民国时期这两个村庄均已退出用水系统。第四堰受益村庄最多时有6个。第五堰民国时期增加了南下吕村，可见南下吕是从第四堰改为第五堰用水。

由此可见，自北宋熙宁初年闻喜县涑水河畔村庄开始截河堵堰开渠以来，当地人对涑水河的开发便长期延续下来。至明清时期，当地涑水河上已有五条渠堰，受益村庄共计17个，受益地亩为6852亩。其中，乔寺村因其地理位置优势，获益最多。涑水河五堰中，位居上游的头、二道堰灌溉规模最为可观，占据总地亩数的85%。第三堰则独灌乔寺一村，非他村可比。第四、第五两堰灌溉规模均在500亩以下，每村平均只有40～80亩，数量有限。就涑水河沿河渠道及村庄来看，位于上游的第一、第二、第三堰灌溉规模每村平均在500亩左右及以上水平，远远高于第四、第五两堰，水利灌溉规模与渠道开发年代、村庄位置等关系密切，之间存在较大差异。

尽管如此，涑水河畔上述村庄的水利灌溉条件比起闻喜境内其他村庄仍要优越不少。结合清代和民国《闻喜县志》可见，该县内其他村庄的水资源开发，其水源或为某沟、某峪、某河、某庄、某岭、某潭、某池，其灌溉规模最多者800余亩，最少者不足百亩，以二三百亩者居多。多数水量微小且不稳定，有些甚至已失去灌溉能力。如甘泉渠，源出黑龙潭、白龙潭，“咸丰间两潭皆淤塞，今无水可溉矣”。西张村渠，源出横岭，“因倏流倏涸，未定水粮”。下庄渠，“自清咸丰初至今无水，水粮仍在”。[①]为确保有水可用，当地实施了严格的用水制度，与涑水渠五堰一样，均实行受益村庄间或村庄内部用水家户间定期轮流使水的规定，不容紊乱。为了保障用水权，一些村庄执行更为精确的管理办法，如南姚村渠，“轮番二十四日一周，每一昼夜分十五炷香，每香一炷约溉地七分五厘”。坡申渠，“轮番十八日一周，每一昼夜分六丁，每丁纳水则银三分六厘二毫”。[②]可见，用水条件越是紧张，人们的水权意识越发强烈，对水资源的管理也越发精准苛刻。涑水河畔水利村庄的用水管理也呈现出这样的特点，可视为当地水利社会的一个共同点。

二、宋明两代涑水河畔的水利规则、秩序与纷争

(一)刻石景云宫——熙宁年间水利规则的初定

综合前文北宋熙宁三年（1070）闻喜坡底村在涑水河上截河堵堰

①《闻喜县志》卷四《沟洫》,1919年石印本,第120、122—123页。

②《闻喜县志》卷四《沟洫》,1919年石印本,第122—123页。

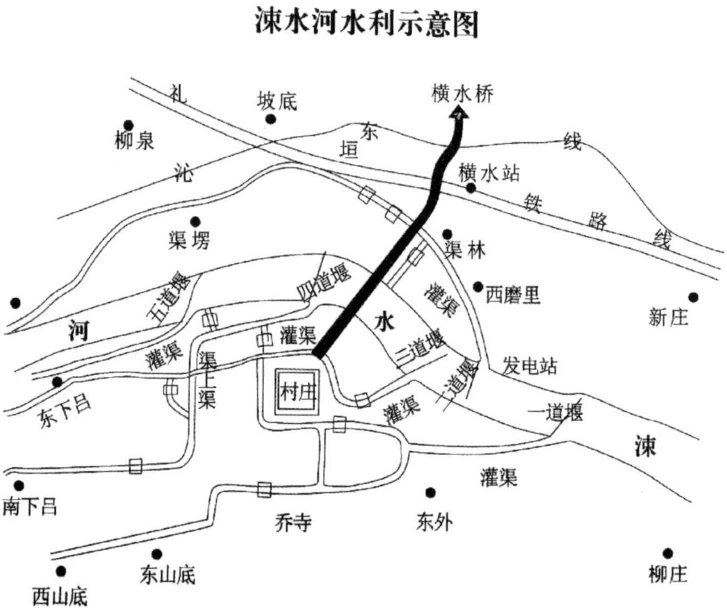

涑水河水利示意图

图2-3　涑水河水利示意图

说明：此图以笔者2022年7月24日在闻喜县横水镇乔寺村村史文化长廊拍摄的图片为底图绘制而成。

开渠引水的碑刻记载，明嘉靖四十二年（1563）《涑水渠图说》中“始于有宋熙宁间，尝有刻石在景云宫”的说法，表明宋代景云宫这个地方当时曾经是竖立涑水河水利条规碑的一个重要场所。

查阅资料可知，景云宫位于闻喜县涑水河畔的灌底堡村，是当地一座历史悠久、影响极大、有着众多信众的重要道教宫观。该宫观内现存年代最早的碑刻为唐贞观八年（634）所立《维大唐贞观八年岁次甲午九月庚午朔二日辛未祀观元始天尊素象之碑》[1]。此碑是由时任闻喜县功曾中正骁骑尉祁文才，带领祁氏族人“倾心竭产，敬造元始天尊素象一区，真人玉童，天丁师子，地祇之载香山而皆左右相对”。从碑文题名中可见当地有一个以祁氏族人为主体的宗教团体，

① 碑存闻喜县横水镇灌底堡村景云宫内。

其中有都邑主、邑主、邑子等专门的宗教组织称谓。[①]他们发心修造道教塑像的目的是给亡故的祖先及父母、在世父母及子孙祈福。碑文中“有隋开皇修营灵观”的记载说明此道教宫观的创建年代和最初命名。从碑文信息来看，祁氏或许是唐初活跃在当地的一个大姓望族，作为祁氏宗子的祁文才乃“殷使持节镇西大将军祁山君永之后，晋大夫周阳侯奚之胤，魏使持节秦州刺史、河南尹、吏部尚书、司徒、太尉公俊之孙也”。碑后题名中出现“祖都督祁王党”“祖大都督永安、平阳二郡太守祁□丞”“祖父都督安邑县令祁举”等有官职的祖先名讳，似乎是在向人炫耀祁氏族人的身世和门第。作为一个有名望的地方大族，选择在景云宫发心塑像，表明在唐代景云宫已是当地一个颇具影响力的宗教场所。

正因为如此，当北宋熙宁年间王安石颁布农田水利法，在全国各地大兴农田水利之际，景云宫便成为涑水河畔一处比较理想的立碑场所。清乾隆《闻喜县志》有记载称：“王公渠，水发源于绛县烟庄峪，宋熙宁间开浚。明正德间，知县王琳考据景云宫古碑，定分数界限，溉柳泉、爱里、东灌底、西灌底、东刘家院等田，渠口在绛县磨里堵截。”[②]可知王公渠虽然开浚于北宋熙宁年间，却是以明正德十一年(1516)闻喜县令王琳的姓氏来命名的。之所以如此，是因为王琳“考据景云宫古碑”，给王公渠五村“定分数界限”，也就是五村共同遵循的用水规则。在这一规则指导下，王公渠五村可灌溉土地数量达到3894亩，为涑水河五堰渠系中灌溉规模最大者。当然，王琳制定

① 这类邑、邑义组织，指的是某一地区以一村、一族或一都邑城镇(个别也有数邑的)，以在家佛教信徒为主和僧尼自愿结成的佛教团体。它虽不是地域性组织，但大多数却是以地域为基础，由某一个或几个自然村、某一坊巷的人自然组成，其中多数为普通民众，少数的有僧尼和官员参加。他们的主要目的就是为了造像，另外还有设斋、念佛、写经、修窟建寺等活动。参见崔峰：《论北周时期的民间佛教组织及其造像》，《世界宗教研究》2011年第2期。此处虽然是道教团体，但其性质和目的基本相似。另可参见尚永祺：《3~6世纪的佛教邑义与北方村落及地方政权之关系》，吉林大学古籍研究所编：《1~6世纪中国北方边疆·民族·社会国际学术研讨会论文集》，科学出版社，2008年，第348—368页。

② 清乾隆三十年(1765)《闻喜县志》(刊本)卷一《山川·水利附》，第74页。

的规则与宋代刊刻的景云宫古碑内容未必一致，但一定是以景云宫古碑为依据而非重新创造出来的，否则就没有必要“考据景云宫古碑”。因此知县王琳所定五村分数界限，应为景云宫古碑内容的一个间接反映。

宋代以后，景云宫在当地村落社会中仍然居于很高的地位。元元贞二年（1296），距离景云宫不远的东乔村重修岱岳庙竣工后，管下维那首等人前往景云宫拜谒任公大师，请他撰碑作序。[①]明万历二十四年（1596），景云宫印造《太上诸品经》，得到东观底村、西观底村、元家院村、西刘家院村、中庄村、西裴村、下吴头村、下吕村、下峪口村、蔡薛村、下官庄村、西山底村等村民众的慷慨布施。[②]这些村庄中半数以上为涑水河灌溉村庄。清代《景云宫创建享亭碑》中“每年花朝演戏，致祭士庶纷集，各尽祈祷之诚”的描述，也印证了景云宫作为一个重要宗教场所在当地社会中所具有的影响。[③]因此，景云宫古碑可视为涑水河畔最早刊立的水利规则碑，它确定了涑水河畔村庄最初的水利秩序。

结合宋代涑水河开发史可知，官方在涑水河早期水利开发中发挥了主导作用。前揭宋代坡底村水利碑记中出现的“黄册水地粮”“纳黄册课税”等记载，表明当地水利开发受到了官方的严密监控和管理，并非一种放任自流的状态。王琳考据的“景云宫古碑”说明官方曾经为当地村庄用水颁行过规章制度，且曾为涑水河第二堰的王公渠五村所遵守。官方对地方水利的介入和干预由此可见一斑。

（二）水权分配和水利秩序：明嘉靖《水利人工牌帖碑记》与《涑水渠图说》碑

明嘉靖四十二年（1563）《水利人工牌帖碑记》与《涑水渠图说》是同一碑石的阴阳两面，阳面为碑记，阴面为图说。该碑刊立于闻喜

① 元元贞二年(1296)《闻喜县东乔村重修岱岳庙碑并序》,碑存闻喜县横水镇东山底泰山庙门口。

② 明万历二十四年(1596)《印经碑记》,碑存闻喜县横水镇灌底堡村景云宫。

③ 清代《景云宫创建享亭碑》,碑刻年份不详,碑存闻喜县横水镇灌底堡村景云宫。

县侯村乡元家院宋氏祠堂院内。元家院属于涑水河五堰中第四堰受益村庄。由碑记可知，明代涑水河第四堰灌溉村庄共有6个，分别是侯村、西蔡薛村、东蔡薛村、元家院村、刘家院村、下吕村。当时元家院一个名叫宋九亨的人，担任管渠老人和本村渠头职务。六村中每个村都有渠头1～2人，分别是侯村杨钦祖、西蔡薛村王文申、东蔡薛村曾九经和曾孟达、元家院村宋九亨、刘家院村刘仁贵和赵经昶、下吕村乔节。其中唯有元家院的渠头宋九亨担任管渠老人，系众渠头首领。之所以由元家院村宋氏族人担任管渠老人，并非偶然，是因为宋氏祖先对涑水河第四堰渠道的修建有过突出贡献。《涑水渠图说》碑下方记载了明代两件土地买卖契约，其中一件说："洪武二十一年五月二十一日，晋宁里宋得昭置到义宁里乔寺村乔顺村□菴北涑水河南青口渠地一亩，东西畛，东至道，东北至渠口，南至业主，西至祖渠，北至业主。过粮一斗七合，用价丝绵四十匹，印过文契存照。"[①]元家院村属于晋宁里，宋得昭是元家院村人，宋氏族人的祖上。为了在乔寺村创开渠口，宋得昭用四十匹丝绵的高价买到乔寺村乔顺名下青口渠地一亩，有开渠之功。此后，元家院人宋蓁和刘家院人赵武又有在乔寺村买地之举："嘉靖三年四月□日，晋宁里赵武、宋蓁等又置到义宁里乔寺村王岩、张金刘等村北河滩地三亩，东至王岩，南至业主，西至宋得昭青口，北至河，长弯远近二百四十阔三步，用价银三十八两，认粮三斗二升一合，官印文契存照。"[②]同样花费甚巨。鉴于宋氏族人的贡献，由宋氏族人担任甚至世袭管渠老人职务便是理所当然的。不仅如此，为了表彰他们的功绩，六村人在轮番用水时，还要给宋得昭的青口渠地头番使水的特权。这里的头番水就是首日水。据明嘉靖四十二年（1563）碑记载，后来头番水的使用权被分配到宋九亨、宋蓁和刘永华三人名下。其中宋九亨分得三十分的水权，宋蓁得到七分五厘，刘永华得到二分五厘。刘永华和赵武一样，都是刘家

① 明嘉靖四十二年(1563)《涑水渠图说》碑。

② 明嘉靖四十二年(1563)《涑水渠图说》碑。

院村人。此处何以会给刘永华二分五厘水的奖励，因资料不足已难以完全搞清楚，但他们既为同村人，一定是有某种关系的。[①]

在此，首先要了解的是这通《水利人工牌帖碑记》碑的来历。此碑记是明嘉靖四十二年（1563）闻喜县令李复聘为涑水河第四堰六村下达的一个批文。起因是两位渠头刘世荣、曾九经向他报告说以前有多位闻喜县令，为解决他们水利灌溉问题颁布过一些规章制度，所谓“见有先年本县置立牌面并帖说图本存照”即此意。但是在实际运行中却出现了问题：“近因天雨淋潦涨漫，渠道不通，即今春动农兴浇种麦豆，欲要挑挖疏浚，恐有豪强倚恃上流，在于渠路两旁栽植树木，私种稻谷，侵占渠路，阻滞水利未便。”因为洪水导致渠道淤塞，六村人计划挑挖疏浚河道，却担心位于渠口位置的乔寺村人阻挠。从碑记后文内容来看，确实存在上游豪强在渠道两旁任意栽树种稻侵占渠路的行为发生，于是李县令便提出警告，严厉制止乔寺村人的不法行为，“如有前项强梁之徒，倚恃上流，侵占官渠，栽植树木，私种稻谷，阻滞水利，即令斫伐疏浚，敢有故违，即便指名呈来，以凭重究施行”。解除这个隐患后，李县令随即“帖仰管渠老人宋九亨公同各村渠头，照依原额番次，纠唤夫役，迩今农工方兴并工挑挖疏浚以便浇灌，务要深广如法，期在水利必行”。同时，他也给管水者提出要求，“本役亦宜秉公督劝料理，不许因而生事害人惹究未便”云云。于是，在管渠老人和众渠头的领导下，短短一个月就完成了渠道疏浚，“用水之家各照水番人工挑挖古迹青口渠面一丈五尺，洞子渠面三丈，深一丈二尺。长行渠面一丈五尺，深五尺。各里出桩木修搭桥梁，至月终工完呈缴等因呈禀到县”。工程完工后，李县令重申以往的水利规则和办法：“查照先年本县知县姚、张、杜、罗置立牌面事理，别为置立牌面，仰各村渠长执牌前去，遇水到日，即便照依古迹编定番次，自下

① 给有开渠之功的人及其后裔奖励，是山西水利社会中常有的一种现象。笔者对山西泉域社会的研究中，有大量类似事例可资佐证。参见张俊峰：《泉域社会：对明清山西环境史的一种解读》，商务印书馆，2018年。

而上，日出日落交番，轮流浇灌民田。如有天雨冲破，许令补番。沿途破漏失误巡视，不行拨补，永为定规，常川遵守。仍仰该使水番头挨次巡视，如遇前项倚恃上流情弊及乘隙挟仇盗决河防之徒，挨拿送县以凭究治施行，须至牌者。”[①]这样就彻底解决了最初两位渠头及管水老人的担心，六村水利隐患得以消除。在这次疏通渠道事件中，知县李复聘发挥了很大的作用，让六村民众能够安心生产和生活。

在此，我们不仅要关注碑文本身的内容，更要明白这通碑是由谁所立，立于何地，立碑目的又是什么。从碑文正反面落款可知，是一个名叫李汝重的人将李县令所批复的这个文件刊刻于上，并将其立在元家院宋家祠堂。之所以要立在宋家祠堂，笔者猜测应与管水老人宋九亨有关。掌握六村水利管理大权的宋九亨，其背后应是宋氏宗族，宋九亨本人即宋氏宗族的代理人。该碑立于宋氏祠堂内，展示了当地宗族和水利间的某种关联性，或者说村庄宗族势力对地方水利的介入或支配。从碑文中还能了解到，李汝重并非普通村人，而是一位居村的致仕官员，碑文落款中说他是“文林郎前知陕西保安县事、学稼老人李汝重”。在碑阴下方的《涑水渠图说》中，李汝重进一步说明了他刊刻碑记和渠图的原因，他首先表达了对上游乔寺村人的不满：“且乔寺虽居上流，各不相侵，其渠傍种树、开稻、桔槔、水斗，决渠剖堰，皆非彼所得臆逞也。”进而表明自己立碑的动机所在：“予既休致，买田于晋宁里之元家院村，特为申明其事，既以呈县置牌，革而正之，复谋镌石以垂不朽。或有豪强把持，因而致讼，司主者考焉，思过半矣。”[②]一位退居乡里的致仕官员，在元家院村买了地，对上游乔寺村霸占水利的做法极为痛恨，因而要将当地官员为村人主持公道的这一重要文本公之于众，让更多的村人了解六村水利的来龙去脉和使水合法性，以图防微杜渐，有碑可证。可见，李汝重刊刻水碑和渠图的原因，除了用于规范村人用水行为，很大程度上是为了预防

① 本段引文均出自明嘉靖四十二年(1563)《水利人工牌帖碑记》，恕不一一出注。

② 明嘉靖四十二年(1563)《涑水渠图说》碑。

和制止乔寺村的违规行为，借助官府力量达到以下制上目的。在此，我们看到村庄里的士绅、宗族、老人、渠头在村庄公共事务中所起到的重要作用。尤其对于李汝重这样有做官经历的人来说，深知将官方文书刻碑于石的效用和长远意义。村落社会中的这些人群才是维护地方水利秩序的重要力量。

有意思的是，六村可灌溉地亩总数只有256亩，平均每村仅40余亩，灌溉规模非常有限。如此小规模的水利灌区，无论是地方官员还是村庄里的头面人物，竟然如此重视和投入，令人吃惊。以往人们普遍认为，国家只会在大型水利工程上投入巨大的人财物力资本，对于小型水利工程，尤其是这类微型水利灌溉工程和社区，不会投入太多精力去管理和干预，而是放任民间组织和管理，地方官只关心他们是否能够如数完成赋税钱粮的缴纳。然而涑水河六村的水利实践，却有助于改变人们的这一偏见。在黄土高原这些水资源紧张的区域，存在众多类似于涑水河六村这样的微型水利灌区。水利工程小型化或许是山西这个山地丘陵众多的省份水资源开发利用的一种重要特点和类型。这些微型水利工程虽然小，但是数量众多，合起来就是一个很大的数字。对于生活在艰苦区域的民众来说，这些微型灌溉工程是他们安身立命养家糊口的重要保障。事关生死荣辱，人们会竭尽全力争取和维护自身权益。越是水资源稀缺的地区，人们的水权意识越是强烈。前文中提及的闻喜县历任县令，如明正德十一年（1516）的王琳、明嘉靖三十九年（1560）的罗田、明嘉靖四十二年（1563）的李复聘、清康熙四十九年（1710）的江国栋等，均对涑水河水利开发倾注了精力，做出了贡献。这种表现，可以说是对现实社会的一种因应，反映出国家在微型水利灌溉工程中所发挥的作用和影响，是黄土高原水利社会的一个突出特征。

为了保护来之不易的用水权益，涑水河第四堰的管水者为六村人制定了严格的水利灌溉制度，明确了各村使水家户应当承担的责任及义务。这一点在《水利人工牌帖碑记》和《涑水渠图说》碑中均有说明，可互为补充。其中，图碑讲得最为清晰，六村轮番使水，“三十二日为一轮，一昼夜为一番，每番人工四个，每个为十分，日出日落交番。中间不足一番者，分毫厘数，焚香为则”[①]。这里的计时单位是轮—番—个—分—厘—毫。换算方法是一轮32个昼夜，一昼夜为一番，故一轮即32番。这里的每番人工四个与该县坡申渠“每一昼夜分六丁”的含义相同，不论“人工”还是“丁”，均指每番额定出工的人数，并非具体的个人。“每个人工十分”的规定，表明这里的人工除了表示用水户根据土地多寡需分担的夫役外，还和用水时间相对应。就是说，每个人工所对应的十分，既是指燃香的长度，也是指燃香的时间。这里的十分所对应的时间长度是3个时辰，即6个小时。每番4个人工，对应的就是12个时辰共24个小时。这就是燃香计时的基本原理。之所以如此，是由于各村、各家户土地数量多寡不一，所以规定“中间不足一番者，分毫厘数，焚香为则”。如此，每个家户的用水时间就可以明确规定下来，不会有任何紊乱。需要指出的是，这里用于计时的香，应该是有特殊规制的，并非通常意义上用于烧香拜佛的香。[②]当然，这里用于计时的香，也可能如前揭闻喜南姚村渠那样，“每一昼夜分十五炷香，每香一炷约溉地七分五厘”[③]。

按照32番溉地256亩计算，每番平均浇地数为8亩，每个人工为2亩地。如此来看，一天之内只可浇地8亩，表明渠道水量不足，灌溉效率不高。同时，结合六村每个人所拥有的人工数，可以大致推算出每人所占有的灌溉土地情况。先就村庄层面来看，六个村中，侯村20个，西蔡薛4个3分，东蔡薛34个7分1厘4毫，元家院18个4分7厘，刘家院30个7厘，下吕村12个。外加元家院宋得昭青口渠4个，送牌人曲善、曲文秀等拖渠水一垧。此处一垧地按大亩算应为10

① 明嘉靖四十二年（1563）《涑水渠图说》碑。

② 古代计时的香名为香篆，又称印香、百刻香，宋代洪刍《香谱·百刻香》中记：“（百刻香）近世尚奇者作香篆，其文准十二辰，分一百刻，凡燃一昼夜已。”见刘幼生编校：《香学汇典》，三晋出版社，2014年，第33页。

③《闻喜县志》卷四《沟洫》，1919年石印本，第123页。

亩。[1]按照2亩一个人工计算，应为5个。刨去这一垧地的人工，六村加上宋得昭青口渠人工合计为123.555个。一轮32番，总数应为128个。因此，送牌人曲善、曲文秀等一垧拖渠水的实际人工约为4个，即一昼夜的水，由此构成六村一轮32番的轮流使水秩序。

再就每个村庄内部而言，担任渠头的人多数为村中占有较多土地和水权者。侯村渠头杨钦祖，有10.3个人工，全村20个，占全村总数的一半。西蔡薛渠头王文申，有2个，全村4.3个，几乎占到一半。东蔡薛渠头曾九经，有3.1个，全村34.714个。但是该村以曾、李二姓为主，李姓一共只有4.7个，剩余全部为曾姓。在曾姓族人中，曾九经是占有水权最多者。元家院渠头宋九亨，有7.22个，即七个二分二厘。全村有宋、李二姓，以宋氏为主。还有一个名叫李共的人，有人工5个，可以算是占有水权较多的家户。但该村以宋九亨为代表的宋氏控制的水权依然占据绝对多数。刘家院比较特别，该村姓氏比较杂，有刘、赵、曲、杨四姓，以刘、赵二姓为主。其中曾经当过该村渠头的刘世荣名下有4.639个，是全村享有水权最多的。新任渠头刘仁贵有2.074个，渠头赵经昶有2.283个。两人相差不大，两个姓氏也不分伯仲，故而该村便由刘、赵二人共同担任渠头。下吕村渠头乔节，有7.25个，全村只有12个，一人占到全村60%。由此可知，村庄水权和权力分配中，个人土地和财富多寡、宗族势力大小是决定性因素。村庄水权基本掌握在村庄权贵和有实力者手中，体现出较强的阶层性、宗族性和地域性特征。这种水权占有状况在山西其他类型水利灌区亦具有普遍性。每个家户和个体的水权明确到分厘毫水平，可见当地社会水权意识之强烈，这也是他们对所面临的水资源严重短缺现实的一个主动适应。不难发现，水资源短缺导致了地方水利社会严重的内卷性和封闭性。

---

① 一垧相当于1公顷，即10000平方米。民间一个大亩约为1000平方米，官制一个小亩约为666.666平方米。故一垧地相当于10个大亩，15个小亩。

在此，涑水渠碑记和图说的关系也值得讨论。明嘉靖四十二年（1563）闻喜县令李复聘处理涑水河第四堰六村水利时，“见有先年本县置立牌面并帖说图本存照”。这里提及的牌面、帖说图本当为该碑记和图说的纸质原型。在致仕居乡者李汝重的主导下，将李复聘认定的水利人工牌帖和涑水河渠道图刊刻于石，永久竖立于元家院宋氏祠堂，既能维护六村水权，又能对上游取水口位置的乔寺村起到一种震慑作用。碑记主要内容是第四堰六村“自下而上日出日落交番轮流浇灌民田”的相关制度规定，碑阴渠图则是对闻喜县涑水河四道堰取水口位置及各自渠道走向的一个图示，可谓一目了然。在此，涑水渠图起到一个辅助作用，可以使士庶官民人等都能明确涑水河四堰的相互位置和每条渠道途经村庄及其上下游关系，碑记和图说合起来展现了明代涑水河流域水利开发的基本面貌。

（三）“革社饮以抵渠粮”——《柳庄判文碑》所见明天启元年(1621)绛闻水利冲突

涑水河上下游之间的用水矛盾和冲突在明嘉靖四十二年（1563）的碑记和图说中已有展示。明天启元年（1621）由绛县知县牛耀台、闻喜知县张耀共同立于绛县柳庄村的《柳庄判文碑》，将涑水河流域上下游之间的矛盾展现得更加淋漓尽致，具有代表性，表明灌溉社会中上下游的矛盾普遍存在。官员和地方社会如何化解矛盾，保证村庄用水安全，是一个饶有意趣的问题。

1. 民间“请酒之例”

与涑水河六村与乔寺村的争端不同，明天启元年（1621）的这起水利纠纷发生在绛县、闻喜两县之间。闻喜县涑水河首堰有东外、东山底、西山底和乔寺共4村，取水点在柳庄村。碑文中记载：“闻喜受涑水灌溉之利，虽曰自宋已然，但自嘉靖年间旧泉壅于横岭，新泉出于柳庄”，为了引水，“闻人曾用价买张廷器地一亩，则廷器地之西北与新开之□渠□，皆有粮之地也”。柳庄村张姓较多，张廷器即柳庄村人。闻喜涑水河首堰四村购买张廷器的一亩地，为有粮之地，他们买地的目的是占地开渠，同时要代缴这块土地上本应由业主承担的赋税粮银。不仅如此，“涑水河自柳庄村入渠，河边渠口左右之砂滩地，其有因水之故而侵伤……共平地五十三亩一分五厘七毫”，可知柳庄人的五十三亩余土地有被四村渠水侵伤的风险。为免柳庄村人阻挠，四村人“恐其阴有排决”，便于每年春秋两季，由闻喜首堰四村备好酒食宴请柳庄，以示酬谢。这就是当地流行的“请酒之例”。明天启元年（1621），闻喜知县张耀认为这个办法“虽相沿有日，终非经久之计”。实际情形果真如此，即便闻喜四村每年照例宴请柳庄人，其用水仍会不时受到柳庄人的干扰，存在不确定性，无休无止。因此，“请酒之例”只是民间采取的权宜之计，并非永久之方。明代受理绛闻争讼的平阳府知府对此洞若观火，有清醒的判断，主张由闻喜人代绛县人缴纳其受渠水侵害的土地粮银，认为“若夫四村之民每年□□□□不能餍其食，谷麦百石不能满其溪壑，其所费不更十倍于代粮乎？”[①]希望通过公开“代纳粮银”而非两县人私相授受的方式，为闻喜人使水确定一个长久之策。

2.绛闻殴斗事件

绛闻殴斗事件起因于闻喜人与绛县人的一起水利纠纷：“时波臣为祟，冲毁茂枝田苗，当日张业亨处分给麦二石，□其会伤□□之事矣。意悭吝负约，致茂枝□□丕释，决水填渠，亦小人愤激之□□，此时亦又□理输也。”闻喜四村渠水冲毁了柳庄人张茂枝的田苗，柳庄人要求赔给张茂枝二石小麦作为补偿。闻喜人不愿承担，张茂枝一怒之下，将闻喜人渠道破坏。遭到闻喜人报复，在谭继书等人带领下，“纠率多人，横行村落，在茂枝一家既鼠窜而关门，即本社居又鹿驮而匿迹。犹以为暴横之气无可发泄，遂砍伐万里小树数株，击坏尚恩水车一具，并□振道青苗，俱为蹂躏，即无干之治畦，□亦迁怒

① 明天启元年(1621)《柳庄判文碑》,碑存闻喜县横水镇柳庄村。本节以下引文中凡未出注者,均与此注同,不一一出注。

而加殴焉”。官方对此判决认为，“看得谭继书之于张茂枝也，只缘渠破水泄，冲坏茂枝之春苗，因而控诉，致为仇嫌。而继书不思灌溉之源借资与绛，乃敢纠合百十余人，乘机开渠，横行无忌，□田毁井，伐树殴人，目中已无三尺矣。且耸词求胜□□，验合杖惩，以警其后，而继书等人拟罪犯”。

不仅如此，参与此次殴斗的谭继策、谭日新、谭日旺等人也受到追责和严惩。从官方对他们的判决书中可了解这场群体殴斗事件的更多细节：

> 看得谭继策之于张鹏翔也，只因渠破水泄，冲坏茂枝之地，因而控诉，致为仇嫌。而继策等不思灌溉之源借资与绛，乃敢纠合百余人，乘机修□，互为践踏，目无三尺可知矣。将继策、苏秉进、朱崇勋、谭日新各拟有力。
>
> 看得谭日新等□□谷麦急图，寻殴茂林兄弟，□呼大众鸣锣执杖，折树毁田，因殴无干之农夫，据其存心三尺可玩，绛州乱宗之恶□与之同事，即徒不枉特，未至特刃，未至伤人，村愚无知，姑杖同事者，仍请加责，量追赔谷五石。
>
> 看得谭日旺等怀争水之忿，逞血气之□，结伴则凶情已定，邂逅□毒手，遂施以数辈而殴二人，众寡既不相□□无备而当众攻强弱尤所难□□□□之，所以昏迷倒地而怀□负伤□脱□矣，幸矣。又何□赖行李之存亡哉！审证与供□俱直□倡首者□时□香者，应□□选，均拟以杖□惩凶恶□□□□□称失落，姑免追赔，招解本道王覆审无异。看得谭日旺□因争水之故，构讼酿仇，□□□等之路行纠众□殴，以致怀□功抢□之□也，质证有□□杖何词哉？取问□□。

这场水利冲突除了上下游村庄之间的长久怨恨和对立情绪外，背后是否还存在村庄大小、宗族势力等因素的影响，仍需实地调查落实。不过，这场殴斗事件的发生并非偶然。在此之前，尽管闻喜人每年春秋两季酒席宴请讨好柳庄人，希望他们不要阻挠四村使水，仍然出现“两年以来，闻民点水不能到地”的情形，双方宿怨加深。地方官在审理这起案件时已经意识到，“绛据上流，闻居下水，从前诸酒食□以请之□到，遂成角牙”。因此，民间内部的私下协议和交易，并不能确保地方水利的长治久安。为此，必须另寻他路。

3.由私到公:官方“代粮之说”

为彻底解决绛闻水利冲突，明天启元年（1621）平阳知府与绛县、闻喜知县几经沟通辩论，最终提出“代粮之说”。平阳知府认为，由闻喜县民代纳渠道所占绛县土地粮银，较民间“请酒之例”更为合理，且不会加重闻喜人的负担。他在实地调查中了解到，闻喜渠地占绛县共十五亩，“私意计亩征粮，即从重税，每亩一钱足矣，加以籽粒，每亩二钱足矣。合十五亩而计之，才费四两五钱耳，即再倍于此数，亦不满十金。若夫四村之民每年□□□□不能餍其食，谷麦百石不能满其溪壑，其所费不更十倍于代粮乎？而两造之间斗词讼之，连破家亡身，祸事叵测，又无论已。此其孰利孰害，孰多孰寡，不待智者而能辨之矣”。据此，他极力主张通过闻喜代粮解决争端。对知府的这一方案，绛县和闻喜知县均提出异议，均被平阳府逐一批驳。碑文中留下三人对此事的争辩内容，殊为珍贵。兹将绛县与平阳府的对话摘录如下：

该县之言曰:“互各实非为粮,只以酒食之故私争耳。”乃本府亦□□谓其为粮而告也,特谬见代粮以塞闻民之口,或可不复以酒食私争而讼端息矣。况军厅已有四两之断,去本府代粮之数,所争几何？特谓其私相授受犹存争端也,不若明输□□为更便耳。

该县之言曰:“公然加粮,绛民余有辞。”本府则见谓:“一加之粮,闻民乃有辞耳,绛复何辞之有？即有辞而直在闻,不在绛也。”

该县之言曰:“稍不遂意,复肆排决,谁能系其手足乎?”本府亦曰："不加之粮，排决正无已时也，亦复谁能系其手足乎？似不若加粮之后□□□系其手尚可钳其口也。"

两位官员的这段对话主要涉及三个问题，一是绛闻争端究竟是酒食之故还是为粮而告；二是公然加粮是否合适；三是如何清除绛县人排决之患。绛县知县站在绛县人的立场，偏向于传统的儒家思想，主张以和为贵，认为官府不应过多干预民间事务，地方社会的请酒之例就是很好的解决办法。对此，平阳府极力反对，且针锋相对。其核心思想就是由官方介入地方水利，由闻喜人代粮，认为只有通过代粮，闻喜人才能理直气壮；通过代粮，绛县人才会理屈词穷；通过代粮，官府才能化私为公，将涑水河水利开发纳入正确的轨道上来。

对于平阳府的代粮方案，闻喜县也提出不同意见，他指责绛县人占据上游任意阻塞破坏，给闻喜带来危害，必须严惩绛县人的非法行为。他说："两年以来，闻民点水不能到地。夫此渠既云常流，不能塞矣，则天地自然之利，固□取之不竭之源，乃点水不得沾其灌，则又何也？岂非绛民据水之上流，通塞由□，闻民固无如之何乎？"平阳府认为，如果按照闻喜县的意见，"治绛民之罪，舍刑罚诚别无法矣"。可见，闻喜县的主张偏向于法家，问题是刑罚不是万能的，靠刑罚不能彻底解决上下游的矛盾。平阳府指出："如排决之事，公然行于白昼，尚得执而问之；倘暮夜无人之可指也，将此一村之民尽□诛之乎？恐官法于是无补矣。"

以上是围绕绛闻冲突，三位断案官员所持立场和观点。在平阳府官员看来，无论是绛县官员极力维护的"请酒之例"，还是闻喜官员提出的"治绛民之罪"，均无益于冲突的彻底解决。在他看来，"土皆王土，民皆王民，闻民得水利之润，而绛民之地渠已占，其年反抱无地之粮，两县民之角口相开者，实□之故耳"。在此，他提出了一个"王土王民"的重要观念，其核心是这里的土地和水资源究竟归谁所有的问题。[①]“王土王民”观念的提出，说明平阳府官员认为土地和水从根本上而言，都是朝廷所有的，不能由民间私相授受，这样做是缺乏依据的。这一观念乃是其“代粮之说”的理论依据。由此，他力排众议，提出最终解决方案：

> 所可行者，惟是查确此渠，果属官不属民，亦且的的无粮也。然后责令闻民享水利者，量输官租于绛县以充王项公费，明立一石碑于□□□所，使人晓然知此渠从来为官之有，非民之有也。闻人输租，而后又绛之渠实闻之渠也。而后乃今有塞其流、决其防者，罪无赦。绛民虽强梁乎，有不俯首帖耳，以就约束者，□不信也。

既然渠道“属官不属民”，那么绛县柳庄人就没有理由让闻喜人提供酒食，让闻喜人代粮也不是要给绛县民人缴纳粮银，而是“量输官租于绛县以充王项公费”，闻喜人在绛县境内的渠道属于官方而不属于民间，他们是输租于官家，不是输租于民人，在此意义上，“绛之渠实闻之渠也”。因此绛县民人就不可以上游之利塞流决防了，其破坏水利的行为属于违法行为。如此，便将过去的民间私相授受改为官家的公开透明，从过去的民有变成了官有，彻底解决了绛、闻冲突，为当地确定了一个新的用水秩序。

《柳庄判文碑》中也明确了代粮之说的实际操作方式：

> 每年□闻□使水地□征银四两，解送绛，以抵渠侵之粮。县审已明，争端永息。……令东山底村、西山底村、东外村、乔寺村每年共出银四两，封纳本县官收，差人转送绛县当堂验收。□为柳庄王项钱粮，以后再不许请酒滋扰。其东山底村四村照旧筑堰使水，灌

---

① 对水利社会中“王土王民”观念的研究，可参考祁建民：《从水权看国家与村落社会的关系》，山西大学中国社会史研究中心编：《山西水利社会史》，北京大学出版社，2012年，第138—151页。

田兴利，柳庄人不许阻塞私决渠口，庶免争竞，以杜讼隙。……（闻喜）四村受水地共地一千九百五十亩，每亩地该银二厘五毫一□三微，每年闻喜县官征收完，封交绛县官收，不得私相授受，如此永为定规。……渠口左右既有余地，□蓄泄有□而冲塌，永无□矣。□令闻人有欠□□粮者，罚无赦。绛县有阴决水口者，罚无赦。

在平阳府看来，这个结果“闻人实受其水利，绛人实轻其赋税”，是一个两全其美的解决方案，甚至有“岂非万世之利而又无一朝之患者哉”的得意之色。究其实质，乃是以国家权力取缔了民间对水资源的垄断和攫夺，通过官方介入，将地方水利纳入国家视野之中，不允许民间自由发展，扰乱地方社会秩序。代粮之说本质上既增加了地方财政收入，也是水利治理法治化的过程。然而这一方案是否真的能够杜绝上下游争端，国家权力是否能够随时跟进处理地方社会的违法行为，还是令人怀疑的。尽管如此，在当时条件下，这已经一个相当妥善的解决方案了。

三、结论

一图胜千言。明嘉靖四十二年（1563）刊刻的《涑水渠图说》碑，反映的是当时闻喜县涑水河水利开发的基本情形。与这通水利图碑密切相关的，是这里自唐宋以来留存至今的各种碑刻、方志、民间习俗和民众记忆。水利图碑本身所表现的图像信息清晰直观，不仅为人们了解地方水利开发史提供了便捷的方式，而且是地方水利秩序和水权关系的象征，与人们日常生活关系密切，是民间水权意识和地方水利社会得以形成的一个显著标志。笔者运用多方面材料对这通水利图碑开展的综合解读，意在呈现黄土高原山西南部地区历史时期水与人、水与社会、水与国家相互关系的历史。以水利图碑为中心，系统搜集和利用区域社会多种民间史料，是开展黄土高原水利社会史研究的一条独特路径。通过本研究，可以得出如下认识。

（一）宋明以来国家并未忽视对众多微型灌溉社会的控制和管理

以涑水河五堰为代表的小型、微型水利工程是黄土高原水资源不足地区水利开发的一种重要形式。这类水利灌区具有规模小、数量多的特点，是当地民众生产生活的一种重要依赖，对于地方社会经济和民生所起的作用不可小觑。然而小型化并不意味着国家对其放任不管。自宋代以来，这里的水利开发就得到了官方的高度重视，并将其持续纳入政府治理基层社会的视野之中，并非完全交由民间社会自行治理。学界过去所谓“皇权不下县”的观点在这里是缺乏解释力的。对于闻喜县涑水河开发来说，它不仅得益于北宋朝廷和地方官员的大力倡导和支持，而且从一开始其水利开发和水利收益就受到地方政府的严密监管，文中所举北宋熙宁三年（1070）坡底村水利石碣记就是充分证明。不仅如此，北宋时期地方官将水利规则“刻石景云宫”的行为，也表明官方在涑水河水利秩序形成过程扮演了重要角色。这种情形在明清时期体现得更为淋漓尽致，多名地方官员一再介入地方水利事务当中，不仅为上下游村庄确定用水规则，裁决水利争端，惩治违法行为，所谓“置牌面、定番次、选渠长、申盗决”，“定分数界限”等，还积极采纳民众建议，投入资金进行水利工程技术改造，保证水流通畅，清康熙四十九年（1710）知县江国栋开凿王公渠石洞之举就是例证。就水利治理来看，并不存在魏特夫所谓东方社会治水专制主义。无论是明嘉靖四十二年（1563）的闻喜县《水利人工牌帖碑记》碑还是明天启元年（1621）的绛县《柳庄判文碑》，均体现了地方政府在处理民间水利争端时所持有的尊重地方历史，倡导一种负责任的社会发展理念，官方并不仅仅满足于做第三方裁判者的角色，而是能够站在公平、正义、持久、效率和责任的立场上，为地方社会的长治久安谋篇布局。官方在小型水利灌溉工程中的深度介入和治理，有助于改变基层社会治理中官方行为的误解和偏见。从明天启元年（1621）

平阳府、绛县和闻喜县三地主官对绛闻水利冲突的争论中，也可以明显体会到三种不同的基层社会治理理念：以和为贵的传统儒家思想，崇尚严刑苛罚的法家思想，以及反对以私害公，反对地方凌驾于国家之上，破除地方主义的桎梏，崇尚水资源、土地资源的国有和国家利益至上的王土王民思想，平阳府“代粮之说”正是后一理念的集中体现。宋明以来小微型水利社会治理中所体现的这种思想理念，是弥足珍贵的。

(二)充分认识微型灌溉社会中民众的主体性和生存策略

本研究表明，在以涑水河五堰为代表的微型灌溉社会中，地方社会在水资源开发利用和水权分配过程中，充分展现了自身的主体性和能动性，以达到最大限度满足各自水资源需求的目的，其中蕴含着内涵丰富的民间智慧和生存策略，是水利社会史研究中值得充分挖掘的内容。

第一，上下游关系尤其是上游对下游的制约是这类灌溉社会中普遍存在的问题，本章论及的绛县柳庄村对闻喜涑水河首堰四村的制约，闻喜乔寺村对涑水河第四堰六村的制约，就有这个特点。闻喜首堰四村采用每年春秋“请酒之例”讨好柳庄村，但也是权宜之计，不时会遭到柳庄村人的刁难和阻挠而陷入窘境，为此不得不诉诸官府解决争端；第四堰六村面对上游乔寺村的傲慢和阻挠，选择直接诉诸官府，借助于官方力量，惩治上游村庄违规行为，刻石于村中公共场所，以为凭借和象征。这是两种不同的生存策略，在此类灌溉社会中具有普遍性，是解决区域社会争端可资选择的方式。正如前文所言，即使有官方介入，颁布严密的水利条规和惩戒办法，在实践中也会遭遇困境，因为政府监管常常很难做到及时有效，地方也不能动辄选择告官。在此条件下，地方社会就需要软硬兼施，采用多种办法，尽力弥合上下游的矛盾对立，维系一个相对稳定的水利和社会秩序。

第二，村庄士绅、宗族势力等是民间灌溉社会可以依托的主要力量，对于地方水利秩序的形成有着较大影响。元家院所在的涑水河第四堰，原名青口渠，其首日水就是要奖励明洪武二十一年（1388）买乔寺村地开渠的元家院宋得昭，以及明嘉靖三年（1524）再次买地开渠者宋蓁、赵武等人，是民间对于开渠有功者的一种奖励。不仅如此，鉴于宋氏宗族祖上对于渠道的贡献，因而将青口渠的管理权——管渠老人职务交由宋氏后人袭任。将明嘉靖四十二年（1563）县令判文和《涑水渠图》刊刻于元家院宋氏祠堂的举动，也表明村庄宗族势力对于地方水利所产生的影响。前文提及的任职陕西保安县知县的退乡致仕官员李汝重，刊刻水利碑之举，也体现了乡村士绅为代表的地方精英参与擘画地方公共水利事务时所具有的远见卓识和发挥的作用，这同样是地方社会主体性的表现。

第三，地方社会的主体性有时还表现为一种暴力行为取向。在本章中，以涑水河首堰四村谭继书等人为首的村庄势力纠众殴打上游村庄人员的行为即为代表。暴力冲突事件无疑是地方矛盾长期积累的表现，并非偶然，暴露出水利社会中存在不公平、不合理的面相。但是暴力冲突对于促进秩序的调整或维系，也是具有重要作用的，展现了地方社会的能动性。笔者深信，即使是微型灌溉社会，其社会运行中浮现出来的上述问题，并不亚于大中型灌溉社会，甚至较之大中型灌溉社会体现得更为极致，甚至到了斤斤计较的地步，具有强烈的内卷性特点。这并非山野村夫的劣根性，而是在适应生存环境和谋生竞争中形成的冷峻现实，反映了民生之艰。对于微型灌溉社会中民众的主体性和能动性，必须报以必要的尊重和公平的审视。

(三)宋明以来微型灌溉社会中的水权秩序和社会变革

从涑水河五堰众村乃至闻喜县全境的水利实践可以发现，为了确保对有限水资源的充分利用和公平使用，村庄或家户按照既定规则轮番使水，交纳固定的水则粮银是地方水利开发中为众人所遵守的一种用水秩序。水权分配能够精确到分厘毫，众人按时焚香取水，公平合理，对于违规用水者有严格的惩罚管理措施，对于跑漏水者也有补偿机制，对于有功者有奖励办法，如此等等，形成了一个相对公平的水利秩序。

结合前文涑水渠《水利人工牌帖碑记》所载六村人工和水权占有情况，可知在相对公平表象之下潜藏着不公。这种不公体现在担任水老和渠头者无一例外都是村庄占地多者，且是村中大姓和殷实之户，拥有对村庄水权的绝对支配权。众多小户小姓在这一体系中仅拥有极少的份额。表面上看，土地和水资源的分配之间存在一一对应关系，但何以形成这种土地和水权占有的悬殊比例，才是问题的核心，也是这个社会平等、公正与否的关键。给这套秩序提供保障的还有官方的赋税粮银政策，前文中所分析的平阳府“代粮之说”即显示了官方所极力倡导的地方水利规范化、法治化的理念。然而法治化只是对地方现行水权秩序的一种强化，并非对现有水权分配秩序的彻底变革及调整。如此，才使得明清以来乡村社会水权分配格局处于一种相对静止不变的状态，牢不可破。这也是乡村社会贫富分化和阶级分化的根源所在。认识水利社会的这套秩序形成的过程和机制，才能深刻理解20世纪中期中国乡村土地改革和社会革命对于改变基层社会秩序，追求平等、公平、正义的新型水利和社会秩序的意义所在。

第三章　宋金以来山西泉域社会的纷争与秩序

——以洪洞广胜寺霍泉分水图碑为中心的考察

霍泉，因泉源位于有着中华五镇之一的“中镇霍山”南麓，故因山得名。又因该泉位于晋南名刹霍山广胜寺脚下，又因寺而名，习称广胜寺泉。研究表明：洪洞广胜寺泉的大规模开发始自唐贞观年间。延至宋金时期引泉渠系逐步完善，灌溉规模也达到传统时代最高峰，其后元明清三代均未有超越。历史上广胜寺泉源虽在赵城县界，却利及邻封，赵城、洪洞二县均能受益。至1954年，洪洞与赵城二县合并，赵城由县降格为镇，此泉遂改属洪赵县。1958年洪赵县改称洪洞县后，随之归于洪洞至今。自唐宋以来，因行政管辖权不一，利益攸关，两县民众、上下游村庄常因争水打架冲突不断，跨府越县大兴水讼，积怨较深，过去曾流传有赵城、洪洞二县争水不通婚嫁之说。传统时期广胜寺泉域分布于现在的广胜寺镇和明姜镇范围内，泉域面积3808平方千米，泉域内平均泉水径流深37.5毫米。另据资料统计，受益村庄宋代多达130余村，明清时期约有49个；可灌溉土地面积最高时近千顷，明清两代则介乎四五百顷之间。泉域经济发达，遍植水稻，水产丰富，水磨几乎村村有之，为数不凡。泉域村庄密集度高，人口稠密，是地方社会重要的经济、文化中心，素有“小江南”之称。

丰富的泉水资源使得洪洞广胜寺泉域具有迥异于其他区域的水环境特征。得天独厚的水源和相对平缓的地势，使得泉域所及范围得到了较早的开发与利用，很早就有人类活动。据考古学者发掘，仅广胜寺泉南霍渠灌溉村庄中，就发现有新石器时代仰韶文化晚期遗址6处，夏代二里头文化遗址1处，西周墓葬3处，东周墓葬3处。广胜寺泉北霍渠灌溉范围内，亦发现有仰韶文化晚期遗址1处，汉代遗址3处。[①]这些早期人类活动遗迹表明：早在距今五千年的新石器时代仰韶文化晚期，广胜寺泉域就已有人类居住、生活。之所以有如此密集的人类早期活动遗址，应与当地丰富便利的用水条件和适宜的生存环境密切相关。[②]

本章以位于山西省汾河流域中下游地区的洪洞县广胜寺泉域为研究对象，通过对这一传统汉人社区的历史变迁做一长时段的实证性研究，从水资源环境、水利型经济、水利组织与水政治、水利争端与水权、水的信仰与习俗五个方面加以分析，力图为“泉域社会”这一概念赋予更为准确、全面、深刻的类型学意涵。需要强调的是，这里的“泉域社会”即“有灌而治”的社会类型，与董晓萍、蓝克利等人针对山西“四社五村”研究提出的“不灌而治”的社会类型，[③]可以视为中国北方水利社会的两个极端。二者的共同点是同样位于黄河流域汉人长期生活繁衍的中心区域。不同点在于：前者代表了水资源极端丰富、传统农业文明高度发达的区域；后者则代表了水资源极端匮乏、传统农业文明不发达的区域。两种极端类型的意义在于：至少为中国北方水利社会史的研究建立了两个可资参照的模型，循此可更好地理解和解释传统时期中国北方区域社会的历史变迁与汉人社会的文化特点。

---

① 参见国家文物局主编：《中国文物地图集·山西分册（下）》，中国地图出版社，2009年，第916—922页。

② 崔云峰在《霍泉的形成及其利用》（《山西水利史志专辑》1987年第4辑，第45—52页）一文中，也注意到了考古遗址发掘与霍泉水资源早期开发历史之间的关系，指出：“从这些遗址的分布情况来看，它们都分布在泉水流经河谷的两旁耕地上，并且在遗址附近都有不小的一块平地可供耕种。这就充分说明：早在新石器时代的仰韶文化时期，人们就已利用了这一天然泉水，作为生活和生产用水的来源。”

③ 董晓萍、[法]蓝克利：《不灌而治：山西四社五村水利文献与民俗》，中华书局，2003年。

一、颇似江南:泉水、村庄与渠系

> 村址所在,西北两面平坦旷阔,土质肥沃,灌溉方便,皆为上等水地。东、南两面环沟,沟底有河,河水长流,河上建有水磨、油坊多处,既能磨面、碾米,还可榨油、弹花。同时,河之两岸多开种稻田、菜园,适宜栽种稻米、莲菜和其他蔬菜,间或利用水洼营造芦苇,开发编织业。每年初秋季节,沟河两岸,稻穗沉沉,荷花盛开,鱼翔河底,蛙鸣堤上。又有成群幼童嬉戏河间,捉鱼弄蟹。此情此景,酷似一派江南风光。

这段文字引自霍泉水利管理处副主任张海青先生提供的洪洞县《严家庄村史资料札记》(1994年,现存山西大学中国社会史研究中心),反映的是山西省洪洞县广胜寺泉域一个普通村庄的基本面貌,展现了村庄经济、社会发展与泉水的密切关系。接下来的研究,就先从广胜寺泉谈起。广胜寺泉,位于山西省临汾盆地东侧的基岩山区。泉域地势总体呈东高西低,北高南低的特点,泉口海拔高程约600米。这一特征基本决定了泉水的自然流向和大致的灌溉区域。地质研究者判定此泉系霍山大断层岩溶溢流泉,泉水补给主要靠岩溶水盆地范围内大气降水的直接入渗。由于该泉补给区所在的太岳山区和沁河流域森林植被好,雨量丰富,有利于入渗,约占总补给量的85%。其次,泉域范围内变质岩区和砂页岩区地表径流的入渗补给约占总补给量的15%。[①]1993年,由中国地质大学水文地质与工程地质系完成的研究报告指出:广胜寺泉岩溶水系统的储存资源量约为64.5亿m^3,流量年内动态稳定,多年平均流量3.534m^3/s,存在以8年为周期的波动

① 参见山西省水利厅、中国地质科学院岩溶地质研究所、山西省水资源管理委员会编著:《山西省岩溶泉域水资源保护》,中国水利水电出版社,2008年,第231页。

特点。[①]而霍泉水利管理处资料显示：该泉在1956—1993年多年平均流量为3.91m^3/s，1994—2000年平均流量为3.22m^3/s，2001年以来，平均流量为2.92m^3/s。总的来看，尽管目前还保持较大流量，但实际已在逐渐衰减。目前广胜寺泉主要用于农业灌溉，灌溉面积10余万亩，在山西省属于一个中型灌区。同时，该泉还是山西焦化集团、临汾市水泥厂、洪洞县化肥厂以及洪洞城市生产、生活所需的重要水源。

虽然有多种文字资料表明广胜寺泉水利的开发始自唐贞观年间，但在田野调查中，霍泉水利管理局的负责人纪珠宝却不赞同这一观点。他认为霍泉水利的实际开发年代应早于唐代。因为单从技术水平来看，郑国渠、都江堰这些著名的水利工程早在春秋战国时期已有，其本身所需的水利技术相当复杂。相比之下，距离关中郑国渠并不遥远，且同样处于华夏文明发源地域的霍泉，其开发所需技术难度比起前者要小很多，因而不可能迟至唐代才得到利用。[②]尽管缺乏直接的证据，但是从逻辑上讲，这一观点还是站得住脚的，值得研究者重视。不过，要说自唐贞观始，霍泉水利已得到当地社会的大规模开发，应是毋庸置疑的。

结合霍泉水利开发历程可知，自唐宋直至新中国成立前后，霍泉渠系主要由北霍渠、南霍渠、通霍渠（后分为小霍渠和副霍渠）、清水渠等四条渠道构成，其中，北霍渠与南霍渠为主干渠。据文献所载，北霍渠与南霍渠皆创自唐代，且北霍较南霍产生年代为早。通霍渠开凿于北宋庆历六年（1046），小霍渠为通霍渠后易之名，副霍渠原为通霍渠槽南一沟（按，沟即大渠），明建文四年（1402）始独立成渠。清水渠开创年代不详，可能创自宋金时期，但不晚于元。有霍泉水神庙现存元至元二十年（1283）《重修明应王庙碑》可兹佐证。碑载："之初，分名曰北渠、南渠，下而拾遗，又曰清水、小霍。赵城、洪洞二

① 参见山西省洪洞县霍泉水利管理处、中国地质大学（武汉）水文地质与工程地质系：《山西省霍泉岩溶水系统研究报告》，内部印刷资料，1993年。

② 2004年7月10日笔者对纪宝珠的访谈笔记，地点：霍泉水利管理处主任纪珠宝办公室。

县之间，四渠均布，西溥汾堧，方且百里，乔木村墟，田连阡陌，林野秀，禾稻丰，皆此泉之利也。”1954年，由山西省人民政府水利局下发的《霍泉渠灌区增产检查报告》则这样描述霍泉渠灌区的基本面貌：

> 霍泉渠发源于洪赵县东北四十里的霍山西侧的广胜寺，泉水丰富，水质良好，经常有四个秒公方的长流水。由寺院附近分水亭分为三条干渠，全长108华里。北干渠由分水亭偏西北行，经黄埔、柴村、明姜等村通向赵城城北连城镇；南干渠由分水亭西南行经道觉、西安等村通向洪洞城关附近；中干渠由南干渠引水西行，经马头、李宕等村直入汾河。全灌区中部低，而南北高，以泉眼为扇轴，向南北两侧延伸构成一翼状扇形面。受益区包括洪赵县21乡，96个自然村，63345口人。共灌溉面积84714亩。

根据渠道路线，不难判定，1954年霍泉渠系中，北干渠与南干渠均是在原先北霍渠、南霍渠渠道基础上的延伸。而中干渠则是在合并清水渠、小霍渠（副霍渠）的基础上形成的。由此可见，新中国成立初期，霍泉渠灌区的渠系其实是在传统渠系基础上的扩充和延伸，以霍泉为轴的扇形渠系格局并未有太大改变。不过在受益村庄与人口数、灌溉面积上，已非传统时期可比。研究表明，北霍渠的效益在北宋庆历五年（1045）就已达到有史以来最大值，可灌溉赵城县24村592顷土地。此后，该渠受益村庄直至明清时期仍基本保持稳定，但受益地亩却呈现下降趋势。南霍渠在唐贞元十六年（800），同样达到历史时期最高，可灌溉13村215顷土地。此后受益村庄数虽稳定不变，受益土地数却在明清以来呈逐渐减少的趋势。从古今霍泉水量的记载和研究结果来看，霍泉出水量长期稳定，只是近二十年来，由于经济发展，泉域及水源补给区各行政单位对地下水资源开采量不断加大才影响到霍泉的出水量。但该因素在历史时期是不存在的，因此，既然出水量大体保持不变，为什么会出现灌溉地亩数量不升反降的情形？这一问题值得探究。

下图展示了传统时代霍泉灌区的范围和渠道线路：

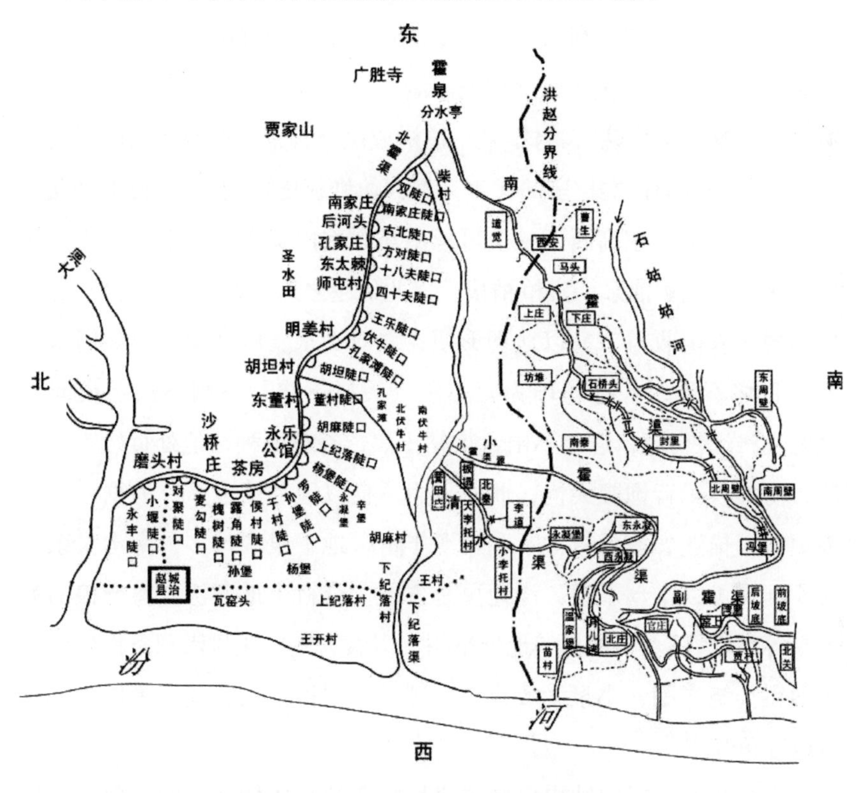

图3-1 《广胜寺霍泉渠系图》

方便的用水条件和发达的渠系，使得传统时代广胜寺泉域大多数村庄都具有水乡的风貌，1999年出版的洪洞县《广胜寺镇志》对辖区各村庄特点的概括就足以说明，如位于霍泉发源地的圪垌村，“镇人民政府所在地，洪广路穿村而过，霍泉水依村涌流，依山傍水，风景秀丽”；道觉村，“东临霍泉，水利条件得天独厚，集市贸易兴旺繁荣，素有‘金道觉’的美称”；马头村，“地处平川，土地肥沃，盛产小麦、玉米及各种蔬菜，水利便利，交通发达”；板塌村，“地处平川，水源丰富，以农为主”；北郇村，“地处河谷，以农为主”；东安村，“临洪广路，交通方便，近南干渠，水利条件好”；长安堡，“村东有沟，清水长流”。[1]泉域内俨然一派水乡风光。

泉域内很多村庄除直接受益于霍泉外，村庄本身就有泉源可资利用，用水条件可谓便利。据不完全统计，单广胜寺镇所属村庄就有大小泉源46眼，长期供人畜食用或灌溉，直至20世纪末，依然是“家家有水井，吃水不出院”，与霍泉一道构成民众日常生产与生活的重要水源。坊堆等村即这类村庄的代表，据《坊堆村史》记述：“村地处北霍西麓阜头之下，东高西下，上可承南霍渠水以资灌溉，下有营田涧可以流污，且地多涌泉，宜植稻藕，以此优越之地利，故无论亢旱久涝，皆不损于农田收益。又以地理形便，堰双头水，以补南霍渠陡门水轮值空日之不足，人称坊堆为三不浇（大风不浇、下雨不浇、夜间不浇）。清光绪初年，连年不雨，渠枯土焦，谷难下种，他处百姓饿死道路，坊堆人民皆饱腹无忧，此非人力，良以地利然也。”[2]另据《广胜寺镇志》描述，南堡村“水利资源丰富，地下泉水甚多，南沟泉系水流积河，可以推动水磨，浇地更是方便。全村土地肥沃，盛产粮棉菜瓜果等类作物”。早觉村“地处平川，以农为主。该村水利条件好，村东通霍渠绕半围，小泉无数，稻田肥沃，主植水稻、莲根等作物，还可以养鱼”。[3]

由此我们可以归纳出广胜寺泉域村庄的总体特征，即大部分均处在平川、河谷地带，交通便利，泉水丰富，水利条件优越；以农为主，水产丰富，经济繁荣；历史久远，文化昌盛，属于典型的传统农业社会。自2000年以来，笔者数度考察灌区，所到之处，最直观的感受便是：这些村庄有着非常发达的渠系，渠道纵横且清水长流，绿树成荫，间或有荷塘、鱼池、汩汩泉眼，气候湿润，空气清新，因水而很有灵性，完全不同于周遭那些因工业发展而导致生存环境急剧恶

① 李永奇、严双鸿主编：《广胜寺镇志》，山西古籍出版社，1999年，第11—24页。

② 杨明诗：《坊堆村史》手稿，霍泉水利管理处副主任张海青提供，现存山西大学中国社会史研究中心。

③ 李永奇、严双鸿主编：《广胜寺镇志》，山西古籍出版社，1999年，第18—23页。

化的区域，确实是“颇似江南”。

为了准确把握霍泉水利系统的发展演变特点，极有必要对各渠自唐宋至明清以来的受益村庄和土地数量有所了解，兹逐一加以分析。

霍泉诸渠中，北霍渠形成年代最早。故老相传，北霍渠的形成与一黑猪有关，说该渠道是由此黑猪于一夜之间用嘴拱出来的，“黑猪拱河”的传说在当地甚为流行，赵城“明姜”村名的由来即与该传说相关。[①]至今霍泉水神庙大殿内壁画上仍有武士牵一犬一猪的画像。另据坊堆村人杨明诗先生研究，水神庙内曾有专门供奉黑猪的地方，因黑猪开渠有功，受到历代赵城人的顶礼膜拜。[②]黑猪拱河的传说反映了北霍渠最初开凿时的情形，也似在暗示该渠为最先导引霍泉水的渠道。需要指出的是：北霍渠所有受益村庄皆位于赵城县境。

至于北霍渠的受益村庄数和灌溉地亩数，历来记载不一。明万历四十八年（1620）《水神庙祭典文碣》有两条记载，一条称“北霍渠各坊里水地，据志共五万九千二百有余，今止报三万余，虽有□结，隐匿尚多”。一条又称“二十四村共水地三万四千九百一十一亩，一年每亩摊银四厘五毫，十年一轮”等语。可见，59200这一数字当为历史时期的灌溉亩数，34911则系明万历四十八年（1620）的实际溉田数。与之相应，清顺治《赵城县志》中又明确指出：“宋庆历五年，因本县郭逢吉与洪洞燕三争竞使水，遂定水例碑铭一座，内外南北二渠。北渠分三节，溉本县永乐等四十六村庄，共田五百九十二顷有

① 据说最初霍泉水量很大，人们不懂得利用它开渠灌田，却饱受水灾之苦。一日下午一头黑猪从海场（霍泉发源成潭的地方）里爬出来，用嘴在地上乱拱，天黑以后就朝西北方向拱去。第二天天将亮时，方圆几十里的人都听见“接水来”“接水来”的声音，原来是一头大黑猪在拱渠，后面跟着一渠清水。这条水渠不但能往下流，而且能往上流，人们顺着这个方向，一直把水渠挖到赵城的连城村。遗憾的是，那条渠挖通后，大黑猪就再也不见了。后来，人们为了纪念这头大黑猪的功勋，就把那个天将明时黑猪叫“接水来”的地方叫明姜（将明的倒音）村，还在水神庙旁铸了一头大铁猪。参见郑东风主编：《洪洞县水利志》，山西人民出版社，1993年，第354页。

②杨明诗：《霍山广胜寺》手稿，1961年，霍泉水利管理处副主任张海青提供，现存山西大学中国社会史研究中心。

奇，西北入汾。”可见，北霍渠灌溉592顷这一数字反映的当为北宋庆历时期的状况。此后，清雍正四年（1726）平阳知府刘登庸在处理赵城、洪洞争水问题时，对北霍渠的灌溉村庄和地亩数做了统计，时该渠“溉赵城县永乐等二十四村庄，共田三百八十五顷有奇，西北入汾”。与明万历四十八年（1620）相比，受益村庄没有变化，溉田数又增加了3589亩。然此后又有所减少，据清乾隆五年（1740）《治水均平序》记载：“北霍渠自柴村而至永丰，陡口有上、中、下三节之分，水田有三万四千八百之余。”清道光七年（1827）《赵城县志》又有记载称，此渠“由分水亭下至窑子村，凡二十四陡口，共溉地三万四千七十四亩”。需要指出的是，明清时期方志所言24个受益村庄的数字与宋代46个受益村庄的数字并不矛盾。宋代的46个村庄单指每一个独立村庄，明清时期的24个村庄指的是各分水陡口所在地的村庄，每个陡口下分别有一个或数个村庄不等。如清道光《赵城县志》北霍渠24个陡口，分上、中、下三节，共浇灌52个村庄和赵城县东、南、北三门外土地。由此可见，北霍渠的灌溉效益在北宋时期就已达到有史以来最大值，该渠受益村庄自宋以来直至明清时期基本保持稳定，只是受益地亩数呈现出较大的下降趋势。

南霍渠形成于唐贞元年间，最初只浇灌赵城境内道觉、东安、西安、双头、营田南堡五村之地，与洪洞县无关。唐贞元十六年（800），洪洞人通过官府裁决，正式获得了引用霍泉水以灌溉的资格，洪洞县辖九村加入南霍渠系，并与归属于赵城县的北霍渠按照三七比例分水。

南霍渠的灌溉情况，渠册记载甚详，据称唐贞元十六年（800），为平息洪洞人与赵城人的争水纠纷，“将赵城县道觉等四村，洪洞县曹生等九村，计一十三村庄，一同与北霍渠下地土一例十分水为率，验得本渠二百一十五顷，计四百三十夫头，总计验数，本渠合得三分”。这条记载表明早在唐贞元十六年（800）分水时，南霍渠就可灌溉13村215顷土地。

延至宋代，南霍渠的灌田数目有所减少。清顺治《赵城县志》追述了北宋庆历五年（1045）南北霍渠分水灌溉的情况，称："南渠分五道，一曰南霍，一曰九成，与南霍一道，以上下流，俗呼二名。一曰小霍，溉邑道觉等四村，洪洞曹生等十三村，共田一百六十余顷。"清康熙时，赵城县令吕维翰在《赵城别纪》中亦叙及北宋庆历五年（1045）南霍渠的灌溉情况，与清顺治《赵城县志》记载完全相同。此后，清乾隆《赵城县志》中也出现相同的记载。这些记载表明：北宋庆历五年（1045）分水时，南霍渠灌溉赵城4村，洪洞13村地160余顷，较最初分水时已减少50余顷。

明清时期有关南霍渠灌溉情况的记载更为详细，却存在诸多不足。如明万历《洪洞县志》记载说："南霍渠，即霍水支派进口往南流者是也。唐贞元间导水开渠，溉洪洞曹生、马头、堡里、上庄、下庄、坊堆、石桥头、南秦、南羊、周壁、封村、冯堡十二村地一百三十九顷奇。"方志编修者受地方观念的限制，单单记下了南霍渠灌溉洪洞县辖境村庄和土地的情况，对赵城县紧邻的村庄和土地情况却未作记录。尽管如此，至少提供了明代南霍渠灌溉洪洞村庄和土地的一条线索。

对于清初南霍渠的运行状况，清雍正九年（1731）《洪洞县志》虽有记载，却未加考订，原文照抄了明万历《洪洞县志》的数据，并不代表实际情形。清雍正四年（1726）由平阳知府颁布的《建霍渠分水铁栅详》记下了此时实际的灌溉状况："从泉折注而南者，名南霍渠，渠口宽六尺九寸，得水三分，溉赵城道觉等四村，南溉洪洞县曹生等九村，共田六十九顷有奇。"与之相较，清雍正三年（1725）修《南霍渠册》记载更为详细："冯堡村地六顷，兴一十二夫。周村地五顷，兴一十夫。封村地五顷，兴夫一十夫。封村北地一顷，兴二夫。南羊社并南秦村地一十四顷，兴二十八夫。府坊村地六顷九十一亩五分，兴一十三夫八分。坊堆村地四顷九十一亩五分，兴九夫八分二厘。西安村地四顷，兴八夫。东安村地二顷六十亩，兴五夫三分。双头村地七顷，兴一十四夫。道觉并曹生村地一十五顷二十亩，兴三十夫四分。”总计共13村7169亩，两组数字相差不太大，基本反映了雍正时期南霍渠的灌溉效益。显然，与万历时期相比，南霍渠的灌溉地亩数已大为缩减。

清雍正以后这种趋势仍在继续。据清同治九年（1870）《泰云寺水利碑》载，“不知南霍十三村分上下二节……上节浇地二十八顷……下节浇地四十二顷”，共浇灌洪洞、赵城13村60顷地，减少了9顷。其中上节应是指南霍渠赵城道觉等4村，清道光七年（1827）《赵城县志》中还记载南霍渠能灌溉赵城道觉等4村地4900余亩，同治时已减至2800亩。

再看霍泉其他渠道的变化。通霍渠在南北二霍渠下游，土人称作北堰，开自北宋庆历六年（1046），导引南北二霍溢漏沟涧支派，母渠上自赵城营田庄，下至洪洞李卫村，最初分七沟溉田7480亩。七沟分别为：堰北沟、苗村沟、贾村沟、槽南沟、槽北沟、白羊沟、高公沟。在洪洞，“大渠曰沟，小沟曰渠”[①]。七沟即七道大渠。明洪武年间，槽北等六沟地7483亩，“以汾水浸塌，没四千九百六十四亩，止存二千五百一十九亩，沟胥被塌，西苗、白羊二沟地荡然，村移内地。又高公沟嘉靖间河断水绝，分贾村沟水为小沟，入副霍渠借流”[②]。可见，明初汾河的泛滥冲决，使通霍渠蒙受了巨大损失，渠道被冲毁，土地受侵蚀，村庄也被迫迁移，七沟只剩下堰北、苗村、贾村三沟。此后三沟与官庄村东西南北四社重新组合，作为七社轮流，每11亩为一夫，共夫141名，共地1450亩，改称小霍渠，原因是“较通霍从前范围缩小甚多，此小霍之名的由昉”[③]。重组后的小霍渠灌溉效益已大大降低，可浇灌土地数量“较原额已不及一半”，加之汾河时常泛滥成害，“明崇祯间渠规无定例，渠长张云翼酌期，

① 孙奂仑等纂修:《洪洞县水利志补》1917年版，台湾成文出版社，1968年，第130页。

② 孙奂仑等纂修:《洪洞县水利志补》1917年版，台湾成文出版社，1968年，第39页。

③ 孙奂仑等纂修:《洪洞县水利志补》1917年版，台湾成文出版社，1968年，第125页。

知县杨天精给灰印以防争，至今民赖之。国朝顺治间汾水复冲塌槽南、高公、副霍三沟渠。知县洪其清令湾里窝铺前官路西开渠道”[①]。清咸丰十年（1860）“山水陡发，冲坏石坡龙口、渠垄等处，彼时稍加修筑，暂为浇灌”。清咸丰十一年（1861）小霍渠碑还指出：“其渠开于庆历之间，迄今大修小补历历可考。”至清光绪时依然，“止溉官庄四社、贾村、苗村、温家堡地十五顷有奇”。明清时期汾河屡屡泛滥对小霍渠造成了严重威胁，也表明该时期霍泉周遭的生存环境已呈现恶化趋势。

与小霍渠相同，原属通霍渠系的槽南沟也在明初汾水灾害后于明建文四年（1402）独立成渠，改称副霍渠，接小霍渠及南霍渠溢漏之水溉洪洞湾里、后坡底、前坡底、北关、西关五村地十五顷五十亩。明天顺初年废，明弘治十一年（1498）修复，明正德年间渠堰又毁，义官张满重修，“易土堰为石堰”，“天启丁卯又圮，复加修理，增筑石坡”，至清顺治年间迭遭汾水冲毁，清康熙、雍正年间两度修葺。经过明清这段时期的动荡，副霍渠的灌溉效益始终未能扩展。“同治九年掌例邑庠生罗云如，清查编夫实在地十二顷八十亩奇。”[②]灌溉面积不见增加，反而日渐减少。

清水渠创始年代不详，但至少在金元时期已经存在。据清顺治《赵城县志》记载，此渠“合北霍诸陡门及截大虫堰、郭北涧诸水而成，溉本县营田等八村，洪洞苗村等六村，共田一百三十五顷有奇”。此外，该县志中另有记载称：“清水渠有二，一在城东三十里聚引北霍沥漏水及各堰涓滴透漏之水及北霍渠内虞家涧，各得水八毫四丝；一在城东二十里，亦得水三处并作一渠，浇两县十四村地一千四十顷七十六亩四分五厘。”看来，该渠总共灌溉14村应没有太大问题，灌

① 清嘉庆十六年（1811）《山西通志》（刻本）卷三十《水利二》，第21页。

② 民国《洪洞县志》卷八《建置志·沟渠》，台湾成文出版社，1968年影印版，第490页。

溉1040余顷土地则不大可能。[1]综合言之，清水渠最初灌溉村庄数应为14村，土地135~140顷左右。

清代清水渠的灌溉效益也出现明显下降。据清雍正《山西通志》记载，当时清水渠仅能灌溉赵城7村，洪洞2村，地亩数不详；清乾隆四年（1739）清水渠洪洞李卫村与赵城小李宕村因水涉讼断案碑则记载说，“本渠共灌赵、洪五村水地七千三百一十五亩一分”；清光绪时《山西通志》中又记载说，此渠“溉（赵城）县东南十五里李宕等七村田”，“（洪洞）境内清水渠有二，分别灌溉苗村、温家堡地一顷，东西永宁村二十六顷九十八亩”。可见，清水渠的灌溉效益在清代也已出现滑坡，总灌田数较最初已减少了至少一半，受益村庄也减少为5~7个。

二、以水为中心：水资源开发与水利型经济

丰富的水源、发达的渠系和适宜的气候条件，为泉域社会经济发展提供了良好的基础。与北方绝大多数地区的旱作农业类型相比，泉域社会的支柱型经济具有明显的“以水为中心”的特征。[2]笔者称之为水利型经济。水利型经济特指一系列与水密切相关的经济产业，此类产业无水则难以存续，对水资源的依赖程度极高。在广胜寺泉域，水利型经济主要有二，即需水作物的种植和传统水力加工业——水磨业。两大产业构成了传统时期广胜寺泉域村庄经济的重要支柱。

结合文献和田野考察可以了解到，需水量大的作物，如水稻、莲菜、银耳等在该区域的种植非常普遍。水稻在广胜寺泉域有相当悠久

---

① 截至北宋庆历五年(1045)两县争水时，霍泉河水“共浇溉地一百三十村庄，计一千七百四十七户，计水田九百六十四顷一十七亩八分”。作为霍泉渠系的一支，其灌溉数量是不可能大于霍泉所有渠道灌溉总和的，只可能是修志者误将百写作千了。

② 洪洞县广胜寺霍泉水神庙现存明万历四十八年(1620)《邑侯刘公校正北霍渠祭祀记碑》，开头即称：“赵平水绵邑，地瘠民贫，不通经商，宦籍亦寥寥，所治生惟赖兹北霍渠胜水七分。”一语点明霍泉对于地方社会的重要价值。清康熙十四年(1675)《赠北霍渠掌例卫翁治水告竣序》碑中也有类似的表述：“我简邑士无显宦，苦乏篝灯之资，商止微息，囊无经营之斧。所恃以粒我烝民者，惟是霍泉一派，膏泽万顷。”

的栽培历史。其中，软稻是主要品种，碾制后称糯米，色泽青白，籽粒饱满结实，黏性大，可制作元宵和醪糟等食品。清道光《赵城县志》有记载曰："南乡地平衍，霍水盈渠，得灌溉利。水田多种粳稻，春夏间畦塍如绣，乐土也。……论者谓东南二乡，泉清而土润，得地气之和，非妄也。""稻米产太原晋祠者佳。其次本邑亦有二种，东乡者霍水性柔，食之和中，西乡者汾水力大，食之益气。"①

莲藕的栽培亦较普遍，明代洪洞已有"莲花城"之美誉。据土人介绍，过去汾河沿岸所产莲藕个头大，藕瓜粗，质嫩脆，味香甜，带泥远销色味不变。广胜寺泉域的莲藕种植面积也很大，据《广胜寺镇志》记载："本镇水源丰富，低凹沟水地较多，极宜水产种植及养殖，全镇水产种植面积有4713亩，种植有水稻、莲藕、荸荠等水产作物。"②

此外，芦苇也是泉域颇常见的一种经济作物，县志记载称"洼地产芦苇，岁取其值，可代耕，时亦供仓与狱（王乐、小胡麻、伏岩、营田、长安）"，其中王乐、小胡麻、营田、长安四村即位于南、北霍渠灌溉范围。

因用水便利，该泉域的棉花、小麦产量远较周围地区为高。加之气候和光照条件优越，作物通常一年两熟。霍泉水利管理处副主任张海青先生讲："本地作物一年两熟。通常是10月种麦，6月收获；6月种玉茭，10月收获。过去本地棉花种植较多，占30%左右。种粮食可以自给自足，种棉花可以解决食用油和穿衣问题。"③1954年山西省水利局完成的《霍泉渠灌区增产检查报告》中，对20世纪50年代以前泉域农业经济做过调查。调查显示："灌区作物以小麦棉花玉茭为主，并有3858114亩稻田，产量均较高，小麦每亩均产300斤，棉花每亩均产180斤。灌区农民每人平均有1.32亩水地，中等户每人每年

① 清道光《赵城县志》卷六《坊里》、卷十九《物产》。

② 李永奇、严双鸿主编：《广胜寺镇志》，山西古籍出版社，1999年，第93页。

③ 2005年3月21日笔者对张海青的访谈笔记，地点：霍泉水利管理处副主任张海青办公室。

即可平均收入玉茭一千斤左右，因而灌区农民生活一般比较富裕。”[①]

如同山西其他泉域一样，水磨业在该泉域也极为普遍，是地方社会一项重要的产业门类，经济效益极高，其充分利用了霍泉水流落差大、水量充沛的特点。如《赵城县志》记载曰：“东乡水地居半。侯村、耿壁、苑川间多高阜；胡坦及广胜地，皆平衍，得霍泉之利，居民驾流作屋，安置水磨，清流急湍中，碾声相闻，令人有水石间想。”[②]水磨主要用于磨面、榨油、碾米、棉花加工等各项事宜，与传统农业社会民众日常生活联系极为紧密。明清时期，水磨在一定程度上代表了当时生产力的发展水平。

对于水磨的数量，各代记载多有不同，总体上呈现增长的趋势。金天眷二年（1139）《都总管镇国定两县水碑》记载北宋庆历五年（1045）赵城、洪洞争水时的相关数据称：“霍泉河水等共浇溉一百三十村庄，计一千七百四十户，计水田九百六十四顷一十七亩八分，动水碾磨四十五轮。”同年抄写的《南霍渠渠条》则记载了南霍渠各村水磨和軠[③]的数量，“道觉村磨六轮，兴一十二夫。軠二轮，兴二夫。东安村磨三轮，兴六夫，西安村磨四轮，兴八夫，軠二轮，兴二夫。府坊村磨二轮，兴四夫，軠一轮，兴一夫。封北村磨二轮，兴四夫。南羊社并南秦村磨一轮，兴二夫。封村磨二轮，兴四夫，軠一轮，兴一夫”。总计水磨20轮，軠6轮。清同治九年（1870）《泰云寺水利碑》记载的南霍渠十三村水磨已成倍增加，其中“上节水磨三十五轮”“下节水磨二十一轮”，共计56轮。田野调查中，笔者还了解到北霍渠水磨的分布情况：“北霍渠过去水磨很多。主要在上游和中游。其中，后河头村在解放初一村就有32盘。水磨主要用来轧花，把籽棉磨成皮棉。也可以利用水力弹花、碾米、磨面。”[④]至1958年，广

---

① 笔者收集，现存山西大学中国社会史研究中心。

② 清道光《赵城县志》卷六《坊里》。

③ 所谓“軠”，原意是手摇缫丝机，在此是指利用水力来缫丝或织布的机械。

④ 2005年3月21日笔者对张海青的访谈笔记，地点：霍泉水利管理处副主任张海青办公室。

胜寺泉域水磨数量已增至82轮。据地方人士估算，若以每轮水磨年产值5000元计算，全部水磨年产值可达41万元。这一数字对于泉域村庄来说相当可观。水磨业由于有极高的经济效益，很早就被纳入了地方政府的税收范围，官府专门设立了“磨捐”以增加税收。民国《洪洞县志》记载：“水磨戏捐共有若干，前知事未据声明也。知事查历年账簿，磨捐一项，每年平均约收钱贰百千文。”[①]清顺治《赵城县志》记载：“水磨，官二盘，岁征课钞六锭，小麦九斗六升；民一百七十三盘，岁征小麦一百一十七石八斗四升。”[②]

由于水磨代表了传统农业社会生产力的最高水平，经济收益明显，因而拥有水磨便成为财富的象征。这一点在《洪洞县志》中可以得到有力的印证，据载：“孙世荣，马头村人，乡饮耆宾。嘉庆间岁饥，以积粟百余石，贱值出售。家置水碓数处，有载糠秕赁舂者，荣怜之，易以嘉谷。后岁熟，人归偿，辞不受。”[③]马头村是南霍渠灌溉村庄，因该村孙世荣家有水碓数处，因此可能平日家境就较诸乡邻富裕，饥荒来临时，不仅可以自保，且有能力救助乡里。严家庄村史编撰者对该村水磨、油坊业者经济状况的描述也颇有说服力，据载抗战前后，该村占有水磨、油坊，兼营庄稼的有十多户，是全村80多户中最富有的阶层，“他们占有土地虽不很多（一般都超过平均水平），但因其所收的水磨、油坊课费（约为磨面数的5%～7%），足够全家常年食用，种地和其他收入皆成节余，因此经济状况较为富裕。他们除维持较高的生活水平外，还常年雇佣长工和短工，间或放点高利贷。故此，土改时所划地主、富农，多在他们中间”[④]。

在此，我们还可以用一起围绕水磨买卖发生的经济纠纷来展现当时水磨在地方社会所具有的价值。据清乾隆五十三年（1788）《洪洞

① 民国《洪洞县志》卷九《田赋志》。

② 清顺治《赵城县志》卷四《食货志》。

③ 民国《洪洞县志》卷十三《人物志下》。

④《严家庄村史资料札记》，内部印刷资料，1994年。

知县清理关帝庙产碑文》记载，乾隆年间，洪洞县关帝庙“素无产业，演戏无资”，于是，一个名叫刘之勉的绅士出面“联请银会”，用银会历年积攒下来的资本，为关帝庙置办庙产，“用价壹千四百两，置买晋同文水磨四盘”。每盘水磨竟能卖到350两白银的价格，这是清乾隆四十年（1775）的情况。之后，关帝庙就凭借水磨和其他庙产所得的租银来办理每年度“献戏建醮”之类的事务。但世事无常，绅士刘之勉死后，他的儿子刘晓光子承父业，继续充当关帝庙的庙产经理人，连同其他几位经理人将庙产“本利支用，以至庙产无着”，出现“经管租银以致短少，每年献戏建醮多有失误”的难堪局面。清乾隆四十九年（1784），乘关帝庙困顿之机，水磨原主晋同文之子晋良诰，“将原价壹千四百两绝卖之水磨，短价银四百两，以一千两赎回”。不仅如此，他在赎回祖产后，自己先留用一盘，复以1140两的价格，将其余三盘水磨“卖给马晟为业”。这次交易，每盘水磨价格已被抬高至380两，比9年前涨了30两。刘晓光等庙产经理人挥霍庙产的行为引起旁人不满，清乾隆五十三年（1788），武生郭沄将此事告官，要求追回庙产，惩处刘晓光、晋良诰、马晟等人的不法行为。经审讯，洪洞县令要求刘晓光等人将各自名下支用总计“四百九十两银”全数追回，饬令马晟领回，退出水磨，归还庙中；同时认为，“晋良诰将已卖水磨短价赎回，留磨一盘，又得银一百余两，转卖于马晟为业，殊属不合，今将自留水磨一盘退出还庙，伊用过银□理应追交，但该生穷窘无聊，度日缺乏，力难还交，应请从见免追；水磨四盘，原系晋良诰祖业，今伊再三恳求作为活业，姑念伊系原磨主，如在三年以内有原银一千四百两，准其赎回，不许零星取赎，并不许赎回转卖，倘逾限不赎，永存庙中”。

尽管我们并不清楚洪洞县令的这一判决是否允当，因为晋良诰、马晟等人的行为完全属于正常的市场买卖行为，并不能算是违法，官府可能是出于保护公共庙产的目的，从而否定了晋、马等人行为的合法性和正当性。但是此案却形象地说明，由于水资源丰富，水磨作为一个动力机械，确实能够产生较明显的经济效益，因而会成为引起包括官府、士绅和民众等各方人士共同关注的对象。

水磨的发展拉动了村庄经济的发展。据南霍渠道觉村郭根锁先生讲："南霍渠13村中道觉村水磨最多，俗称道觉圪垌38盘磨。有些磨一日一夜可磨面3000斤。我村利用地理优势，共设有11盘水磨，加上水稻、小麦、棉花等各类作物的高产，自古以来就是一个远近闻名的大集市。由于交通便利，我村庙会、集市发达，商铺林立，有'金道觉'之称。"[①]一些村庄则因水磨而得名。如磨头村，原名凤头村，因该村的水磨是霍泉七分渠下游的头一盘磨，后来便更名为磨头村。王家磨村也与此类似，据说清初该村吴、王两家利用广胜寺的水源为动力，在七分渠旁建了三盘水磨，附近村里百姓常到这里磨面，因此称作吴王磨。后来，吴家迁离，就改称为王家磨。[②]

农作物的高产和水磨业经济的繁荣，为很多村庄和家族经济的发展注入了动力，助其完成资本的积累过程，于是很多家族热衷于买房置地，建设家园。在此，仍以水利条件优越的村庄之一严家庄为例。该村大姓以严、赵和刘为主，严姓最多。村史资料记载称，清雍正初年到清同治末年的140多年，是该村经济发展的兴盛时期。在村史编撰者眼里，经济兴盛的标志有二，一是楼院庙宇的建设和村址规模的不断扩大；二是大量从外村购置地亩，扩大产业。就土地购置情况来看，"南圪台上、羊圪窝和东沟里，原先都是南头和早觉村的地盘。从清康熙末年开始，就一块一块地被严家庄人买了回来。仅据严祜、严新玉、严文筠、严维忠等四户所保存的旧契约获悉，他们的先辈，先后从南头、早觉买回土地十四块，计地25.59亩"[③]。清道光初年，从村外买地最多者，当属全村头等富户，修建东楼的严克镕。

清光绪三年（1877），严文统之妻（严克镕的儿媳）在给三个儿子

① 2004年8月8日笔者对郭根锁的访谈笔记，地点：洪洞县广胜寺镇道觉村南霍渠畔。

② 董爱民主编：《洪洞村名来历》，内部印刷资料，2004年，第31、206、220页。

③《严家庄村史资料札记》，内部印刷资料，1994年。

国栋、国瑞、国祥分家的文书上说："吾家百余年来，纵非甚昌，亦为不艰。"分书载明："除将祖宗遗业拨出庇老地30余亩，长孙地3.5亩外，三股均分。"其中，严国栋应分：坐北向南砖窑两孔半，窑上楼房三间半……水地68.3亩，行本钱一宗30千文……。后批："六妹日后出嫁，议定陪嫁银一百五十千文。"附记罗列了国栋应分地的坐落：本村西沟里1.6亩，墓西东5.3亩，南王村2亩，小李宕1.6亩，永宁村32.3亩，坊堆6亩，石桥村5亩，南秦4亩，三洋堡3.5亩，巨家堡5.5亩。[①]

事实上，严国栋所分的土地及本钱，只是其祖宗遗产的九分之一。因其父辈严文统兄弟三人，各分三分之一，而国栋所分的又是文统财产的三分之一。依此粗略推算，即使到了清光绪初年，严克镕一族，仍有水地600多亩，其兴盛时期的地产、资产数额则会更多。村人对严家的历史记忆尤深，传说东楼里严克镕发财后，仅在永凝渠上就购得土地700多亩，兴建东楼花费白银数千两。俗语所谓"严家庄的银子，早觉村的人子"反映的正是这一兴盛状况。严家庄的个案，一定程度上可以说是泉域村庄经济特点的一个缩影。严氏发家后兼并其他村庄水地的行为，也折射出水利型经济对地方实力阶层的吸引力。

值得重视的是，村庄经济的发展还带动了泉域集市及庙会的兴盛。广胜寺泉域传统庙会较多，仅就南霍渠（13村）、通霍渠（7村）、清水渠（5村）村庄来看，每年即有七次大型庙会，分别是：二月十九，以放烟火著称的早觉庙会；三月十八，闻名三晋的广胜寺庙会；四月初一，以民间艺术为名的坊堆庙会；六月初六，以布匹买卖为最的道觉庙会；六月十五，以祭羊卜雨、预兆丰年的南秦庙会；七月二十七，以抬爷爷、列炉子为趣的北秦庙会；九月二十五，以骡马大会最为热闹的严家庄庙会。其中，三月十八广胜寺霍泉水神庙会最具盛名且历史久远。从元延祐六年（1319）《重修明应王殿之碑》中就能窥见其昔日盛况："每岁三月中旬八日，居民以令节为期，适当

①《严家庄村史资料札记》，内部印刷资料，1994年。

群卉含英，彝伦攸叙时也，远而城镇，近而村落，贵者以轮蹄，下者以杖履，挈妻子舆老羸而至者，可胜慨哉！争以酒肴香纸，聊答神惠，而两渠资助乐艺牲币献礼，相与娱乐数日，极其餍饫而后顾瞻恋恋，犹忘归也，此则习以为常。”再从庙会交易的商品来看，既有日常生活所需物品，又有农业生产所需之牲畜；既有烟火杂耍，又有祭祀、抬阁，可谓异彩纷呈。如果没有泉域社会相对富足的生活水平和充沛的市场需求与购买力，恐难以持久维系。这就从另一个侧面显示了水利型经济的地域优势。

三、权力中心：水组织与水政治

鉴于水利与泉域经济、民众生产生活的密切联系，对水资源进行有效的分配、组织和管理，避免用水不公和争端的发生，也就成为泉域社会的一个重要事项。广胜寺泉域水利管理组织，早在宋金时期即已普遍建立，历经元明清数代，其组织形式和管理条例愈发严密，水利管理者不仅仅是地方水利事务的中心，甚至有可能成为地方权力的中心，原因即在于地方社会经济文化的发展对水资源的严重依赖，导致地方权势阶层和各类社会精英迅速向水利管理的权力中心汇集。

渠长-沟头制是泉域水利组织的基本形式。资料显示，泉域水利组织的建立和完善，应与宋金以来赵城、洪洞两县村庄间不断发生的争水纠纷有关。自唐贞元十六年（800）南北霍渠三七分水以来，两渠民众屡屡因“三七分水之数不确”，分别在北宋开宝年间（968—976）、北宋庆历五年（1045）、金天会十三年（1135）迭次兴讼，至金大定十一年（1171）已出现“洪洞、赵城争水，岁久至二县不相婚嫁”[①]的严峻局面。在此情况下，加强水利管理遂成当务之急。成书于1917年的《洪洞县水利志补》全文收录了金天眷二年（1139）《南霍渠册》。该渠册不仅记录了南霍渠与北霍渠在唐贞元十六年（800）的三七分水事件，而且对北宋后期南霍渠的水利管理情况亦有所揭

① 清雍正《山西通志》卷三十三《水利略》。

示。据载："古旧条例：渠长，下三村充当，冯堡、周村、封村周岁轮流，以凭保结。"所谓古旧条例，是指北宋政和三年（1113）所修南霍渠册，金天眷二年（1139）《南霍渠册》中有如下记载："自大朝登基置立渠条……兹有三村渠长共村得癸巳年古旧渠条，累经兵革，失迷无凭，可照所有去岁渠长，从新置立，抄写古旧渠条一簿，以渠照验科罚。"经查证，文中的"癸巳年"即北宋政和三年（1113）。这就表明：宋亡金兴后，金政权曾要求南霍渠的新老渠长按照该渠古旧渠条重新编制新渠册。由此可知，至少在北宋末年，南霍渠即已实行渠长制，且执行由南霍渠下游三村轮流充当渠长的制度。

至于为什么要设立渠长，金天眷二年（1139）《南霍渠册》有下语："赵城县、洪洞县碍为屡屡相争词讼，各立渠长一员，拘集各村沟头，智治水户。十三村使水昼夜长流，分番浇灌地土，一月零六日一遭，各得其济。"紧随其后，金兴定二年（1218），南霍渠条例中又新增如下两条：一是"赵城县、洪洞县碍为相争词讼，各立渠长一员，拘集各村沟头智治水户，十三村使水，昼夜长流，分番浇灌地土，一月零四一遭，各得其济"；二是"赵城、洪洞两县难以归问，各立渠长一员"。此处，第一条与金天眷二年（1139）相似，第二条则提到问题的关键"两县难以归问"，遂给南霍渠赵城、洪洞二县各立渠长一员。

此后，南霍渠的水利管理组织愈益严密起来。元至元二十年（1283）所立《南霍渠成造三门下二神记》[①]，记录了一份完整的南霍渠水利管理人员名单："……由是南霍渠长冯堡村高天吉，西安村王同，渠司梁巘纠率一十三村沟头冯堡村许佺、周村李邦荣、封村胡山、封村北社邢亨、南样社杜进、南秦村秦明、坊堆村李定府、坊村李芳、曹生村苗昇、西安村李安贞、东安村柴政、双头村杨忠、道觉村杜山敦请待诏……"通过这份名单，可以了解两个信息：①元至元二十年（1283）南霍渠水利组织包括渠长2人，渠司1人，13村沟头各

① 碑存洪洞县广胜寺镇道觉村三官殿前。

1人，与后世没有多大差别，表明南霍渠水利组织在当时已臻完备；②渠长出现2人，1人为渠道下游洪洞县冯堡村人，1人为渠道上游赵城县西安村人。这一条与金兴定二年（1218）赵城、洪洞“两县难以归问，各立渠长一员”相对应，表明当政者自金代起，即已实行在南霍渠洪、赵二县分设渠长治理水利争端的措施。该措施经元明清三代一直沿用至1949年霍泉水委会成立。如元延祐六年（1319）《重修明应王殿之碑》碑阴《助缘题名之记》南霍渠部分见载，赵城上四村有“西安村渠长、渠司”“东安渠长、渠司”字样，洪洞下九村有“冯堡村渠长”“周村渠长”“封村渠长”字样。可以推断下游渠长是冯堡、周村、封村三村轮充，上游则是东安与西安二村轮充。元泰定元年（1324）《南霍渠彩绘西壁记》再次证实了这种判断，该碑题名中出现了“渠长西安王温甫”，“周村渠长□□”的字样。同样，清同治九年（1870）《泰云寺水利碑》有：“南霍十三村分上下二节，上管五村，下管八村，上节浇地二十八顷，水磨三十五轮，系上节掌例所辖也。下节浇地四十二顷，水磨二十一轮，系下节掌例所辖。”掌例即渠长，足见这种水利管理方式的长期有效性，因而得到泉域社会水利组织的大力推行。

北霍渠水利组织虽不似南霍渠那般复杂，但由于渠道远较南霍渠为长，且灌溉村庄众多，主干渠两侧陡口即达24个。[①]故而北霍渠的管理，向来分上中下三节，除各村设沟头专管一村外，全渠还设有渠长1人，水巡1人，上中下三节各设渠司1人。[②]清道光《赵城县志》对其分工讲得很清楚：“旧例，岁设渠长，官给以帖。渠长下设渠司，理渠之通塞；水巡，巡水之上下；沟头，司陡门之启闭。”

再来看渠长的人选。渠长并非寻常百姓可以充膺，就连沟头、渠司、水巡也非平庸之辈。水利管理人员通常是从有一定经济基础或政

① 清道光《赵城县志》卷十一《水利》。清乾隆五年(1740)《治水均平序》则有“北霍渠自柴村而至永丰,陡口有上中下三节之分,水田有三万四千八百之余,地广而渠远”的记载。

② 可参考元延祐六年(1319)《重修明应王殿之碑》碑阴《助缘题名之记》北霍渠部分。

治地位的社会上层或精英人物中产生。这一特点，在金兴定二年（1218）《南霍渠渠条》中就已体现出来，该渠条规定：“随村庄于上户，每年选补平和信实之人，充本沟头勾当”，“各村选保当年沟头，不得凶恶之人充沟头勾当。如违罚钱二十贯文。罚讫别行选保”。金元之际，北霍渠渠长郭祖义，则有“赵城前尉”[①]的履历。清康熙四十二年（1703），北霍渠渠长郝显鼎，“邑宝贤坊之望族也。端严正直，忠厚诚恳，有古君子之风”（《辉翁郝君治水□绩序碑》）；清乾隆五年（1740），北霍渠“今渠长崔翁讳至诚号明意，宝贤一绅也”（《治水均平序》）。上述记载表明，担任渠长、沟头等职务者，既要有经济地位，又要有德行要求，不可或缺。为了防止渠长选举非人，赵城县清水渠和北霍渠还规定，“每年公举正直老成之人，充膺渠长、沟头，先行报官查验充膺，不得私自报刁健多事之徒，以滋事端，违者重究”（《清水渠册》）。《赵城县志》还有记载说该县霍泉中，只有北霍渠和清水渠，“官给以帖”，足见政府对渠长选拔工作的重视。[②]

渠长任期，通常采用一年一任的方式，不得连任。广胜寺霍泉水神庙现存北霍渠《历年渠长碑》，始自明正德元年（1506），终于清乾隆三年（1738），233年间，渠长共涉及134人次，除去一些年份缺载外，一律遵循一年一任的规定，未见有连任渠长的现象。当然，这134人次当中，也有少数一人多次就任渠长职务的现象。如张直分别在明万历四十三年（1615）、明天启七年（1627）、明崇祯十二年（1639）三度出任渠长；张光美在万历四十四年（1616）和四十七年（1619）两度任渠长。与此相似，水神庙的元代碑中也存在一人两次任渠长的现象，如高仲信就分别在元延祐五年（1318）和元泰定元年（1324）任北霍渠渠长。再者，若单从渠长姓名来看，似乎还存在一段时间内

① 尉是古代军官名，掌兵事。古代地方郡、县一般设“都尉”“县尉”，即主管一县军队的军官。

②《奉赞北霍渠掌例高凌霄序》也讲到高某由“阖县之缙绅士庶，公推治水之职，遂荐邑侯陈老爷恩赐掌例”。

渠长职务由某一家族同辈兄弟交替充当的现象。比如明万历五年（1577）张文献，明万历八年（1580）张文贵，明万历二十三年（1595）张文胜；明万历二十八年（1600）张维屏，明万历三十四年（1606）张维纲，明万历四十年（1612）张维宁；明崇祯七年（1634）王建极，明崇祯八年（1635）王立极；清顺治三年（1646）宝贤坊渠长崔邦英，清康熙十二年（1673）宝贤坊渠长崔邦佐；等等。由于缺乏有关人员更进一步的资料，因此不排除有宗族势力轮流掌控渠长职务瓜分渠利的情况，在此姑且存疑以供讨论。

再就渠长的工作来看，充任渠长者在一年的任期当中一般都很辛苦，尤其对于那些责任心强的人来说更甚。北霍渠水利碑中，由渠长以下全体管理人员给掌例（即渠长）立碑颂德的碑文数量最多，共计16通。此类碑文大同小异，多叙述某某担任渠长期间，治水、修渠、敬神等事情。以清乾隆十一年（1746）《督水告竣序》为例，掌例韩荣，“秉性刚直，行事公正。一任厥事，勤敏督水，诚敬祀神。遇改种之期，催水不暇，率其子弟，烦其亲友，上下催督，日夜弗息。供给费用皆由己备，从不搅扰各村也。是以感格天心而田无旱向，禾皆丰收。……且又不惜资财，不惮劳苦，整修麻子桥堰、燕家沟，坚固无患”。总之表达的均是渠长很辛苦，治水成就很显著之意。

既然担当掌例是辛苦活，不但要付出精力，还要掏个人腰包来办理公务，似乎有些得不偿失，却仍有人不辞辛劳，情愿“吃亏”，而且有些人还多次充膺渠长。这就很值得深思。倘能结合渠长的活动空间和交际范围来分析，不难发现与担任渠长获得的多方面社会资源、信息和机遇相比，渠长本人在身体上和经济上付出一年或几年的辛劳实在算不了什么。从渠长的生活空间来看，远非蕞尔小民可比。一个普通村民经常的活动空间可能就是自己村庄所在的范围，顶多加上周围邻近的若干个村庄。其社会交往恐怕也主要以本村、本姓、本族人为主。[①]渠长则不然，其活动空间通常会覆盖渠道所及的整个范围。

① 参见王庆成先生有关华北乡村集市的系列研究。

以北霍渠为例，担任该渠掌例者，其活动空间至少要在全渠24陡门所及的村庄范围内，遇到治水紧张的时刻，还会与渠司、水巡长住某村。这就为其扩大社会交往提供了条件。

再看其交往对象，则上至本县最高长官，下至渠司、水巡、沟头，而后者通常是具有一定社会地位和威信的村庄精英或上层人物。通过治水、祀神等各种公共水利活动，渠长本人在与他人的交往和处理各类用水问题的过程中，获得了更多人的认可和社会知名度，从而为其向社会更高层次的流动提供了机会和条件。在此我们可以举几个实例以资佐证：比如南霍渠下节掌例卢清彦，就因其在平息多村水利争端中的贡献而威望陡增，入选洪洞县志人物志。县志记载称："卢清彦，字子文，冯堡人。端谨正悫，和易近人。邻里有争，辄劝止之，乡人倚以为重。同治八年，总理南霍渠，时值亢旱，洪赵两邑互争水利，麇集多人，势将械斗。彦为剖决利害，事因以解。渠众感念，立碑泰云寺，以志不忘。"[①]还有一些人因在治水中的贡献突出，得到了县令、渠民的嘉奖。比如清康熙十七年（1678）北霍渠掌例王周映，任职期间敢于革除水利陈弊，减轻了渠民的负担，因而得到赵城县令的嘉奖，并响应渠民要求为其立碑颂德。此外，在泉域社会还保持着全体用水户为治水有功者家门头立匾的传统。如清康熙四十二年（1703）《辉翁郝君治水□绩序碑》，有"合邑举匾，六十五沟之头感颂之甚，愿出公资，勒石以垂永久"的记载。泉域至今尚存的两块匾额，分别是1937年北霍渠24村沟头代表全体渠民，为表彰渠长王子山先生懿行在其家门头悬挂的"治水勤劳"匾，以及1950年霍渠水利委员会代表全体渠民为板塌村李大星门头悬挂的"导水热心"匾。这便在无形之中树立了村庄精英人物在基层政治中的威望，其无论是否继续管水，都会在地方社会重大事件中起到中坚或决策者的作用。同样，当政府在泉域社会遇到棘手的事情时，这些素有威望的人物，也会进入官员的视野，成为他们倚重的对象。在与政府官员交往

① 民国《洪洞县志》卷十三《耆寿》。

的过程中，村庄精英也得到了向上流动的机会和空间。这样的道理，对于掌例而言如此，对于渠司、水巡和沟头来说亦然。

无可否认的是，渠长也有“贪污腐化”的行为。很难保证历代治水者个个都能做到“导水热心”“治水勤劳”，如果渠长利用自身特殊的地位和权力谋取私利，也会对用水秩序和基层政治产生不利的影响。金大定十一年（1171），岳阳令麻秉彝奉命处理霍泉水利争端时，就处理过不法渠长，据载“前此司水者赃秽狼藉，秉彝尽置于法，自是无讼，二县之民刊石以纪其事”[①]。清乾隆十六年（1751），又有人在《整修水神庙碑》中议论说：“独计治水之长，一年一更，其中保无因仍苟且，徒塞一岁之责而已乎？”类似的质问，在清同治三年（1864）《清水渠碑》中也有表露：“况渠长等秉公办事者，固不乏人；利欲熏心者亦复不少。其内种种窒碍，不可胜言。”另有档案资料显示：“过去南北霍渠，有一最大弊端，即渠长虽名义上是义务职，但权大责重，每年更换一次，常有卖水事情，往往将上游原有水田，卖得水量不足，变成旱田；下游原有旱地，反而变成水地，渠道上演出惨案，半由于此。又因渠制不良，渠长是无给职，任意向渠民借端摊款，甚至勾结劣绅土棍，挑拨沿渠村庄，动辄兴讼。一旦争水，起了讼事，彼等即住在城内饭馆，大吃大喝，任意挥霍。又因渠长是一年一选的不连任制，今年卖水舞了弊，明年去职后，即可逍遥法外。”[②]将此记载与北霍渠16通掌例碑相比较，可以更为全面地理解渠长在泉域社会水利组织和基层政治中所发挥的作用。

最后再看水利管理人员在水神祭祀活动中扮演的角色。据明代碑记，祭祀水神的活动，是因为“当事者以众散乱无统，欲联属之，遂定为月祀答神，觊萃人心，此祭之所由来也”[③]。但令创立者意想不

① 清雍正《山西通志》卷三十三《水利略》。

② 洪洞县水利档案，复印自大同市档案局，山西大学中国社会史研究中心马维强教授收集。需要警惕的是，该资料带有集体化时代诉苦的倾向，控诉旧社会水利制度的色彩比较浓厚，需慎重鉴别和使用。

③ 明万历四十八年（1620）《邑侯刘公校正北霍渠祭祀记》。

到的是，祀神活动确立以后，随着岁月的流逝，人们越搞越复杂，并且赋予其越来越多的含义。同碑记载："当日不过牲帛告虔、戮力一心而已，厥后增为望祀，又增为节令祀，其品此增为一，彼增为二，此增为二，彼增为三、为四，愈增愈倍，转奢转费，浸淫至今，靡有穷已。"到此刻，祀神活动变成了渠长、沟头大肆敛钱的工具，这无疑会加重泉域渠民的负担，于是出现了裁汰陋俗的声音。据明万历四十八年（1620）《水神庙祭典文碣》载："北霍渠旧有盘祭，每岁朔望节令，计费不下千金，皆属值年沟头摊派地亩，每亩甚有摊至四五钱者，神之所费什一，奸民之干没什九，百姓苦之。"同年立《察院刘公校正北霍渠祭祀记碑》也揭露了祀神摊派的实质："其中百计科敛，不曰粢盛之费，则曰筵会之费；不曰往还之费，则曰疏浚之费。祭无定品，费无定数，岁靡千金，如填溪壑。无他人皆我籍之徒，身无寸土，冒名渔猎，图干没以肥家也。"然而水神祭典中的这一积弊并未就此铲除，而是积久延续，成为广胜寺泉域社会的一种常态。如清康熙三十八年（1699）《道示断定水利碑》中，再次出现"水利祀神滥派虐民"的控诉。

通过上述正反两方面的分析，我们得以了解以渠长为首的水利管理人员在地方水利事务中所具有的关键作用，也可以发现担任水利职务者，并不见得就是16通掌例碑中所描绘的那种忙忙碌碌、废寝忘食、公而忘私的形象。借助于水利管理这一方式，村庄精英人物获得了相互之间进行权利交易的资本，也获得了与上层社会进行交往的机缘，从而在更广泛的意义上对泉域社会的发展变迁产生重要影响。

四、灌溉不经济：水争端与水权利

水最初作为一种公共资源，供人畜汲饮和农田灌溉，具有很大的随意性。只是随着社会经济的发展，用水需求的不断扩大，有限的水资源在满足某一群人和村庄用水需求的同时，就难以同时满足另一群人和村庄的同等需求，于是便会产生谁来用、用多少、孰先孰后等一系列用水争议，也就是后世经济学家通常所说的“水权”问题。应该说，这是一个具有普遍意义的社会问题。

从历史来看，“水不足用”与“越界治水”始终是影响广胜寺泉水利用和分配的两个重要因素。广胜寺泉水发源地虽在赵城县，获益者却是赵城、洪洞二县。由于行政管辖权不一，在水权分配过程中就容易发生县域纠葛，地方主义凸显，导致地方利益与国家利益产生冲突，不易调和。于是在水权分配上就浮现出很多问题。

行政归属不同造成的“越境治水”困难，是导致历次赵城、洪洞争水升级的重要原因。因为赵城人向来抱有一种“地方主义”观念，“山是赵城的山，水是赵城的水”，霍泉水源在赵城境内，理应由赵城人来享用。洪洞对霍泉水的利用虽然古有定例，但“余水灌洪”的观念仍是赵城渠民固有的思想意识。洪洞人则持有一种“平均主义”观念，认为“山是皇家的山，水是皇家的水”，有水就应大家共同使用，不是哪一方人的私产。两种观念相互抵触，并未随着三七分水制度的确立而减弱甚至消失。相反，在明清时期用水日益紧张的形势下，两种观念的对峙更为激烈，成为霍泉水利运转中的一个痼疾。

笔者以为，问题的根源就在于水分二县，管辖权不一。由于水利关系二县民众命脉，冲突一有发生，通常会越过二县而直接讼至上级部门。加上二县官吏的偏袒和暗中支持，兴讼双方投入大量人力、财力资源，广泛动员社会关系网络，全力争胜。如此一来，双方投入的成本都很巨大，互不相让。矛盾的焦点从一开始就集中在官方。从历次水案中可见，官府依据古规、旧例乃至改进分水技术作出的判决，并不存在不公正的方面，而且历次断案都必须得到争讼双方的认可才能平息。但是，时隔不久，类似的争讼仍然一再出现，于是不同时期的平阳府官员都一再忙于解决同一件事情。可以推测，彻底禁绝赵城、洪洞水争应该是官府考虑最多的事情，但是其采取的措施并不能长期奏效。

事实上，由于行政归属的不同，赵城、洪洞水案中确实存在地方官员包庇、袒护各自渠民的现象。对于霍泉这一重要资源，不仅两县农民，而且两县官员都不愿轻言割舍。作为地方官，没有谁愿意在自己的任期内让本县民众失去水权，从而面临被当地民众唾骂的被动局面。为此两县官员的包庇和纵容姑息，一定程度上也加剧了民众的尖锐对立。明万历时赵城县令郑国勋、朱时麟即如此："郑国勋，万历时令。性伉直，有干才。洪洞人与邑民争霍渠水利，力抗之乃已。后令朱时麟继之，更定分水尺寸，使无更易。"[①]

两位县令的行动坚决捍卫了赵城人历来享有的水权。与此相应的是赵城民间广泛流传的一个极有趣味的故事。据当地老人讲，霍泉分水亭北原有郭谷庙一座，庙内立有三尊塑像：左右两个是戴着乌纱帽的七品官，一个握菜刀，一个执木棒，二人怒目而视，中间站立一位老和尚，似在拉架劝解。据说这是洪洞的谷知县、赵城的郭知县和广胜寺的老和尚在商量霍泉分水的问题。二位知县话不投机，发生争执后厮打起来，老和尚奋力拦阻，结果三人都负重伤，同归于尽了。[②]故事虽然荒诞不经，却体现了赵城、洪洞二县官员基于"越境治水"的困难、阻碍，庇护各自县民利益的现实。

与此相反，发生在宋代曲沃与翼城二县之间的越境治水纠纷却得到了一劳永逸的解决，消除了行政归属不同造成的消极影响，与赵城、洪洞长期争水斗讼形成了鲜明对比。北宋嘉祐初年，翼城县阳城等十村庄为使用曲沃县境的"星海温泉"溉田，与曲沃县民发生冲突，双方争讼不休。因系越境治水，两县官员包庇各自县民，争端难以平息，引起朝廷重视。时绛州比部员外郎李复涧悉此情后，向朝廷提出了一套彻底解决问题的方案，下引奏议即清楚地描述了官府处理此次水案的全过程：

---

① 清道光《赵城县志》(刻本)卷三十《宦绩》，第3页。

② 参阅郑东风主编：《洪洞县水利志》，山西人民出版社，1993年，附录·传说"小和尚改对联"，第354—355页；柴瑞祥：《广胜寺风物传说》"小沙弥巧改秀才对"，内部印刷资料，2002年，第99—100页。

议翼城温泉十村移割曲沃一县管辖覆奏　宋　部议

推忠协谋同德守正佐理功臣特进行礼部尚书同中书门下平章事昭文馆大学士兼修国史译经润文使上柱国河南郡开国公食邑五千八百户食实封二千户臣富弼，推忠协谋同德守正佐理功臣开府仪同三司行工部尚书同中书门下平章事集贤殿大学士上柱国南阳郡开国公食邑六千七百户食实封二千二百户臣韩琦，推忠佐理功臣、正奉大夫、尚书礼部侍郎、参知政事、上柱国卢陵郡国公、食邑二千一百户食实封二百户、赐金鱼袋臣曾公亮，议绛州比部员外郎李复奏陈："温水人户，分隶曲沃、翼城两县，每多争讼浇溉，官员各皆党护，不肯尽公理断，以致民心不服，乞将曲沃县界内不使水之北樊、下阳、合龙三村，移隶翼城，将翼城县界内使水之阳城等一十村，割属曲沃。庶使水村庄，一县管辖，以杜争端等情。"奉旨，檄据观察推官张雍，翼城县知县卫尉寺丞赵衮，守县尉权主簿翟中正，曲沃权县事正平县主簿张玮，守曲沃县尉权主簿赵涤，公同亲诣曲沃、翼城两县人户所争温水处，勾集现今乞割移及使水人户，指引出水源脉，通流去处，浇溉次第，检阅绛州比部员外郎李复原奏，及太平县知县太子中舍陈安仁，与曲沃、翼城知县相度擘画事宜。责取得曲沃县北樊、下阳、合龙三村百姓杨海等一百九人状，称情愿割属翼城县外；取责得翼城县阳城等一十村庄百姓李海等一百三十五人状，称海等先为指论曲沃县前知县霍著作宅后种麻，及为年满押司史绪，将白地创作浇溉，今已不得使水。并前陛州李复庇护原管百姓，陈奏海等一十村庄割属曲沃，恐后来管辖官员，为见海等指论前官，以此成仇，及史绪诸户，倚恃官势，告令海等不得使水，旱损田苗，税赋不前，所以不愿割属曲沃。今衮等详推李复陈奏，移割村庄，原为两县人户争论浇溉，官员俱各党护，故要一县管辖。今若依从李海等民户不行割属，难绝讼源。复责取得翼城县阳城等一十村庄百姓李海等愿割属曲沃文状。乞特降指挥，将曲沃北樊、下阳、合龙三村不使水人户,割移翼城县,将翼城县使水之阳城、温泉、苇望、东韩、西王村、程大保、郭员外、史推官、郇员外,一十村庄割属曲沃一处管辖。人户凛从,浇溉均济,不致更有党户,得以经久便利等情具奏。奉旨发交部议。臣等公同议得民间水利,自贵公平,若依使水人户分隶两县,各官党护,民心不甘,势难杜绝讼源。应如赵衮照依李复陈奏,移割使水人户村庄,统归曲沃一县管辖,实属利便。恭候钦定,臣等行文,永远遵行,谨奏。奉旨依议。

该奏议提出越界治水的症结在于“各官党护,民心不甘”,若将使水村庄统归一县管辖,就自然消除了行政管辖不同所造成的敌对心理,或可称作“外部效应内在化”,不内在化会加剧冲突,内在化则会消除冲突。当然,并不是说李复的这一方案就能够一劳永逸地解决水利社会中存在的所有问题,但是其关键在于将县与县之间的争端缩小至同一县境不同村庄集团之间,将矛盾的焦点由官方引向地方社会内部。即使有冲突发生,也都是局限于同县管辖范围,再不会上控不休导致绵延不绝的讼争,对立双方的诉讼成本骤然降低,便于双方心平气和地坐下来协商,妥善解决。地方官员也可以充分调动民间社会各种资源,依靠宗族、士绅、乡村其他力量来调节争端。这便是李复的高明之处。与之相较,赵城、洪洞水案历代以来迭讼不休的主要原因就是将矛盾和斗争的焦点指向官方,两县人均想当然地认为“只有通过上级官府才能够解决纠纷”。这样,导致历次兴讼赵城、洪洞二县均投入较大的成本,遂出现“率皆掷金钱轻生命而不惜,一变其涣散怯懦之习,为合力御外之图”的场景。非常巧合的是,1954年,赵城、洪洞二县合并,统归洪洞县管辖,赵城则由历史上的县级建制降为洪洞辖下一个镇级建制,历史上纷争不息的赵城、洪洞水案再未发生。这一点也得到了霍泉水利管理处副主任张海青先生的认同,他指出:“如果现在洪洞和赵城仍然分属二县,那么仍然会有水利争端发生。”[1]

① 2005年3月21日笔者对张海青的访谈笔记,地点:霍泉水利管理处副主任张海青办公室。

换个角度来说，如果没有官府的介入，将水案完全交由地方社会自行解决，由于地域的相近性以及制约性因素的存在，有时确实可以达到平息争端的效果。民国《洪洞县志·人物志》中就有一例霍泉泉域士绅出面化解水争端的典型个案：

> 刘陟，自子屺，号井养。秉性孝友，立品端方。树帜黉宫，蜚声四达，卒以数奇，屡踬名场。遂弃举子业，承欢养志，暇则广搜群书，以资浏览。副霍渠旧规废弛，屡起争端，讼不得伸。康熙五十二年，五社举陟总渠事，冀以挽此弊也。陟慨然任之，不避嫌怨，不辞劳瘁，上下诉讼，始得直。原总理一年，及期瓜代。众因事端甫息，未便遽易生手，渎请至再，连任三年。旧章尽复，五社衔感不尽。树碑志德，乾隆三年，陟卒。恭奉木主，位之庙庑，祀事永享。所谓乡先生殁，而可祭于社者，此殆其人欤！[1]

从制度经济学的角度来看，对于水利纠纷转向以民间为主后容易解决的现象，应理解为交易成本的降低，这是决定性因素。对峙双方在利害"博弈"过程中，会做出有利于己方的最佳选择。由此来看，明清时期一直存在于赵城、洪洞水争中的"越境治水"问题，已成为水案不断加剧的一大内因。当然，从解决纠纷的方式来看，我们并非要对所有跨区域的争水问题均统一采取改变行政管辖区域的办法，这在实践中也是不现实的。因为行政管辖区域的划定本身还存在着用水以外其他的历史及传统因素，不可随意改变。洪洞与赵城的持久争水和翼城与曲沃一劳永逸地解决水争端，这一对相反的现象恰恰说明越境治水在地方水利秩序维系过程中所产生的显著影响。

与越界治水相比，赵城、洪洞二县三七分水的传说与制度对地方社会影响更甚。对于三七分水，地方社会长期流传有"油锅捞钱定三七"的说法。根据该传说，北霍渠赵城县渠民还在水神庙西侧修建了

① 民国《洪洞县志》十二《义行》，第59页。

纪念争水英雄的好汉庙。然而，三七分水史并非像油锅捞钱一样看似荒诞无稽，而是有着确切史料依据的历史事实。据金天眷二年（1139）《南霍渠册》记载，霍泉最初受益者仅是赵城县人。唐贞元年间，因洪洞“岁逢大旱，天色炎炎，水草枯竭，草木焦卷，禾稼槁然”，于是洪洞县令张某派遣郎官崔某向赵城县令乞水，“将赵城县使余之水，乞我以救人，广苏我田苗，为令相公昆季慈上爱下，能无情乎？其时崔郎中乞水一寸”。此即后世赵城人“余水灌洪”说法的由来。自此，洪洞人便有了使用霍泉水浇灌民田的先例。但是，洪洞人从这次“乞水”经历中得到了好处，意识到引霍泉水灌田的重要意义。于是在唐贞元十六年（800），当洪洞再次发生干旱时，便有洪洞人希图援引前例，与赵城分水。对此，《南霍渠册》有着完整的记录：“至唐贞元十六年，有洪洞县百姓卫朝等，知其惠茂，便起贪狼之心，无厌之求，后次兴讼。时前使在中，承更及乞水滴漏陡门二尺九寸，深四寸。终未饱足，再行陈告。将赵城县道觉等四村、洪洞县曹生等九村计一十三村庄一同与北霍渠下地土一例十分水为率。验得本渠二百一十五顷地，计四百三十夫头，总计验数本渠合得水三分。然必先赵城道觉等四村浇讫，将多余水浇洪洞县曹生等九村人户。”看来，唐代洪洞人的这次争水行动得到了官府的支持。

值得注意的是，此次分水的关键有二：一是归属赵城的北霍渠与兼有赵城县又有洪洞县村庄在内的南霍渠的分水比例如何确定；二是南霍渠赵城村庄与洪洞村庄如何分配南霍渠的“三分”水。关于南北二渠如何分水的问题，上引史料已言明，是综合了南北两渠地亩多寡进行的平均分配。可惜该资料中只记载了当时南霍渠的土地数字——215顷，缺北霍渠的土地数。而明万历《洪洞县志》则称：“唐贞元间，居民导之分为两渠。一名北霍，一名南霍，灌赵城、洪洞两县地八百九十一顷。”两者相减后得出北霍渠土地数字应是676顷。676与215的实际比例约为3.14：1，四舍五入取整则为3：1，这就是说，如果单以实际土地数字为据进行水量分配，北霍渠应占总水量的75%，南霍渠占25%。但是在实际分水过程中，又面临工程技术难题，无法做到精确无误差。因此，我们可以做出一个合理的推断：南北霍渠三七分水的比例应该是结合了实际土地数字和工程数学原理后得出的一个最佳比例。三七比例的划定，既解决了分水难题，且确定了后世的用水格局。

然而令分水者始料不及的是，南北两渠的土地数字并非一成不变的，而是处于一个变动的状态。研究表明，唐宋时期是泉域水利发展的黄金时期。北宋庆历五年（1045），“霍泉河水等共浇溉一百三十村庄，计一千七百四十户，计水田九百六十四顷一十七亩八分”[①]，这已是历史上霍泉的最大灌溉面积。比唐贞元十六年（800）三七分水时，新增水田73余顷。相比之下，南霍渠灌溉面积却呈下降趋势。据清顺治《赵城县志》记载，北宋庆历五年（1045）“南渠分五道，一曰南霍，一曰九成，与南霍一道，以上下流，俗呼二名。一曰小霍，溉邑道觉等四村，洪洞曹生等十三村，共田一百六十余顷”，比唐代的215顷，减少了55顷。这就是说，北宋庆历五年（1045）北霍渠灌溉面积增加了128顷。在泉水流量相对稳定的条件下，南北霍渠的一减一增，必然会使唐贞元十六年（800）的三七分水制度与现实不相适应。这种不适应最直接的表现就是南北霍渠围绕“三七分水”问题冲突不断。

北宋开宝年间（968—976）和北宋庆历五年（1045），赵城、洪洞二县发生的两次争水案件，都与“三七分水”有关。开宝年间，“因南渠地势洼下，水流湍急，北渠地势平坦，水流纡徐，分水之数不确，两邑因起争端，哄斗不已”[②]。不过，当事者于分水处设限水、逼水二石，从技术上解决了此次纠纷：“当事者立限水石一块，即今俗传门限石是也。长六尺九寸，宽三尺，厚三寸，安南霍渠口，水流

① 金天眷二年(1139)《都总管镇国定两县水碑》，碑存洪洞县广胜寺霍泉水神庙廊下。

② 清雍正四年(1726)《建霍渠分水铁栅详》，碑存洪洞县广胜寺霍泉水神庙分水亭北侧碑亭。

有程，不致急泄。又虑北渠直注，水性顺流，南渠折注，水激流缓，于北渠内南岸、南渠口之西立拦水柱一根，亦曰逼水石，高二尺，宽一尺，障水西注，令入南渠，使无缓急不均之弊。”[①]遗憾的是，宋初的这一举措并未能维持太久，至北宋庆历五年（1045）两县人再次起争。关于这次争讼的过程，已无详细资料可查。唯一可见的，是清康熙时任赵城县令的吕维杆在《赵城别纪》中的记载：“宋庆历五年，邑人郭逢吉与洪洞人燕三争水利，转运使郡守踏勘，酌水之去洪洞者十之三，赴本邑者十之七，各设陡门，遂定水例，立碑南北渠。”从这一记录中依稀可以发现：此次争水仍与三七分水有关。

金代赵城、洪洞二县争水斗讼更为激烈，究其实质，仍以“三七分水”为中心。金天会十三年（1135）赵城人状告洪洞人盗水，平阳府府判高金部、勾判朱某、绛阳军节度副使杨桢等人先后审理此案，未能息争，反被赵城、洪洞人屡屡状告定水不均。直至金天眷二年（1139），河东南路兵马都总管兼平阳府尹完颜谋离也亲自带同两县官吏及两县千余水户到分水处实地踏勘，本着“参照积古定例定夺，务要两便”的原则，恢复了“三七分水”体例，平息争端。然此后赵城、洪洞争水更是愈演愈烈，金大定年间（1161—1189）甚至出现“赵城、洪洞争水，岁久至二县不相婚嫁”[②]的严峻局势。从宋金时期三七分水制度不断遭受地方用水者反对的事实不难发现，三七分水制度已经无法保证所有用水者的利益而处于被改革的边缘，只是得力于官府的极力维护，才勉强得以保留。

与宋代霍泉灌溉面积的稳步增加相比，明清时期则呈现为大幅减少的特点。先来看北霍渠的统计数字：明万历四十八年（1620）《水神庙祭典文碣》载该渠“二十四村共水地三万四千九百一十一亩”，清雍正四年（1726）平阳知府刘登庸在处理洪洞、赵城争水问题时，

① 清雍正四年(1726)《建霍渠分水铁栅详》,碑存洪洞县广胜寺霍泉水神庙分水亭北侧碑亭。

② 清雍正《山西通志》卷三十三《水利略》。

统计北霍渠“溉赵城县永乐等二十四村庄，共田三百八十五顷有奇”。后又有减少，清乾隆五年（1740）《治水均平序》载：“北霍渠自柴村而至永丰，陡口有上、中、下三节之分，水田有三万四千八百之余。”清道光七年（1827）《赵城县志》又有记载称，此渠“由分水亭下至窑子村，凡二十四陡口，共溉地三万四千七十四亩”。

再看南霍渠，明万历《洪洞县志》记载说，其“溉洪洞曹生、马头、堡里、上庄、下庄、坊堆、石桥头、南秦、南羊、周壁、封村、冯堡十二村地一百三十九顷奇”。清雍正四年（1726），“溉赵城道觉等四村，南溉洪洞县曹生等九村，共田69顷有奇”（《建霍泉分水铁栅详》）。很显然，与明万历时期相比，南霍渠的灌溉亩数也大为缩减。清雍正以后这种趋势仍在继续。清同治九年（1870）《泰云寺水利碑》载，“不知南霍十三村分上下二节……上节浇地二十八顷……下节浇地四十二顷”，共地70顷，又减少了9顷。不难发现，明清时期霍泉灌溉面积已较唐宋时期减少了将近一半。究竟是什么原因使得霍泉发生如此巨变呢？

从理论上讲，水量减少、渠道失修和战争或自然灾害导致的土地破坏、荒芜等，都会直接影响到泉域灌溉面积。但是若要大幅度改变泉域用水局面，除非发生某种不可抗拒的重大自然灾害。山西地震史研究者王汝雕先生对1303年即元大德七年洪洞八级大地震的研究，证实了这一点。这次大地震的震中就位于广胜寺泉域，著名的郇堡地滑现象也发生于此。地震对泉域渠道造成了严重的破坏，从元延祐六年（1319）水神庙《重修明应王殿之碑》可知：“地震河东，本县尤重，靡有孑遗。上下渠堰陷坏，水不得通流。”地震对霍泉流量的影响，则见载于中国国家图书馆收藏的明洪武十五年（1382）刻本《平阳志》，这部方志由元末明初平阳文士张昌纂修。全书卷数不详，残存卷一至九。该志卷七“赵城县”记载：“霍泉渠……元大德间地震，将北霍渠郇堡等村渠道陷裂，斗门壅没不存，泉水减少。今溉地四百七顷八十余亩。”王汝雕指出：“这一地震80年后的记载说明，破坏最严重的是北霍渠和清水渠。大规模的地体滑移就是从北霍渠渠身开始的。值得注意的是‘泉水减少’这一情况。估计地震使泉下游的地层结构破坏，泉水在地面以下渗透量增大，故地面流量减少。”[①]但是霍泉流量究竟受到多大的影响，我们目前尚不可知。[②]再者，霍泉渠道系统在遭受严重破坏的同时，泉域地形地势也随之发生变化。变化的后果，就是震后很多村庄不能再从霍泉受益，被迫退出了水利系统。通过比较地震前后霍泉渠受益村庄数量可知，北宋庆历五年（1045）北霍渠有46个受益村592顷地，明清时期只剩下24个，土地最多时仅有385顷，相差甚大。清水渠在金元时期有14个村庄135顷地，清代只剩下5~7个村73顷多地。南霍渠则比较幸运，一直保持着13个村庄的规模，但是受益地亩也从原来的215顷锐减到不足百顷。

时异势殊。与宋金时期相比，明清时期泉域灌溉面貌可谓沧桑巨变。即便如此，三七分水的制度作为一项传统，仍然被继承和保留下来，没有丝毫改变。同时，历代官员为了保证三七分水的精确，想尽各种方法来加以维护。从北宋开宝年间设立限水石、拦水柱、逼水石，到金天会年间设置木隔子，再到清雍正三年（1725）铸造分水铁柱，建分水亭，并将分水处划为禁地，不允许常人随便进入，真可谓费尽心机，然仍未能阻止水利争端的发生。

明代中期，赵城、洪洞纷争又起，焦点仍在“三七分水”。明隆庆二年（1568），赵城人王廷琅在淘渠时，偷将分水处“壁水石”掀去，并将渠淘深，致使“水流赵八分有余，洪二分不足”，激起洪洞人不满，洪洞渠长董景晖径告至巡按山西监察御史宋处。宋御史命平阳府查报。知府毛自道令同知赵、通判胡共同审理。二人参照金碑和唐宋成案，重新确定两渠渠口原定尺寸，重置拦水石和限水石，重新

① 王汝雕：《从新史料看元大德七年山西洪洞大地震》，《山西地震》2003年第3期。

② 如果不考虑土地本身因地震造成的破坏，单从出水量进行考察，可知当渠系恢复后，在水利技术不变的情况下，从明清泉域灌溉面积只有唐宋时期大致一半的事实，可以推测唐宋时期霍泉水量可能是明清时期水量的2倍左右。现在的霍泉水量监测资料显示，明清时期霍泉流量可能在4m³/s，且多年稳定，那么唐宋时期可能高达8m³/s左右。

恢复三七分水，这起争端始告结束。[①]明万历年间，赵城、洪洞二县又有争端，清道光七年（1827）《赵城县志》记载称："郑国勋，万历时令。性伉直，有干才。洪洞人与邑民争霍渠水利，力抗之乃已。后令朱时麟继之，更定分水尺寸，使无更易。"[②]郑国勋为明万历二十二年至二十四年（1594—1596）赵城令，朱时麟为明万历三十七年至三十九年（1609—1611）赵城令，两人在各自任职期间都有处理赵城、洪洞争水的事迹，表明明万历二十二年至三十九年（1594—1611）间，赵城、洪洞二县仍时有水案发生，且争论的焦点还是三七分水。

清代，赵城、洪洞分水之争依旧。南北两渠之民仍在为是否和如何置放"逼水""限水"二石争执不休。碑载："雍正二年，民复争斗，两县各详前院。蒙委员查勘回详：因立石久坏，致起讼端。遂遵古制，复立二石在案。仅隔一年，复蹈前辙。蒙宪台委绛州知州万国宣查勘。该州宣布宪谕，民心平复。乃案墨未干，洪民将门限一石击碎，赵城令江承诚连夜复置，随置随击。赵民也将逼水石拔去，以致两邑彼此纷纷呈详。"[③]

面对赵城、洪洞二县渠民针锋相对、剑拔弩张的紧张局势，知府刘登庸在回顾自唐以来数百年间赵城、洪洞二县争水历史之后，将原因归结于两个方面，即"两邑之民，各存偏私，又因渠无一定，分水不均，屡争屡讼，终无宁岁"[④]。鉴于分水石"既小而易于弃置，碎烂毁败，不能垂久"的弊端，他将精力放在改造分水设施上，"窃为莫如于泉眼下流，即今渠口上流丈许，法都门水栅之制，铸铁柱十一根，分为十洞，洪三赵七，则广狭有准矣。铁柱上下，横贯铁梁，使十一柱相连为一，则水底如画，平衡不爽矣。栅之西面，自南至北第

① 明隆庆二年(1568)《察院定北霍渠水利碑记》,碑存洪洞县广胜寺霍泉水神庙廊下。

② 清道光《赵城县志》卷三十《宦绩》。

③ 清雍正四年(1726)《建霍渠分水铁栅详》,碑存洪洞县广胜寺霍泉水神庙分水亭北侧碑亭。

④ 清雍正四年(1726)《建霍渠分水铁栅详》,碑存洪洞县广胜寺霍泉水神庙分水亭北侧碑亭。

四根铁柱，界以石墙，以长数丈，迤逦斜下，使南渠之口不致水势陡折。两渠彼此顺流，且升栅使高，令水下如建瓴，则缓急疾徐亦无不相同矣。如此则门限、逼水二石，可以勿用。庶三七分水，永无不均之患，一劳永逸，民可无争”[①]。刘登庸的这一改造方案，得到上级称道，山西布政使分守河东道潘宏裔评价说：“改置铁柱、铁墙，比旧制分水更均，奸民亦无所逞喙矣”；山西等处承宣布政使司布政使高成龄则称赞说“该署府留心民疾，铸画精详，甚为可嘉”；其他高级官员亦有“其法至善”“甚为允协”的话。[②]应该说，自北宋开宝年间一直缠绕于赵城、洪洞三七分水之争中的分水“设施”问题至此已解决得相当完美。

但是，清雍正以后南北霍渠依旧存在的争水问题，使刘登雍“一劳永逸平息纷争”的理想遭受彻底失败。清同治九年（1870），赵城县百姓私自改造分水亭下分水墙，使分水墙“比旧时高有尺许”，但值年掌例置之不问，官府也“难以定断”，遂不了了之。无奈之下，曾于清同治八年（1869）总理南霍渠事务的冯堡村人卢清彦，率南霍渠下八村公直将此事刊诸碑石，留作记录。

民国时期，南北霍渠再次因分水发生械斗事件。1927年6月，时值玉米灌水季节，赵城人将洪洞三分渠水截留汇入七分渠，正依水程浇地的洪洞南秦村人一见水干，立刻纠集该村青壮年组成百人大队人马，手持铁锹、耙子、木棍之类器械，径直打到赵城道觉村，将该村渠首房屋拆毁，打死巡水员一名，至分水亭将渠水拨回。事后官司一直打到省城太原，最后由南秦人按户摊钱赔偿死者了事。[③]

由于地震的影响，我们可以将泉域社会三七分水的历史划作两个

① 清雍正四年(1726)《建霍渠分水铁栅详》，碑存洪洞县广胜寺霍泉水神庙分水亭北侧碑亭。

② 清雍正四年(1726)《建霍渠分水铁栅详》，碑存洪洞县广胜寺霍泉水神庙分水亭北侧碑亭。

③ 参考李永奇、严双鸿主编：《广胜寺镇志》，山西古籍出版社，1999年，第95页；《南秦村史》，内部印刷资料，现存洪洞县档案馆。

不同的阶段。这两个阶段的分界线就是1303年洪洞大地震。三七分水原本是唐代作为解决赵城、洪洞二县争水的办法而制定的，在宋金时期已不适合土地面积和用水量的变化而急需调整，但终究未变。地震后，泉域社会各方面均发生了巨大变化，霍泉水量大幅减少，渠道遭受严重破坏，经历很长时间才恢复，许多村庄、土地不再具备引水灌溉条件而退出霍泉水利系统。在此情况下，三七分水的制度依然作为一项传统和不容更改的制度被保留下来，与现实用水状况已完全脱节，近乎僵化了。正因如此，无论三七分水技术和设施多么先进，对于解决两县民众实际用水困难却是无济于事的。于是，以三七分水为焦点的水利争端，便不断地进入人们的视线。原本不足的水资源，由于未能得到合理有效的配置，长期低效运营，呈现出“灌溉不经济”的特点。这种面貌，直至1949年后霍泉灌区实行水利民主改革后才有改观。

1949年南霍渠召开渠民代表大会，制订了新的使水办法和渠规，解决了历史上两县一直未能解决的水利纠纷。1949年3月16日《晋南日报》刊载了题为《解决老纠纷订出新渠规》的文章，指出：“过去南霍渠为封建势力所操纵把持，他们可以三不浇，光使水不掏渠，长流陡口不浇地让水闲流，广大的农民群众好多时才轮一回，还常是浇不过。封建统治阶级并不断在浇水上挑动农民间互相打架，制造流血惨案。代表们根据这些情形进行座谈，大家认为一切问题的根子都在封建阶级那里。”6月23日《晋南日报》又刊载了题为《洪赵清水渠确立新规——统一使水，按季节需要上下游轮番灌溉》的文章，文章同样指出：“在旧社会里，由于有许多不合理的封建水规的限制，下游各村每年掏渠浇不好地，上游各村浇地不掏渠，而且随便浪费水，致使农民生产减低，上下游间常常闹纠纷，本月十二日两县政府共同主持下召开的渠民代表会议上，经过讨论认识了旧水规的不合理后，在水尽其利、扩大水田、增加生产的原则下，重新决定了使用水利办法。”1993年出版的《洪洞县水利志》中也指出：“在长期的封建社会里，官府对水利事业缺少统一规划，水利建设各自为政，多为村办、联村或联户创办，自发组织，由受益村民推选渠长或掌例，渠道设施因地制宜，因陋就简，没有固定渠口，工程布置十分零乱。每遇天旱或用水集中期，上霸下偷，争水斗殴时有发生……新中国成立伊始，党和人民政府对水利事业十分重视，本县统一都成立了水利机构，整顿用水管理机构，撤销了封建的管理体系，废除了封建水利法规，对现有水利设施进行了改造……霍泉成立了水利委员会，统一管理南北霍渠……解决了用水斗殴的问题，使水得到了合理利用，水利工作走向了正规。”[1]

五、权力象征:水信仰与水习俗

泉域社会在长期的用水实践中，形成了极具特色的水信仰和水习俗，是泉域水文化的重要组成部分。这不仅是泉域社会自身的一大特征，而且具有重要的象征意义，暗示和表达了泉域社会不同群体的用水地位和水权分配格局。

首先是敬祀水神的传统，这也是泉域水文化中最重要的组成部分。水神明应王无疑是整个泉域范围内最具影响力的神祇。民间多呼明应王庙为大郎庙，此庙现位于霍泉泉源海场北侧，系元代建筑风格。据元至元二十年（1283）《重修明应王庙碑》载，此庙“按《寰宇记》，自唐以来，目其神曰大郎，然明应王之号，传之亦久，其褒封遗迹，遭时劫火，寂无可考”。说明当时撰碑者赵城县教谕刘茂实并不清楚水神明应王的由来。民间虽流传大郎神是指修建都江堰水利工程的秦蜀守李冰，但仅系口传，无切实依据，有牵强附会之嫌。笔者考证，霍泉水神明应王其实是霍山神山阳侯的长子，《宋会要辑稿》中有“霍山神山阳侯长子祠在赵城县，徽宗崇宁五年十二月赐庙额明应”[2]的记载。长子行大，故又称大郎神，这也与宋乐史《太平寰宇

① 郑东风全编:《洪洞县水利志》,山西人民出版社,1993年,“概述”第3页。

② (清)徐松:《宋会要辑稿》,《礼二〇·山神祠》,上海古籍出版社,2014年,第1040页。

记》中“霍水源出赵城县东三十八里广胜寺大郎神，西流至洪洞县”[1]的记载相对应。由于唐宋时期正值霍泉水利蓬勃发展的高峰期，水对地方社会意义重大，因而存在一个由山神变水神以适应现实需要的过程。对此过程，由于时代演替而逐渐不为世人所知。

明应王庙在金元时期可谓命运多舛。先是毁于“金季兵戈”，后又毁于元大德七年（1303）地震，两度重修，始成现在规制。现存元至元二十年（1283）《重修明应王庙碑》和元延祐六年（1319）《重修明应王殿之碑》对此过程记载甚详。比较两通碑文可知，霍泉南北诸渠在水神庙两度重修工程中均用力甚勤，积极参与，起到了力量中坚作用，反映了水神明应王对于泉域社会各用水群体的重要意义。尤其在元代经历地震打击重修水神殿时，更是囊括了南北两渠所有受益村庄，无一例外，这一点从元延祐六年（1319）《助缘题名之记》中很容易看得出来。

民众对水神的崇奉更主要表现在频率极高的日常祀神活动中。水神庙现存明清各两通祭典文碑，清晰地展示了各种祭祀节日的变化。从明万历四十八年（1620）的两通碑文来看，当时北霍渠的祭祀活动已相当频繁且达到了奢华靡费的程度。最初倡率者只是想通过“月祀答神”的行动，解决北霍渠管理中“众散乱无统”的问题，达到“觋萃人心”的目的。但是随着岁月的流逝，又由每月一次的朔祭改为每月朔、望二祭，后在此基础上又增加了节令祀，即逢重大节令也要赴庙祀神，如三月十八水神圣诞日、五月初五端午节、六月初六崔府君圣诞日、九月初九重阳节、八月十五中秋节、十月十五水官诞辰日，此外还有二月初一开沟祭、闰月祭、春秋二祭及辛霍嵎龙王四月十五日圣诞祭等。如此名目繁多的祭典和祭祀摊派负担，可谓劳民伤财，令泉域民众应接不暇，于是有了明万历四十八年（1620）赵城县刘公汰繁存简、节约办祭的改革措施。同样，清康熙十二年（1673）南霍渠也进行类似整顿祭典的活动，且有“嗣后备牲祭献，不得指科排

① （宋）乐史：《太平寰宇记》卷四十三《河东道四·晋州》，中华书局，2007年，第901页。

席，邀娼聚饮”[①]的规定。虽是惠民之举，却都未能维持太久，泉域社会曾一度有“祭一减则水势刹”的流言。于是到清康熙年间，各种祭祀节日又重新恢复了。

北霍渠在长期的水神祭祀活动中，还总结出了各种祭典仪式的规格和标准，明确了不同身份人员的权利和义务，并将其制度化、规范化。以明万历四十八年（1620）经赵城县令校正后的“每月初一日祭”为例，规定祭品及各项花费标准为：酌定银四两。其中，猪一口，重五十斤，银一两五钱；羊一只，重二十五斤，银五钱；馒头五盘，各处献食，银二钱；合文一百，砖箔一个，银一钱五分；酒，银三分；油烛，银五分；四处龙王、海场、关神、郭公纸马等，银二钱一分；各门神、上下寺纸箔，银一钱四分；每月常明灯油四斤，银一钱二分；每月细香、盘香，银三分；渠长公费，银一钱；渠司水巡公费，银四分；廓下沟头公费，银五分；屠户口饭工钱，银八分；厨子口饭工钱，银五分；供役人公费，银一钱四分；调料，银五分；男乐四名，银一钱六分。一年共计银48两。[②]其他节日祭典除了规格、花费标准各有高低外，其余皆与此大同小异。为了确保一年十二个月祭典的正常举办，北霍渠还将所属24村沟头分成12组，每月指定2名沟头配合掌例做好祭典事宜。此外，在北霍渠的各种祭典规定中，还有一项内容就是对祭品的分配，主要是对猪羊肉这类供品的分配。为此颁布了“分胙定规”，根据祭典规格的高低，划定不同的分配人群。如在三月十八和八月十五两次最重要的祭典中，因有赵城县高官亲临，因而也要参与分胙；其余常规性祭典如朔望祭，则仅限于渠长、渠司、水巡、各村沟头等水利管理人员和包括厨子、屠户、乐人、庙户在内的祭典参加者。分胙行为对于泉域范围内每个村庄的沟头而言，是有特殊象征意义的，是否能够参与分胙、怎样分胙，意味着沟头各自所代表的村庄用水权的有无与次序的先后。因此，祭祀水神的

① 清康熙十二年(1673)《水神庙清明节祭典文碑》,碑存洪洞县广胜寺霍泉水神庙。

② 明万历四十八年(1620)《水神庙祭典文碣》,碑存洪洞县广胜寺霍泉水神庙。

活动历来就为泉域村庄所重视，久之成为泉域社会用水权利的象征。

与字面规定不同的是，泉域社会在长期的祭祀过程中，还存在着诸多禁忌和陋俗。如每年三月十八水神诞辰时，“南霍渠所有村庄中，只有道觉村奉纸不奉表；在水神庙祭神时，按旧例对联由道觉村贴，脑由官庄村贴；祭祀水神时，只有水神姥姥家道觉村人、北霍渠掌例和赵城县令可以从水神庙中门进庙，洪洞县令和南霍渠其他村庄则只能由侧门入庙。清末，南渠下节掌例封村郑长宗自恃有朝廷从四品官衔，祭典水神时欲从中门进，遭到赵城北渠人的殴打”[①]。由此可见，即使在同一个用水系统中，赵城与洪洞，上游与下游，在祀神仪式中的地位和权力却相差极大，这也间接反映了不同用水主体水权的不对等。这种权力的不对等，在水神庙的地域分布上也有体现。据文献和调查可知，广胜寺泉域明应王庙共有四处。其中，赵城两处，一是位于霍泉发源地的大郎庙，一是位于赵城县衙附近的明应王行宫；洪洞两处，一在小霍渠官庄村，一在副霍渠北洞村东。非常奇特的是，北霍渠、南霍渠和清水渠祭祀水神的活动均在霍泉发源地的大郎庙，而接南北霍渠溢漏之水的小霍渠、副霍渠则是在各自渠道上修建明应王庙作为祭典场所，并不参与霍泉发源地大郎庙的祭祀和维修工程。由此可见，在广胜寺水神明应王的祭祀圈中，也是有明确等级划分的，其中北霍渠和南霍渠赵城上四村是第一等级，南霍渠洪洞下九村和清水渠是第二等级，[②]小霍渠和副霍渠则是第三等级。此外，从水神庙绝大多数碑文只记述北霍渠治水、祭祀的活动中，也能发现该庙为北霍渠独占的特点，这更反映出赵城人和赵城村庄在霍泉水利系统中的优越性。

泉域水文化的第二个方面是大量与水权有关的传说和故事普遍流传。其中，与三七分水关系最为紧密的油锅捞钱传说，就非常典型。

---

① 郭根锁:《道觉村史》手稿,现存山西大学中国社会史研究中心,笔者收集。

② 之所以将清水渠划作第二等级,是因为清水渠与南霍渠一样,曾先后两次参与到霍泉发源地大郎庙的重修工程中,一次在元至元二十年(1283),一次在清康熙三十八年(1699)。

这一传说的大致内容是：赵城、洪洞二县因水纠纷不断，冲突升级。紧急情况下，官府想出用油锅捞钱的办法来确定分水比例。于是在滚烫的油锅里抛入十枚铜钱，由双方各派一名代表，规定捞出几枚铜钱就可得几分水。结果赵城人一下子从油锅里捞出七枚铜钱，于是赵城分得七分水，洪洞分得三分水，二县三七分水的比例就是这样形成的。这个传说在赵城、洪洞二县流传极广，几乎是妇孺皆知。笔者在山西水利史的研究中，发现该省很多泉域都有着类似的故事，且分水的结果也完全相同，均是三七分水，比如晋祠泉和介休洪山泉。山西翼城滦池泉域也有通过油锅捞钱获取用水权的故事。至今，这些地方还保留着历史上的三七分水设施和纪念争水英雄的庙、碑或坟墓。在广胜寺泉域有好汉庙、在晋祠有张郎塔、在介休有好汉墓、在翼城有四大好汉庙。田野调查中笔者还了解到，当地民众对这些争水英雄几乎是“宁信其有，不信其无”的，甚至有人能说出争水英雄的真实姓名和所在村庄等信息，言之凿凿。这不禁令人满腹狐疑。但是，无论油锅捞钱真假与否，它都作为泉域水文化的一个重要内容而流传下来，这至少说明泉域社会是有其存在之基础的。毕竟，通过油锅捞钱的方式确定分水比例，尽管缺乏切实依据，但作为对三七分水现象的一种解释，却具有一定的权威性，因而成为不同用水主体重申或强调其水权合法性的依据之一。[①]

与以争水为主题的传说不同，泉域村庄中还流传有很多强调以水结缘，同样强调水权合法性的故事，比较典型的是发生在坊堆村与双头村的“石佛镇蛇妖”故事。据坊堆村《双堆渠册》记载：“吾村古有双堆渠一道，水源发起在赵邑之双头村，沟内无数小泉会聚一处，故渠口上水即由该村之西南隅注入，流到吾村而止。且其地之方向形势，天然凑合，只能灌及吾村，非惟他处不能染指，即该村出水之区

---

① 鉴于油锅捞钱、三七分水传说在山西各大泉域的普遍存在，为了准确把握这一民俗文化现象的历史内涵，本章第六节将专门对此加以解析，这里仅将其作为泉域水文化的一种而简要提及。

因水流在下，亦绝对不克利用。然水量弱小，灌田不过六百余亩，此固由天然造化使然，非人事所能强求者也。”[①]可知两村的关系是：双头村有泉却难以引水，坊堆村无泉却能够引水。不知究竟是否坊堆村为确保水源无虞之故，而发明了一个故事出来：“考邑乘所载吾村无底泉涌出石佛一尊，身高丈余而双头村有双头妖蛇，伤人无算，因求迎得石佛，立庙镇之，于是该村人均得以无患而吾村之渠水即由此兴起焉。此盖元世祖年间之事，迄今石佛在该村诚为独一无二之尊神，而渠水在吾村尤为不消不灭之利源也。”[②]通过这个“子虚乌有”的故事，双方可谓各得其所，最重要的是坊堆村借此取得了利用双头泉水的合法性。更令人吃惊的是，“最可奇者，两村世世和协等于姻戚，故对于渠上使水从无发生事端者”。这可以说是一个非常典型的以水结缘的故事，具有浓郁的水文化色彩。

此外，泉域还流传有反映水神明应王勇斗南蛮子、保护神泉的“南蛮子盗宝”传说，与三七分水有关的“十支麻糖”的传说等。这些传说和故事共同赋予泉域社会丰富的水文化内涵，成为泉域社会的重要特征。

泉域水文化的第三个方面是通过编修渠册、树碑立传等方式彰显水权合法性。编修渠册乃是泉域诸渠历来就有的一个传统习惯。渠册内容一般包括用水来源、渠道长度、用水村庄、使水周期、管水组织、兴夫数量、渠道禁令等，很多渠册还载有历次水利兴讼断案等重要内容。由于渠册可以作为判定用水者水权合法性的重要依据，故同渠之人，无不奉为金科玉律。通常由值年掌例小心收藏，秘不示人。泉域现存渠册有南霍渠、副霍渠、小霍渠、清水渠、双堆渠五部。其中，《南霍渠册》年代最早，始自金天眷二年（1139），据渠册所载，

---

① 清乾隆三十五年(1770)《双堆渠册》,霍泉水利管理处副主任张海青提供,复印件现存山西大学中国社会史研究中心。

② 清乾隆三十五年(1770)《双堆渠册》,霍泉水利管理处副主任张海青提供,复印件现存山西大学中国社会史研究中心。

该渠册是在参照北宋政和三年（1113）“古旧渠条”的基础上编制而成的。可见早在宋金时期南霍渠已有编修渠册的习惯。同时还要看到，渠册并非纯粹民间性质的，每部渠册付诸使用前，必先呈报官府，由知县验册钤印后方可施行，渠册记载的水利条规是在各用水群体的长期实践中形成的，在渠册范围内的水事活动经过官府认定，因而具有了法律效力。当发生争水纠纷时，渠册往往是判定对错的重要依据，因而在一些水利诉讼中，往往还会出现当事者伪造渠册以争夺水权的行为，足见渠册对于维护水权的重要性。

树碑立传也是维护水权的一项常见举措。清康熙十六年（1677）水神庙《北霍渠掌例碣》有“北霍渠掌例，每岁终必勒诸石，所以编年也，载事也，纪功也”的说法，可见这一习惯在泉域社会的普遍意义。就水神庙碑的类型而言，包括掌例碑、水利断案碑、重修碑等。其中，掌例碑数量最多，内容除表彰其任职期间的功劳外，还有一项内容是向全体渠民公示各项花费开支。如清道光二十二年（1842）《北霍渠碣记》碑末就有“买地花钱五十七千百文，税契过银用钱四千二百文，本年寻人看守用钱五千文，其余系合渠人共用”字样；同样，清乾隆十六年（1751）《塑修水神庙龙王像戏台等碑》记载掌例冯旺治渠修庙的事迹，碑末也有“塑龙王神像，修伞一把，重修砖窑背墙八孔，修燕家沟，共费银□□二两□钱”字样。此外，泉域还有为治水有功者家门悬挂牌匾以示奖励的风尚，前文提及的1937年“治水勤劳”和1950年的“导水热心”二匾就是如此。水利断案碑则记载历次水讼过程、断案结果等，是惩戒违规行为、维护正当水权的依据，诸渠民众对此极为重视。如清光绪二十五年（1899），清水渠全体渠民就将元代该渠赵城、洪洞二县争水斗讼的经过重新誊写立碑，警醒后世要照章使水，引以为戒。[①]这些水利习惯在泉域源远流长，从未因朝代更替而中断，可视为泉域社会的又一传统。

① 清光绪二十五年（1899）《重修十八夫碑记》，碑存洪洞县广胜寺镇北秦村村南秦建义家门外。

泉域水文化的第四个方面是争水文化。尽管有发达的水组织、严密的渠册和严厉的惩罚等因素的制约，泉域社会在用水过程中仍存在上下游不对等、水权分配不公的现象，溢出法律条文和渠册规约之外的“不法”行为经常发生，因而在高度依赖水资源禀赋发展的泉域社会中，在水权分配上也一直有非正式的“规则”在暗流涌动。在实际用水中，下游受到上游欺凌时往往是忍气吞声。如清康熙三十八年(1699)《道示断定水利碑》[①]记载：“又据永丰里崔生贵等，环跪投禀，吁复旧规，词称霍山泉水分为三节使用，本里原居下节，而上节不法，霸水重浇，以致本里经年无水，荒旱杀禾等语控此豪强欺弱甚为可恨，合并饰知。为此，仰县官吏照碑事理即便，镌石立碑昭垂永久矣，刊立完日，即印刷墨文，送道查考，仍严布各里，上中下节使水，务期照分均平，倘有强梁截阻，以致下节受害者，解道依律重究不贷。”话虽如此，因下游不可能总是告官，因此很难禁绝霸水行为的再次发生。

位居渠道上游的村庄，往往较下游有更多的用水特权，在南霍渠的三分水中，为方便赵城上四村用水，规定道觉村有使用“七厘水”的特权，且不在正常水程之内，至今该村仍有“七厘斗”的说法。正常轮水时道觉村还有“四不浇”的特权，即刮风、下雨、黑夜不浇，轮到道觉村水程，没有工夫也可以不浇，何时想浇何时浇。相比之下，洪洞下九村则须按照水程自下而上挨次浇地，一月零六日一轮，周而复始，水程一过，渠则干涸。下游为了保证正常用水，常常讨好上游，南霍渠过去长期流传着每年二月一开沟祭时下九村集体赴道觉村向该村三十夫头“乞水”的仪式。这种不同县份之间、上下游之间权力不对等的现象，在民国时期亦然，洪洞县令孙奂仑无奈地指出：

> 南北霍向系三七分水，洪三赵七久有定案。然三分之水，赵城上游五村已分去少半，则所谓洪三者，已名不副实。又以一渠流经两县，各不相属，上游截水，势所难免。水之及于洪境者微乎微矣。

① 碑存洪洞县广胜寺霍泉水神庙山门舞台后场东侧。

> 向来毗连赵境之曹生、马头、南秦诸村,收水较近,灌溉尚易。至下游冯堡等村之地,则往往不易得水,几成旱田者已数百亩矣。闻北霍之地,则年有增加,即南霍距泉左近支渠之水,亦有偷灌滩地者。下游明知之,而无如何。盖以上把下,各渠通例,而该渠以管辖不一之故,此弊尤甚。一有抵牾,更生恶感,辗转兴讼,受害已多。故不若隐忍迁就之,为愈主客异形,上下异势,盖有不得不然者矣。[①]

这种“主客异形,上下异势”之不得已,致使争水成为泉域社会发展中一个经久不变的音符。

六、油锅捞钱与三七分水:泉域社会的冲突与秩序

通过“跳油锅捞铜钱”的方式确定不同利益群体的分水比例,是山西水利史上一个流传极广的分水传说。该传说版本极多,民众多耳熟能详,笃信有加。山西众多传统灌区至今仍留存着各种纪念或祭祀争水英雄的水神庙宇及相关水利工程遗迹。这些庙宇和遗迹大多是根据传说修建而成,比如太原名胜晋祠,晋水发源地的张郎塔,就建于晋祠难老泉南北两河三七分水石孔处,民间传言塔下葬有争水英雄张姓青年的遗骸,晋水北河花塔村张姓一族视其为祖先,岁时祭奠。与此相似,介休洪山泉的五人墓,洪洞霍泉的好汉庙,翼城滦池的四大好汉庙等,都是为纪念那些“跳油锅捞铜钱”的争水英雄所建,主题相同,不同之处仅是故事的主角和情节有所变更、增减而已。山西的泉域社会如此,洪灌区域亦然。据笔者掌握的资料,位于晋西南的襄汾县三官峪、豁都峪,河津县的遮马峪等传统洪水淤灌区,均建有祭祀争水英雄的庙宇,只是襄汾县的争水英雄庙又有不同的名称——“红爷庙”,河津在新中国成立前,仍保留着每年清明民众集体赴争水好汉坟前祭祀的习俗。

---

① 孙奂仑等纂修:《洪洞县水利志补》1917年版,台湾成文出版社,1968年,第87—88页。

这些庙宇和习俗，不但反映了民间对争水英雄的崇敬，更反映了通过油锅捞钱确定分水比例的方式在地方社会所具有的深远影响。更令人感兴趣的问题在于：①传统时代中国民间在分配稀缺水资源时，为什么会不约而同地选择油锅捞钱这种极其残酷的方式，它究竟是民众竞相仿效的客观事实还是有意虚构的故事文本？各地是否都曾真正发生过油锅捞钱的争水事件，油锅捞钱对于水资源缺乏地区而言，究竟具有怎样的意义和功能？②在诸多传说流行地，为什么分水最终确定的都是三七比例而非其他，它是一种偶然巧合还是另有深意，如何解释这种现象？

应当说，学界在近年来的研究中，对上述问题已有所关注。如赵世瑜在对晋祠难老泉、介休洪山泉和洪洞霍泉三个泉域个案研究的基础上，指出油锅捞钱与柳氏坐瓮、天神送水等传说故事一样，是处于不同地位的村庄、宗族势力获取水资源控制权的一种手段，但他并未就油锅捞钱的真假、传说普遍流行的原因等问题做出进一步解释；对于三七分水比例问题，他分析说这是由地势高低、水流缓急、土地多寡、泉源所在地对水权的控制等多方面因素共同作用的结果，其中不排除官府分水的技术性因素，然此却不能解释三七分水何以跨区域普遍存在的根本原因。不仅如此，在油锅捞钱、三七分水与明清争水的关系问题上，赵文在逻辑上也存在不够严密之处：他一方面强调油锅捞钱、三七分水所具有的权力和象征意义，比如对个别村庄用水霸权的维护；另一方面又断然否定了三七分水与民间水利纠纷之间的必然关联，认为三七分水并非民间水利纠纷不断的根源，水资源的公共物品特性及其随之而来的产权界定困难才是问题的关键所在。[①]循着这种逻辑，我们进一步推理时发现：三七分水所解决的其实恰恰是水使用权的问题。在这里，水使用权比水所有权更具实际意义，因为水所有权从来都是国家的，根本无须界定。在用水过程中，正是因为水使

① 参见赵世瑜:《分水之争:公共资源与乡土社会的权力和象征——以明清山西汾水流域的若干案例为中心》,《中国社会科学》2005年第2期。

用权的模糊不清，人们才要通过特定的方式来解决，“油锅捞钱”即为其中一种。既然三七分水明确了水使用权的归属，就不应当存在水资源的产权界定困难这一问题了，但是我们发现，三七分水的分水方案似乎一直困扰着明清以来的山西社会，尽管很多水案最终都是通过“率由旧章”方式恢复了往日“三七分水”秩序而得到平息，却显然不是彻底的解决办法，很多地方人们仍在不断要求改变这种分水格局。[①]在此，我们不禁要问，三七分水与明清水争不断的现象之间到底何者为因、何者为果？问题有待回答。

美国学者沈艾娣（Henrietta Harrison）对晋水水利系统的研究中，则从道德价值的角度，指出油锅捞钱所体现的暴力手段，是民间社会争取水资源控制权的重要手段，它不同于官方出于维护儒家伦理道德而主张的公共资源必须公平分配的立场。油锅捞钱与乡村用水过程中其他使用武力的事件一样，构成了一套不同于儒家正统道德伦理的价值体系。在晋水流域，这两套道德价值体系长期并存。[②]沈艾娣的这一见解，显示了研究者对油锅捞钱现象蕴含的中国民众传统道德观念的一种肯定，对本研究极具启发性。

行龙对晋水流域多层次水神祭祀活动的研究中，也颇关注油锅捞钱、三七分水的问题。他指出：根据油锅捞钱故事塑造出来的张郎塔，显示了个别村庄利用传统文化资源获取水权的心理，与晋水流域其他水神信仰如圣母娘娘、水母娘娘、台骀、黑龙王神等共同构成了地方社会的神祇空间秩序，与现实社会不同用水群体对水权的支配与分割秩序相对应。不过，他更为强调从多层次水神祭祀活动的角度讨论国家与社会复杂的互动关系。[③]

---

① 参见张俊峰：《率由旧章：前近代汾河流域若干泉域水权争端中的行事原则》，《史林》2008年第2期。

② 参见[美]沈艾娣(Henrietta Harrison)：《道德、权力与晋水水利系统》，《历史人类学学刊》2003年第1卷第1期。

③ 参见行龙：《晋水流域36村水利祭祀系统个案研究》，《史林》2005年第4期。

张小军对介休洪山泉历史水权的个案研究更具理论启发。他从当前经济学界和社会学界热烈讨论的产权问题入手，依据布迪厄的资本理论体系，从实质论的角度出发，指出产权不仅仅是资本主义时代的产物，相反在前资本主义时代就早已存在，不过它是以复合产权的形式出现的。经济学者所讨论的经济产权只是产权的一种形式而已，与之并行的还有文化产权、社会产权、政治产权和象征产权。他将历史上的油锅捞钱故事视为水权的文化资本权属，认为三七分水是一种文化安排，油锅捞钱、三七分水的故事表达了传统时代水权分配的诸多产权原则：如非个人的集体性，天然公平的伦理，以及竞争的分配，等等。①这一从文化人类学角度建构出来的理论体系，为解释水利社会中的诸文化现象提供了新思路，在此基础上，笔者欲通过丰富的史料和实证研究对其加以补充和验证。

概而言之，上述成果基本反映了目前学界对本节关注问题的最新进展，尽管其对于了解油锅捞钱、三七分水的基本面目、功能和意义等颇有助益，却并未有效解决笔者在开头所提出的两点疑问，这就存在深入研究的可能。为此，本节将在借鉴以往成果的基础上，选择山西省汾河流域典型区域及个案作为研究对象，对油锅捞钱、三七分水的发生和普遍流传的机制加以探讨，借此加深对山西水利社会历史变迁的理解和解释。

（一）“好汉精神”：油锅捞钱的思想根源

对于油锅捞钱，赵世瑜根据故事主题称其为分水故事，并在前引文中分别对山西省汾河流域三个引泉灌区流行的故事一一做了介绍和分析。这些故事其实都在颂扬争水英雄舍身为民的义举，反映了民间对好汉精神的崇尚。赵世瑜进一步指出油锅捞钱的故事是为了显示民间用水的合法性与权威性。但是他对于民间社会何以选择油锅捞钱的

---

① 参见张小军：《复合产权：一个实质论和资本体系的视角——山西介休洪山泉的历史水权个案研究》，《社会学研究》2007年第4期。

分水方式、是否真实存在的问题却未深加追究，而是将问题引入到对水资源产权问题的争论中去。这就使民间社会处理地方公共事务的一个重要环节被忽略。

实际上，中国民间社会历来就有崇尚好汉精神的传统，这种传统乃是广大民众道德伦理与价值观念的直接表现，它来源于日常生活中的耳濡目染与宣传教化。在传统时代，民众接受思想教化很少来自学堂，因为多数人并没有受教育的机会。[①]因此，他们接受道德伦理和价值观念的途径，主要来自社会生活本身，其中，戏曲、说书、秧歌以及乡村公共场合茶余饭后的闲谈、舆论等可以说最为常见。在看戏、听书、闲谈、倾听的过程中，人们形成了自己的道德伦理观念和价值评判标准。以笔者比较熟悉的晋东南地区为例，自古以来各地就有逢庙会、集市唱戏的传统，除非战争、政治和其他不可抗拒因素，从未间断。该地区民众多喜好上党梆子和豫剧两种艺术形式，戏曲内容多以传统老戏为主。这些曲目多宣扬忠孝、善恶、礼义、伦常、义举等，如《铡美案》“杀庙”一场中不愿助纣为虐加害于秦香莲母子，被迫杀身成仁的义士韩琪；《杨家将》中杨家七郎八虎战幽州，舍生忘死的忠勇精神……这些舞台上的表演无不在潜移默化地向民众灌输着一种人生应当遵守的道德、伦理和价值观念。戏曲如此，其他艺术形式亦然。在本节讨论的汾河流域，也一直流传有类似的英雄故事。如位于晋水流域智伯渠上的赤桥村，就有“豫让刺赵”的典故：

> 春秋末期，晋卿智伯瑶为夺取赵家封地，决晋水以灌晋阳，兵败被诛。家臣豫让为报仇谋刺未成，又漆身毁容，吞炭变哑，趁赵襄子游晋祠之际，怀利刃伏于祠北里许桥下，赵至马惊，仍未刺成。赵执豫让欲杀，豫让写道：“忠臣不忧身之死，明主不掩人之善，愿请君之衣而击之，则虽死无怨矣！”赵怜其义，脱下锦袍，豫让击袍

①直至今日，在山西很多农村地区，年龄在60以上的人群中，多数依然只有高小、最高是初中文化水平，农民们平常很少看书。

三剑而自尽。后人以豫让血流桥下,因名赤桥,亦称豫让桥,桥侧立有碑记,建有祠宇,祠内奉晋哀公、智伯瑶及豫让坐像。[1]

与此相得益彰的是，位于汾河下游的翼城滦池泉域不仅流传有关于忠义、无畏之士的典故，而且建有纪念他们的祠宇，得到民众世代祭祀。直至新中国成立之初，滦池泉域仍流行着以“殡葬”形式祭祀乔泽神的习俗，这一习俗与滦池历史上的一位英雄好汉有关。据《史记·晋世家》记载，春秋时期翼城曾为晋国都。周平王二十六年（公元前745），晋国新任国君晋昭侯封其叔父成师于曲沃，史称曲沃桓叔，由靖侯之庶孙、桓叔的叔祖栾宾辅佐，而栾宾的出生地即在滦池附近，滦池水利碑中“翼邑东南翔山之下，古有东西两池，晋栾将军讳宾，生其傍，故以为姓”[2]的记载，即言此。后晋国长期陷于内乱，至晋哀侯时，曲沃桓叔之孙武公伐晋，双方战于汾水河畔，哀侯被擒死难，晋大夫栾共叔成（即栾成）亦殉难。因栾成之父栾宾曾是武公祖父桓叔的师傅，所以曲沃武公有心劝降栾成，但栾成拒绝，苦战力竭而亡。晋小子侯继位后，为表彰栾成的忠勇，“遂以栾为祭田，令南梁、崔庄、涧峡立庙祀焉”[3]。可见，滦池庙最初乃是祭祀晋将军栾成的祠宇。至北宋大观四年（1110），“县宰王君迩曾会合邑人愿，集神前后回应之实以闻朝廷。至五年，赐号曰乔泽庙”[4]。由是栾将军祠始改称乔泽庙，并长期沿用下来。因三月初八为栾成忌日，故每年滦池十二村要在此时以殡葬形式祭祀他。[5]

---

① 张俊峰:《泉域社会:对明清山西环境史的一种解读》,商务印书馆,2018年,第261页。

② 清乾隆五十六年(1791)《滦池水利古规碑记》,碑存翼城县南梁村滦池碑亭。

③ 清乾隆五十六年(1791)《滦池水利古规碑记》,碑存翼城县南梁村滦池碑亭。

④ 金大定十八年(1178)《重定翔皋泉水记》,碑存翼城县武池村乔泽庙。

⑤ 民国《翼城县志》亦有解释说:“曰栾者,疑当时以死难,赐栾共子,因人名地,去晋为栾,故曰栾池。因栾宾及其子栾成生其旁,故以为姓。又栾共叔死哀侯之难,小子侯嘉其忠,赐以为祭田,故易为栾,后人渐讹写为滦耳。”此外民间也有传说称三月初八栾成下葬之日,挖坟出水,形成滦池泉,故而以殡葬形式来祭祀他,此说在滦池泉域流传甚广,姑且记录备考。

这些发生在区域社会中的历史典故，无形之中已经将忠勇、好义的精神深深根植于民间，伴随着世代流传的民间祭祀活动和祖祖辈辈的口耳相传，广泛流布民间，构成了民众精神世界的一个重要组成部分，塑造了民众的伦理道德和价值观念。当地方社会发生紧急事件时，这些深藏于民众思想中的伦理道德和价值观念，便会直接转化为实际行动，得到充分的释放和张扬。这样的事例在山西乡村社会水利争端中更是屡见不鲜。

如清道光二十二年（1842），洪洞县洪安涧河沃阳渠发生的一起争水事件中，有古县、董寺、李堡三村，因干旱异常，遂偷挖新渠，盗取范村泉水浇三村地。范村掌例范兴隆等率本村渠甲前往三村理论，“谁料伊等恃强，遂约数百余人与吾村相为斗殴”，争斗中范村人误伤古县村人命，知县断令由范村掌例范兴隆抵命。对此事，《范村渠册》中有记载说：“但范兴隆既为村人承案，是以公共之事，而不惜一己之命，真可谓义气人也！吾村聚众遂议：范兴隆以为永远掌例，传于后辈，不许改移。伊之地亩，有水先浇，不许兴夫，以为赏水之地，永远为例。且于每年逢祭祀之时，请伊后人拈香，肆筵设席，请来必让至首座，值年掌例傍坐相陪，以谢昔日范某承案定罪之功。”[①]在官府眼中致死人命的凶手，在老百姓心目中却因具有为公众的集体利益牺牲个人生命的品质和勇气，赢得范村民众的尊敬和颂扬，成为他们心目中的英雄好汉。可以说，范兴隆的行为，最能反映民众的伦理道德和价值观念。

与此类似，清乾隆二十七年（1762）解州盐池所立“好汉碑”也反映了民间社会的这种价值取向。此碑是为纪念解州底张村村民任曰用、曹文山带领群众抗洪救灾而立。此碑现已剥泐不清，难以辨认。但英雄好汉的事迹仍流传至今。据考，清乾隆二十二年（1757）七八月间秋雨大作，洪水泛滥，解州一带农田皆淹，农民要求州官破堤泄洪，州官不允，农夫任曰用、曹文山等带领群众破七郎、卓刀等堰，

① 孙奂仑等纂修:《洪洞县水利志补》1917年版,台湾成文出版社,1968年,第287页。

使洪水直泻盐池。这一举动虽然解了群众燃眉之急，却冲毁解州盐池西禁墙五十余丈，淹没黑河，使盐花不能再生，损失极大。由是官府处决了二人。尽管如此，群众却对二人的义举感激不尽，遂立好汉碑以示纪念。[①]

《襄汾文史资料——水利专辑》第十一辑中记述的一起争水事件也颇具代表性。相传清代中叶，位于襄汾豁都峪引洪灌区的侯村和贾朱村因用水发生纠纷，导致恶斗。侯村人把贾朱村一个叫关老三的人用铁叉穿透抬回村中架柴烧死，又将骨灰撒在天池里。侯村吴严寺的和尚慈悲为怀，不忍坐观惨状，脱口说道："有了尸首好见官，没有尸首怎么办?"侯村渠长刘继先听了，大怒道："好汉做事好汉担，哪用秃驴来多言！把秃驴拉下送进鬼门关!"吓得众僧逃之夭夭，一去不返。渠长本人也畏罪潜逃，并用油煎面孔，令人不能相认。官府绘像通缉，到头来还是投案自首。[②]侯村与贾朱村的这起争水命案，因侯村渠长勇于承担责任，因而为民众所称颂并流传下来。

由此观之，英雄好汉精神可谓深深蕴含于民间社会传统文化的沃土之中，代代相沿。中国民间社会历来就存在这种不怕死、为集体利益而牺牲个体利益的精神。如果我们站在这个角度来看待油锅捞钱这一争水英雄们的壮举，便会有一种更深层次的认识和理解。

但是，以往研究者对于油锅捞钱故事的真实性多避而不谈，或只是认为油锅捞钱故事的广泛流播只不过反映了现实社会中激烈的争水斗争，不可能真正发生。清末民初太原晋祠名士刘大鹏在谈到晋祠张郎塔时，曾议论说："俗传塘中分水塔底，葬甃塘时争水人骸骨。谓当日分水，南北相争，设鼎镬于塘边，以赴入者为胜。北河人赴之，遂分十之七，葬塔底以旌其功。说涉荒唐，不可信也。然迄今北河都渠长、花塔村张姓，每岁清明节在塘东祭奠，言是祀其当年争水之先

① 参见张学会主编:《河东水利石刻》,山西人民出版社,2004年,第53页。

② 张随意:《豁都峪轶闻》,政协襄汾县文史资料委员会:《襄汾文史资料——水利专辑》第十一辑,内部印刷资料,2002年,第306页。

人。询之父老，众口一词，不知其所以然，亦惟以讹传讹而已。”[①]可见，刘大鹏对油锅捞钱的故事持断然否定的态度。相比之下，赵世瑜则强调争水故事背后的权力和象征意义，认为油锅捞钱反映了明清以来现实社会激烈的争水斗争和某些利益集团的用水特权或霸权；至于油锅捞钱是否确有其事，则同样持怀疑态度。与此不同，沈艾娣的研究认为：“这个故事和其中提及的习俗清楚揭示，水利系统的设立，源于村庄间的械斗。这个故事后来另一个修订的版本，讲述一位官员设立了一口油锅，他预料没有人有足够的勇气去趟油锅，借此达到自己控制这条河的目的。与此同时，每年花塔村的村民都要利用清明的祭祀，颂扬他们祖先运用武力捍卫他们水源供应的自发行动，又常常追溯到铜钱和滚油的故事，以称赞个人在肉体考验中表现出的勇气和为本村作出的牺牲，以及他们对官方干涉这一水利系统的运作所作出的抗争。”[②]沈艾娣虽同样是从故事文本出发解读油锅捞钱所反映的现实社会，但她认为三七分水与村庄间的械斗有关，似乎倾向于认可油锅捞钱在晋水流域发生的可能性。

至此我们不难看出，油锅捞钱究竟是确有其事还是子虚乌有或许才是问题的关键所在。它不仅是研究者和地域社会各阶层民众长期争论的焦点和疑点，而且关系到如何正确理解和诠释区域社会的历史变迁。如果我们能够站在民间社会伦理道德和价值观念的角度来审视这一问题，就不会简单地将其视为一种充斥着野蛮、暴力和荒诞不经的行为，而会将其理解为古代中国民间社会解决水争端的一种重要方式，它反映了中国民众对英雄、好汉精神的尊崇，由它决定的分水方案，在地方社会才是最具权威性、最令人信服的，在实践中它也是一种能够迅速有效解决纷争的最佳方案。为此，我们将结合山西各个油锅捞钱传说流行地域的分水历史来进一步加以分析和验证。

---

① 刘大鹏：《晋祠志》，吕文幸、慕湘点校，山西人民出版社，2003年，第97页。

② [美]沈艾娣(Henrietta Harrison)：《道德、权力与晋水水利系统》，《历史人类学学刊》2003年第1卷第1期。

(二)三七分水:油锅捞钱的“必然”结果

根据现有文献资料和学者的研究，在汾河流域众多油锅捞钱故事流行的区域中，三七分水的制度大多形成于唐宋时期。如太原晋水流域，有北宋嘉祐五年（1060）太原知县陈知白三七分水的记载；介休洪山泉有北宋文彦博主持的东、中、西三河分水；洪洞霍泉的分水记载则最早见于唐贞元十六年（800）。在此，我们权且不论这些区域究竟是依据何种原则来进行分水的，单从这些分水记载便能明白，其实早在唐宋时期，三七分水的分水制度就已在山西各大泉域出现了。因此，油锅捞钱作为一种平息水利纷争的手段，倘若真正发生过的话，其发生年代应该在唐宋时期甚至更早，而不应该在唐宋以后。这是因为，在三七分水方案已经早已确定了的情况下，唐宋以后再采取这种方式来分水显然是没有任何意义的。

接下来再来讨论三七分水方案究竟是如何出台的。赵世瑜研究认为，在汾河流域的这三个个案中，其分水之事都发生在唐宋时期政府在全国大兴水利工程的背景下，水利工程的兴修至少把如何处理公共资源的问题明确地摆在了大家面前，特别是水利工程兴修之后，还涉及赋役的征派，这个分水原则就必须确定。无论百姓还是官府，从结果看，分水的根据既有地势的因素，也有灌溉面积的因素，更有源泉所在地的控制权因素，经过较长的时间，诸多因素造成了一个民间的认同，最后得到官府的许可和认定而成为官民共谋的准则，一个相对的公平就这样产生出来。[①]这一解释尽管很合理，却未必是历史真实情形的反映，充其量只是一种可能性推测。

关于三七分水，历来就是山西各大泉域社会最有争议的问题。比如刘大鹏就坚持认为晋祠虽然是三七分水，但三分水与七分水的水量大致相当，表面上的三七分水实质上是对半分水。赵世瑜据此比较了

① 参见赵世瑜:《分水之争:公共资源与乡土社会的权力和象征——以明清山西汾水流域的若干案例为中心》,《中国社会科学》2005年第2期。

清代晋水南河与北河各自的灌溉土地面积，发现北河灌溉170多顷，南河灌溉140多顷，断定基本上是按土地多少平均分配水额的。但这仅仅反映的是清代的情形，他并未注意晋水历史上灌溉土地数字不断变化的情况。据北魏郦道元《水经注》称晋水“有难老、善利二泉，大旱不涸，隆冬不冻，灌田百余顷”。隋开皇六年（586），“引晋水溉稻田，周围四十一里”。唐代又有新发展。唐贞观十三年（639），长史李架汾引晋水入晋阳东城，一方面解决了东城因土地盐碱化所致“井苦不可饮”的问题，同时通过冲洗盐碱农田，使灌溉面积扩大至120顷。北宋嘉祐五年（1060），陈知白“知平晋县，分洒晋水，使民得溉田之利”。北宋嘉祐八年（1063），太谷知县公孙良弼在赞扬陈县令的这一功绩时说：“其溉田以稻数记之，得二百二十一夫余七十亩，合前为三百三十四夫五十九亩三分有奇。……于是晋水之利无复有遗，倍加于昔矣！”[①]由此可见，晋水自北魏时期出现的1万余亩的灌溉数字，历经隋唐两代，至北宋陈知白分水时已扩展至33459.3亩。此后，北宋熙宁八年（1075），“太原人史守一修晋祠水利，溉田六百有余顷”，晋水灌溉面积又成倍增加。面对这一系列不断增长的土地数字，仅仅用清人的议论和土地数据进行“由今推古”式的推断，难以令人信服。晋祠最初的三七分水方案究竟依据的是什么标准，已有的研究中并未搞清楚。

介休洪山泉的三七分水主要是指中、西二河的矛盾。关于分水的依据，赵世瑜同样援引了后世人的做法来进行推断。明万历二十六年（1598）介休大旱，“西河之民聚讼盈庭，知县史记事询，分水之初有石夹口、木闸板，三分归中河，七分归西河。今木朽石埋，三七莫辨，但地数既有多寡，应照地定水。中河地近四十顷，水四分，西河地近六十顷，水六分。乃筑石夹口，铸铁水平，上盖砖窑，下立石栏，一孔四尺归中河，一孔六尺归西河，门锁付水老人掌之，无故擅

① (宋)公乘良弼:《重广水利记》,《晋祠水利志》编委会编:《晋祠水利志·碑记》,山西古籍出版社,2003年,第123页。

启者以盗论"[①]。在此，史记事将分水之初的三七分水改为四六分水，其依据是"照地定水"，但是宋代文彦博给中、西二河三七分水时是否也依据的是这一原则，则同样缺乏有力的佐证。

对洪洞霍泉的研究中也存在类似的问题。赵世瑜在讨论洪洞分水问题时，所使用是清雍正三年（1725）的土地数字，时北霍渠24村385顷，南霍渠13村69顷，在进行比对后他发现南霍渠灌溉土地数不及北渠的18%，与三七分水有差别，于是认为洪洞与晋祠一样，三七分水实质都是水量相当，这种判断有失妥当。笔者在比对了明清不同版本的《洪洞县志》《赵城县志》及《水神庙祭典文碣》《南霍渠册》等资料的基础上，发现唐贞元时期分水时，南霍渠可灌溉13村215顷土地，[②]北霍渠可灌溉46村592顷土地，[③]两渠可灌溉土地大致接近三七开。因此，如果以土地多寡作为依据来解释三七分水的话，洪洞的三七分水与介休应是相同的，都是照地定水，并非刘大鹏所言"三七水量相当"的情形。至于说宋代晋祠分水时，是否也是照地定水，将水量按照三七比例分开，就不得而知了。假设晋祠也同样是依据"照地定水"的标准来分配水量的话，这虽然能够对上述三个区域的分水现象做出一个非常明确的解释，却又要面临一个更大的困惑：为什么在三个区域以外的其他地区也一律实行三七分水，难道当初各地在分水的时候，不同区域的土地全都无一例外符合三七比例这一标准吗？这在实践中显然不太可能。

因此，在笔者看来，以地亩多寡、地势高低、水流缓急以及人为垄断水源等因素来解释三七分水问题，从表面上看固然是一种合乎逻辑的解释方案，尤其在解释单个区域分水问题时，显得很有说服力。但是当以同样的方法去解释其他区域的分水问题时，却会出现相互抵牾

① 清嘉庆《介休县志》卷二《水利》，第11页。

② 参见孙奂仑等纂修：《洪洞县水利志补》1917年版，台湾成文出版社，1968年，第87—109页。

③ 明万历四十八年（1620）《水神庙祭典文碣》，碑存洪洞县广胜寺霍泉水神庙。

的情况，比如在洪洞和晋祠，三七分水常被解释为三分与七分的水量相当，在介休却被解释为三七水量不同。虽然同样是“照地定水”，含义却大为不同。这就提醒我们，从上述角度解释三七分水现象是有问题的，它忽视了油锅捞钱这一“所谓”的传说故事在唐宋时期发生的可能性，也忽视了油锅捞钱在传统社会所具有的道德伦理与价值观念这一思想基础，更忽视了油锅捞钱与中国传统文化之间的内在关联性。倘若将三七分水仅视为官府照地定水的结果，就等于割裂了分水事件与传统社会之间的相互关联性，致使很多民俗文化现象变得令人费解。

进一步而言，三七分水极有可能是在一系列激烈的争水斗争后，由官方和民间各方力量共同商量、妥协，并最终为各方接受的一个解决问题的方案，油锅捞钱则是实现这一方案的重要手段。尽管我们现在看到的各种资料中，多以称颂各地官员主持分水、平息争端为主，鲜有此方面的文献记载。但是，广泛流传于民间的油锅捞钱传说和相关的水利习俗，却可以作为油锅捞钱真实发生过的间接证据。在本节开头我们就提到，至今山西省汾河流域的众多区域，仍流传着有关的争水遗迹和习俗，如晋祠的张郎塔与分水石孔、洪洞的好汉庙与分水铁栅、介休的五人墓。此外，襄汾的红爷庙、圣旨碑和河津三峪的好汉坟也均与此有关。

据襄汾县尉村石碑记载，该村自唐代始引三官峪洪水灌田，现存该村北门外的红爷庙，据说就是为纪念争水英雄而建。据说很早以前，为修渠浇地，尉村和盘道两村时常争水打架，官府调解不下，就用炭火把水缸烧得通红，要人们往里边钻，哪个村的人先钻进去，哪个村就可用水浇地。尉村有个老汉，无儿无女，家境不佳，但性情刚烈，从不服人，为了给尉村人争水，他奋不顾身，一头钻进了火缸。村里人为了纪念他，便在北门外盖了这座庙，内塑老汉遗像，慈眉善目，周身通红，被称作红爷。从此，尉村每年农历的六月初六要唱一台戏，说是祭渠，实际是祭祀龙王和红爷，以保佑尉村多多浇地。[①]

这一传说与笔者在介休洪山泉域调查中了解到的争水英雄“钻火瓮”的故事很相似，它虽未涉及分水，却同样与争夺用水权有关，说明在民众观念中对这种手段的认同。此外，从当地人处采集到的水利史料中，我们又发现，红爷庙的故事反映的只是尉村上渠与盘道村的争端。资料显示：尉村渠分上下二渠，上渠很窄，仅能浇地一千多亩，所以只能拦小水，不能拦大水，一遇大水渠口就被冲开。大水下来又存在尉村下渠与盘道渠的分水问题，如何分，这次是用油锅捞钱的办法解决，“一口滚烫的油锅内放铜钱10枚，双方各出一代表捞钱，根据捞钱多少确定渠口的大小。结果尉村捞了7枚，盘道捞了3枚，故定为三七开成”[②]。

同处襄汾的豁都峪引洪灌区，也一样流传着油锅捞钱、三七分水的说法。据张随意《豁都峪轶闻》记载，豁都峪引洪灌溉始于金皇统四年（1144），在涧水出峪口半里许，有侯村汧与贾村汧并峙，按七成、三成分水。为避免争论，金代在狼尾山山脚石刻圣谕，俗称圣旨碑，双方遵守古规。据说侯村与贾村曾因用水发生血战和命案。后经官方裁决，像洪洞广胜寺那样，在峪口架起油锅，在沸油中摸钱而定为侯、贾七三开成分水。[③]与之类似，笔者在晋西南吕梁山区南麓的稷山县黄华峪、马壁峪，河津县遮马峪、瓜峪和神峪这些具有古老引洪灌溉历史的区域调查中，也常常听到“油锅捞钱、三七分水”的说法。

不仅如此，各地现存的各种水利习俗中，也无不透露着昔日“油锅捞钱”的信息。比如在介休洪山泉域48村，每年三月初三祭祀源神时，各村都要准备整猪、整羊前往源神庙，唯独张良村要另携带草

---

① 参见张秋景:《三官峪洪灌区实录》,政协襄汾县文史资料委员会:《襄汾文史资料——水利专辑》第十一辑,内部印刷资料,2002年,第42页。

② 张秋景:《三官峪洪灌区实录》,政协襄汾县文史资料委员会:《襄汾文史资料——水利专辑》第十一辑,内部印刷资料,2002年,第42页。

③ 参见张随意:《豁都峪轶闻》,政协襄汾县文史资料委员会:《襄汾文史资料——水利专辑》第十一辑,内部印刷资料,2002年,第306页。

鸡一只。据说先前张良村和洪山村争水，争执不休，无奈之下定下“钻火瓮”的办法，哪个村人敢冒死钻火瓮，就让哪个村人使水。张良村人示弱，没人敢去，表示以后不再争水，愿意听从上游村庄的安排来用水。该村的软弱行为不但使其失去了水权，而且为周围村庄所嘲笑。据位于中河的三佳村人乔开勋先生说：“张良村人祖祖辈辈都不愿提此事，倍感羞辱。有一年，张良村人去洪山源神庙时将草鸡换成了公鸡，洪山村人不干，非叫张良村人拿草鸡不可。”与此类似，位于翼城滦池泉域下游的梁壁村也因村人软弱，不敢去油锅里捞钱，而失去了用水权，当地流传的民谚称“梁壁村，无别计，丢了水权缠簸箕”，“水打门前过，鸡鸭不得喝”。这类习俗、民谚均反映了跳油锅、钻火瓮事件给当地社会水权分配造成的影响和后果。此外，晋祠北河花塔村张姓奉为祖先的分水塔底争水英雄张郎、赵城道觉村的争水英雄郭雷达、河津固镇村的光姓好汉，都是在各地有名有姓且为灌区内其他村庄所承认和熟知的争水人物。这更令我们对油锅捞钱的事实笃信无疑。

其次，如果与中国的传统文化相结合，我们还会发现，“三七比例”更可能是中国传统社会解决各类社会经济问题时的一个惯用的比例，类似于数学中“黄金分割线”这样的性质。这是因为，三七分水并不仅仅是山西水利社会史中独有的现象。著名的都江堰水利工程，“深淘滩，低作堰”，“遇湾截角，逢正抽心”，“三七分水、二八分沙”等治水经验，是古老先人智慧的结晶；位于桂林北部的兴安灵渠，与都江堰齐名，同样开凿于秦代，它将湘江水三七分流，三分水向南流入漓江，七分水向北汇入湘江，沟通了长江、珠江两大水系，成为秦以来中原与岭南的交通枢纽。这两处古代著名的水利工程，均包含了“三七分水”的思想，反映了我国自古以来就有的一套治水哲学。尽管至今人们对于其中的奥妙仍无法做出科学的解释，然而并不妨碍我们对三七分水问题的讨论。笔者甚至觉得，山西水利社会史中的三七分水现象，似乎可以视为对自古以来类似于李冰、史禄这样的治水专家所积累的成功治水经验和知识的一个继承和利用，尽管时人未必清楚其中所包含的科学原理。田野调查中笔者发现，在洪洞广胜寺泉域，至今仍有将水神庙内的大郎神称作李冰的说法，该神像着秦汉服饰，与都江堰水神庙水神塑像颇为相似。

结合前述诸般事例，我们还可将三七分水理解为乡村社会中一种有效的激励举措。尽管说三七分水具有一定的现实依据，却不会轻而易举地得到实施。在纷纷扰扰的各方争水者面前，究竟三七应该怎样归属，在没有先例可循的情况下，绝非官方一纸判决可以轻易决定和顺利施行的。在此情况下，通过油锅捞钱的方式决定三七归属，就成为一种最公道、最令人信服的方式。正是在这一点上官府和民间社会最终达成了共识。尽管从表面来看，油锅捞钱似乎有残忍、暴力倾向，但是比起不同利害群体时时因水哄抢械斗，造成社会秩序混乱和人员伤亡而言，跳油锅捞铜钱，损害的只是一个人的身体或生命，它能够以牺牲一人之利换来持久的和平和利益。这恰恰与中国民众思想世界中的道德伦理和价值观念相吻合。在此，经过油锅捞钱决定的三七分水，就会被视为一种天经地义的结果，具有毋庸置疑的权威性。在无休止的争斗中，这个分水方案的出台，使得胜负立分，纠纷立解，对争水各方来说也是认赌服输。对于油锅捞钱分水的行为，张小军也认为这种水权分配形式借用了一种民间契约的形式，这种民间契约不是形成法律条文，而是用某种集体认同的通常是自然天定的说法来确定。[①]他的这一分析颇为中肯，正因为油锅捞钱能够得到民间社会的集体认同，由此决定的分水结果自然能够在地方社会顺利施行，得到遵守。至于油锅捞钱分水现象在山西各地的普遍存在，则可以理解为各地官员和民间社会对分水经验的分享和推广。[②]

---

① 参见张小军:《复合产权:一个实质论和资本体系的视角——山西介休洪山泉的历史水权个案研究》,《社会学研究》2007年第4期。

② 不可否认的是,并非所有油锅捞钱故事流传的地方,均真实地发生过油锅捞钱、三七分水的事件,在一些地方则可能存在杜撰的成分。对此,我们将在后文做进一步的辨别。

总体而言，三七分水可谓山西区域水利史上具有重要意义的转折性事件，影响到区域社会长期以来的发展变迁。油锅捞钱决定的分水结果，起初可能并未考虑争水各方拥有的可灌溉土地数量。后世一些区域，争水各方的土地比例与三七分成相符，可以理解为是三七分水的结果，而非导致三七分水的原因。这是因为，各地区自唐宋不同时期完成分水后，受益土地数量一直在不断发生变化。如果单纯以土地多寡作为分水依据，那么三七分水极可能只是在某一时期与土地比例相符，随着土地数字的增减变化，三七分水在某一时期又不符合新的土地比例了。如果这样的话，势必要改变三七分水的配水局面，导致水利秩序的不断变化。但是，从山西水利史的实践来看，三七分水不论在当时还是在后世，一直被地方社会长期遵行，从未更改。这与按照土地多寡来配置水资源的所谓“公平”用水方案就形成了鲜明的对比，这恰恰表明油锅捞钱分水的方案才是地方社会用水实践中真正起作用的东西，以土地多寡来分水只是明清时期某些地方官员，如介休的史记事，改革地方水利秩序的一种努力，并不具有普遍意义。

(三)倒果为因:三七分水与明清争水问题

油锅捞钱、三七分水可以说结束了汾河流域各灌区早期无水利规制可循的历史，因而成为区域社会发展中具有转折意义的重大事件。我们从唐宋以后汾河流域各区域水利灌溉规模不断扩大这一事实基本可以断定：水在唐宋时期的汾河流域，远未达到后世——主要是明清以来——那种相对不足的紧张程度。在水资源相对富裕的条件下，当时主要是针对水资源的权属关系进行了公开的确认，明确划分了不同用水者的权利边界。

在明确了水资源的权属关系后，地方社会还要通过各种技术手段来加以维护。这就是我们现在能够看到的各种保证三七分水的水利遗迹。比如在洪洞的霍泉，最初是通过设立分水石、限水石来保证三七分水，后来又变成分水的木隔子，再后来是在分水处先做水平，然后置分水铁栅栏，种种措施都是为了保证三七分水的精确无误。现存霍泉水神庙的金天眷二年（1139）《都总管镇国定两县水碑》就有这样一段记载称：

> 其洪洞县见今水数不及三分，寻将两县见流水相并等量，得共深一尺九寸。依古旧碑文内各得水分数比附内，赵城县合得一尺，洪洞县合得九寸。若便依此分定，缘洪洞县陡门外地势低下水流缓急，减一寸只合得水深八寸。赵城县水只与深一尺，又缘陡门外地势高仰水流澄漫，以此更添深一寸，共合得一尺一寸。遂将两渠水堰塞，令别渠散流，两陡门内阔狭依古旧。将两渠陡门中用水斗量定，于洪洞县限口西壁向北，直添立石头阔二尺，拦水入南霍渠内，以此立定。赵城县合得水七分，洪洞县水三分。

通过精确的丈量与计算，并综合考虑了地势高低的因素，洪洞与赵城三七分水的比例得到了准确界定。这种慎重的态度，应当说正是对油锅捞钱确定的分水秩序的一种坚决维护。只有在技术上、制度上确保三七分水，才能有一个稳定的用水环境。赵世瑜在分析明清时期汾河流域的争水事件时曾经提出过："三七分水的比例不像是个引起冲突的问题，至于它是否为冲突之后的平衡结果，目前并无材料说明。"[①]通过以上分析，我们知道三七分水正是作为冲突之后的平衡结果而存在的。然而这只是唐宋时期三七分水制度确立初期的状况，明清时期，三七分水却倒果为因，渐渐成为诱发冲突的制度根源。

与唐宋时期相比，汾河流域诸水利区域，在明清时期出现了两大趋势。一是各区域来水量出现日益减少的趋向，与气候的干旱成正相关。如翼城的滦池泉，自明弘治十八年（1505）起至1938年止，共发生五次停涌，陷于完全干涸境地，其中四次因大旱引起。泉水干涸

① 赵世瑜：《分水之争：公共资源与乡土社会的权力和象征——以明清山水汾水流域的若干案例为中心》，《中国社会科学》2005年第2期。

时间最短者一年，最长达十年，“池水涌涸不常”引起的水量减少导致人心惶惶，舆论骚然；介休洪山泉则出现三次断流。其中，清康熙五十九年（1720）连续四年大旱，泉水断流数年，二十年后始恢复原状。另据太原刘大鹏《晋祠志》记载，晋泉也出现过三次水量减少的现象：清顺治七年（1650）善利枯竭，连续十年；清雍正元年（1723）鱼昭泉“衰则停而不动，水浅不能自流，水田成旱”；1928—1929年，鱼昭泉曾结冰。水量的减少势必使泉域一些享有水权的村庄或个人利益受损，出现“纳水粮种旱地”的不经济状况。

二是人口、土地增加导致水资源需求量日益增加的趋势。如晋祠泉域，明代晋藩王府势力介入后，将大量民地划作官地，并开始独立用水，与晋水北河村庄实行“军三民三”的分水制度，该制度强调王府用水在先，民间用水在后。明弘治年间，北河渠长张弘秀自作主张，将民间三日夜水献给晋王府，于是“军三民三”之制遂变成军队三日六夜，而民间只有三日昼水之例，北河下游村庄的水权大受影响，因水不足用，屡屡兴讼。不仅如此，王府和军队在泉域新开垦出来的屯地也加入了用水序列，与民分水。据明嘉靖《太原县志》记载：“晋府屯四处：东庄屯、马圈屯、小站屯、马兰屯；宁化府屯二处：古城屯、河下屯；太原三卫屯三处：张花营、圪塔营、化长堡营。”[①]明代晋水流域还有“九营十八寨”之说，单单军队人口就有大约2万之众。尽管明代大兴军屯，由军队自行解决粮食供给，却无法避免对地方资源的竞争和长期攫夺。

其他区域亦有类似情形发生，如介休洪山泉：“揆之介休水利，初时必量水浇地，而流派周遍，民获均平之惠。迨今岁习既久，奸弊丛生，豪右恃强争夺，奸猾乘机篡改，兼以卖地者存水自使，卖水者存地自种，水旱混淆，渐失旧额。即以万历九年清丈为准，方今七载之间，增出水地壹拾肆顷有奇，水粮三拾捌石零。以此观之，盖以前加增者，殆有甚焉。是源泉今昔非殊，而水地日增月累，适今若不限

① 明嘉靖《太原县志》卷一《屯庄》。

以定额，窃恐人心趋利，纷争无已，且枝派愈多，而源涸难继矣。”[①]

洪洞霍泉：“向来毗连赵境之曹生、马头、南秦诸村，收水较近，灌溉尚易。至下游冯堡等村之地，则往往不易得水，几成旱田者已数百亩矣。闻北霍之地，则年有增加，即南霍距泉左近支渠之水，亦有偷灌滩地者。”[②]

翼城滦池：“昔时水地有数水源充足，人亦不争，自宋至今而明，生齿日繁，各村有旱地开为水地者，几倍于昔时。一遇亢旸便成竭泽，于是奸民豪势搀越次序，争水偷水，无所不至。其间具词上疏，案积如山，至正德四年方勒文立石，仍循旧制，至今未改。”[③]

上述两方面客观因素致使明清时期汾河流域“三七分水”的地区均出现了水紧张的状况，争水事件也日渐频仍。这些争水事件，多以瓦解以“三七分水”为基础的用水秩序为目标，旨在获取更多的使水权。如果说唐宋时期一直被官府和民间所强调的“三七分水”对于平息水争端仍然有效的话，明清时期在水资源本身的紧张和水需求量增加的双重压力下，三七分水秩序已无法解决现实社会越来越普遍的用水困难问题，反而成为引发争端的根源。于是，三七分水秩序便不断面临来自区域社会内部的挑战和威胁。比如清代介休的洪山村，就一直在利用其位于水源地的地理优势，控制源神庙这个象征资源，取得对洪山泉的霸权，公然破坏旧有规章；明清时期，洪洞霍泉的三七分水也处于岌岌可危的状态。明隆庆二年（1568），洪洞人告赵城人破坏逼水石，将渠淘深，以至“水流赵八分有余，洪二分不足”。官府重新立石后，双方仍有争执，于是将南渠之限水石与北渠之逼水石同时去掉。后又因“渠无一定，分水不均”，清雍正初两县民再起争端。地方官无奈，重立两石，但立即被洪洞、赵城两县人分别将限水石和逼水石击碎。平阳知府刘登庸决定用连体铁柱11根，分为10洞，照

① 明万历十六年(1588)《介休县水利条规碑》,碑存介休洪山源神庙。

② 孙奂仑等纂修:《洪洞县水利志补》1917年版,台湾成文版社,1968年,第87页。

③ 清顺治六年(1649)《断明水利碑记》,碑存翼城县武池村乔泽庙。

旧北七南三分水，并加造铁栅，上下控制水的流量，彻底取代容易毁坏磨损的两石，于是争端渐息。但直至民国时期，洪洞、赵城争水仍时有发生。这些历史事实充分说明：尽管在区域社会初期形成的三七分水规则，对各方的用水权作出明确的规定，而且时代变迁和技术进步为三七分水秩序提供了日益严密的法律和技术保障，却再也无法达到长久平息争端的目的。变革水利秩序以满足现实用水需要，已成为明清山西水利社会的一大主题。

同时，在水资源日益紧张的压力下，油锅捞钱也被某些村庄和家族堂而皇之地作为伸张甚至争夺水利“特权”“霸权”的依据，这也在无形之中加剧了地方社会用水不公的局面，导致水利秩序越发混乱。如晋水北河都渠长向来由花塔村张姓一族担任，世代不替。花塔村张姓担任都渠长，凭借的是张氏祖先油锅捞钱的义举和功绩。由争水英雄的后人担任管水的渠长，原本反映了地方社会对争水英雄的崇敬和报恩心理，但是张氏后人却在明弘治年间自作主张，将民间三日夜水献给晋王府，致使民间水不足用，屡起讼端。从表面上看，它虽然无碍于三七分水之制，却得益于油锅捞钱的传统。与此相比，翼城滦池北常村则通过编造四大好汉油锅捞钱的故事来与其他村庄争夺水权。据北常村王永贵老人回忆：“村里原有座四大好汉庙，老辈人讲是因为县官断案不公，他们就抠了县官的眼睛放在盒子里。后来‘四大好汉’跳油锅争得了阴历八月十五至清明之间的用水权，清明以后各村才能开始轮水。”但是根据滦池现存水利碑文，笔者却了解到，该故事中四大好汉的原型分别来自明弘治年间和清顺治六年（1649）北常村参与的两起争水案件，该村油锅捞钱的故事纯属编造。尽管如此，北常村“四大好汉”的故事却成为彰显该村水权正当性的最佳方式，成为村人捍卫和夺取水权的重要精神动力。很显然，油锅捞钱、三七分水的故事无论真假，在明清时期都已成为维护村庄水权、诱发水利纠纷的传统根源。

尽管如此，“三七分水”在现实社会变迁过程中，仍未得到丝毫改变。明清时期山西各地官员在处理汾河流域的水利争端时，通常采取“率由旧章”这一“习惯性”行事原则。[①]对此，笔者曾以山西四大泉域的个案研究为例，指出“率由旧章”的行事原则从本质上讲乃是一种文化安排的结果。换言之，是对各泉域社会长期以来形成的惯例、认知、信仰、仪式、伦理观念以及相应的庙宇祭祀等文化传统的适应。违背这一文化安排的行事方式，必将导致地方社会水利秩序的混乱，造成难以估量的损失。历代官员正是认识到这一点，因而在水利纠纷的处理中能够充分权衡利弊，尊重传统，选择“率由旧章”的处理方式。实践证明，在尽快消除对立双方的水权争端方面，该原则确实起到了一种积极的作用。但是它却对明清时期汾河流域社会发展产生了严重的影响，主要表现在两个方面：①政府尊重传统、坚持原则的姿态，导致水权争端无法彻底解决，水资源供求不平衡的矛盾依然存在，政府对原有水权分配制度的保护，具有强制性，一旦这种强制性消失或出现大旱等水紧张形势，水权争端依然会层出不穷。②政府的行事原则，无形中加剧了水权分配不公的现象，使前近代的水权越发呈现出不公正、不合理的特点，甚至捍卫了地方暴力与强权，导致水资源无法实现优化配置，资源利用呈现出低效率的特点，并由此延缓了社会变迁的进程。

七、新中国成立初期泉域社会的历史性变革

随着中国共产党领导的人民解放战争在洪洞的胜利、共产党政权的建立和土地改革相继完成，霍泉泉域社会也开始经受前所未有的历史性变革。对此，1949年前后的《晋南日报》《山西日报》和霍泉灌区水利管理局的水利档案提供了较详细的资料。

如《晋南日报》1949年3月16日就发表了题为《洪赵南霍渠民代表会上解决老纠纷订出新渠规——统一选出水利委员会领导全渠》的

① 参见张俊峰:《率由旧章:前近代汾河流域若干泉域水权争端中的行事原则》,《史林》2008年第2期。

报道:

> 洪洞消息:灌溉洪洞一区、赵城二区各十个自然村,近两万亩水田的南霍渠(又名三分渠),于本月三日召开两区渠民代表会议,经过三天的反复讨论,解决了历年来两县未能解决的水利纠纷,并订出了新的使水办法和渠规。该渠发源于赵城广胜寺塔下,长约四十余里,过去为封建势力所操纵把持,他们可以“三不浇”,即刮风不浇、下雨不浇、黑夜不浇,光使水不掏渠,长流陡口不断地让水闲流,广大的农民群众好多时才轮一回,还常是浇不过。封建统治阶级,并不断在浇水上挑动农民间互相打架,制造流血惨案。代表们根据这些情形,进行座谈,大家认为一切问题的根子都在封建阶级那里,西冯堡代表张元老汉说:“至今,我头上还有一块没长出头发来,还不是地主策动打架害的!”下庄代表刘正国说:“闹纠纷打架,打死打伤的都是咱农民弟兄。”经过讨论,最后一致决议:一、统一使水统一管理,从上而下按需要浇地。二、废除“三不浇”,有计划地使用长流陡口,不浇地即予堵塞,水归母河,不能闲流。三、享利就得掏渠。关于新渠规,此次规定为:一、私自偷水者,一次认错,二次罚四个苦工,三次送政府处理。二、逞强霸水者,一次由代表会以处罚,二次交政府。三、故意捣乱渠规者,交政府处理。四、不论大小渠,水过三块不能浇,一排子脚浇完后再浇;退水后不能浇(特殊情况者例外)。会上由二十八个区民代表选举出四人与专署白科长、赵城二区区长、洪洞一区区长,共七人组成水利委员会,主任委员为专署白科长兼任,下庄村刘正国为副主任,负责领事全渠。

南霍渠如此,北霍渠亦然。《山西日报》1950年7月23日发表了题为《泉渠北干渠建立新的管理制度——受益农民浇田抗旱进行下种》的报道:

本报讯：洪、赵、霍三县交界地的泉渠北干渠，分为上、中、下三节，共灌溉土地三万余亩，受益村庄五十余个。过去因在封建渠长的管理把持下，下节渠民到天旱缺雨时，就根本轮浇不了，往往夏至十八日以后，才能下种，水利纠纷不断发生。今年由于取消了渠长的封建制度，经过渠道修整，建立了各种新的水规，以及水利干部的认真负责，轮浇速度空前加快。五十余村的受益土地不但都按时浇过，完成了夏种，并由下而上又将玉茭、棉花等秋田普遍浇完。日前该地正值播种早熟作物，但天呈现旱象，渠委会即利用余流时间，组织群众发扬互助，以先浇种蔬菜地为原则进行轮浇，因此各村群众顺利种完早熟作物，战胜了旱灾为害。群众反映说："往年天旱不用说下种，就连水的面也不见，今年可真不一样啦！"（赵城文教科通讯组）

1954年11月，霍泉灌区水利管理局在总结1949年以来该局的水利工作时这样指出：

1948年解放后，在上级领导与临汾专署及洪赵县党政的正确领导下，首先发动群众进行民主改革。一九四九年正式召开了南、北、中三条干渠的渠民代表会，初步成立了统一的水利委员会，摧毁地主豪绅在水利上的封建统治势力，废除了不合理的兴工使水办法及渠规渠章以后，逐渐订立了民主的合理使水制度，实行了互助合作灌溉，开始了按作物需水统一调配水量的浇灌办法。并将旧有破烂不堪的工程渠道整理改善。四年来共改造陡口六六处，平田整地一六九七·六亩，大畦划小畦一一四〇〇余亩。经过这一系列的改革，霍泉渠的面貌改变了。不只使南北干渠上下游打架斗殴的纠纷去除，逐步走向团结生产，而且节省了水量，使灌区原有土地灌溉次数加多。南干渠由三十六天轮浇一次，缩短为十八天；北干渠由四十五天轮浇一次，缩短为二十五天。上下游每年平均可得到七至十一次的灌溉，并扩大灌溉面积三四二一四亩，因而灌区产量大大提高。旧有灌溉面积由于耕锄及灌溉由每年原产五四一·六斤提高到六九八·五斤，提高产量百分之三十五；新增加灌溉面积由原产六五·五斤提高到二九〇斤，提高产量百分之二一一。灌区群众生活改善，生产情绪提高，并由于推行了棉花沟浇，获得棉花丰产，促进与巩固了互助合作，对农业的社会主义改造起了一定的作用。①

通过以上三则史料，我们对于霍泉泉域社会的一系列变化就会有一个很清晰的认识：以水神明应王为秩序象征的泉域社会在疾风暴雨式的革命和土改运动面前土崩瓦解，一种旧的文化安排被打破，一种新的社会运行模式取而代之。以民间渠长为主要力量的水利管理者被专门的国家水利干部和代表广大民众利益的“渠民代表会议”取代。在水资源的管理、分配、灌溉技术、运行效率等方面的变化，改变了旧秩序下的资源时空分布不均和水资源利用效率低下的局面。与传统时代相比，其最大的特征就在于国家权力以一种前所未有的方式介入到基层社会水管理和运行当中，改变了此前民间为主、官方为辅的格局。地方社会不同利益群体、村庄对水权的获取，从依靠经济资本、文化资本、社会关系资本，演化成为完全依靠政治资本。对于刚刚步入社会主义制度的国家而言，这一改变无疑会强化国家对资本、资源的有效控制，并在最初的阶段促进社会生产力水平的极大提高，满足人民群众日益增长的物质文化需求，改善人民的生活状态。但与之同时，势必造成政府管理成本的加大，积久而成为一种沉重的负担，加之社会管理运行中的官僚主义行为，极可能形成制约社会生产力进一步发展的障碍因素。同时，村庄精英在水利管理中地位和角色的逐步丧失，使国家失去了这一可以依靠的重要民间力量，其影响和后果随着社会的进一步发展而逐步显露出来。

① 引自《霍泉灌区水利管理局1954工作总结》，现存山西大学中国社会史研究中心。

八、余论

从外部形态来看，泉域在大的空间范围内呈明显的点状分布。具体到特定泉域，则大致呈现出以渠系为基础的扇形分布特征。这与江南水乡圩田水利区呈圆形或方形面状格局差别甚大。国内学者王建革在考察河北平原水利社会时，曾指出过华北水利社会的三种类型：一是类似于滏阳河上游的以防旱为主的旱地水利类型；二是类似于大清河下游涝洼丰水区以共同防涝为主的围田水利模式；三是类似于天津小站的集防涝与防旱为一体的国家水利集权模式。其中，第一种是以地主土地私有制为基础的，后两者因位于丰水区，与江南圩田区相类似，国家参与的色彩要更重一些，最初都建立在国家控制的土地公有制基础上。[①]国外人类学家格尔兹（Clifford Geertz）很早就注意到旱区与涝区的差别。他在将水源丰富区的印尼巴厘人的灌溉系统与摩洛哥旱地条件下的灌溉社会对比时发现了二者的差异，认为丰水区水利社会的特点表现为集体防御洪涝灾害基础上的共同责任，焦点在于争地而非争水；旱地水利社会的特点则表现为水权的形成与分配，其水权具有可分性，焦点在于争水。[②]学者们关于丰水区的研究，对于认识泉域社会的特点和内涵，具有启发意义。

泉域社会应当属于王建革所言旱地水利灌溉模式，也与格尔兹所论摩洛哥旱地条件下的灌溉社会相仿佛。但是在他们的研究中，因更着重于考察水利组织、管理、水权、水利纠纷等社会运行中存在的问题，并在此基础上进行简单比较，缺乏针对某一类型社会全方位的审视，比如意识形态、社会实际运行状态及社会各方面要素之间的相互联系性，缺乏社会史的视觉，因而存在不足之处。本章对于泉域社会的研究克服了这一不足，力图对泉域社会做出全面透彻的分析，展现

---

① 参见王建革：《河北平原水利与社会分析（1368—1949）》，《中国农史》2000年第2期。

② Clifford Geertz.The Wet and Dry:Traditional Irrigation in Bali and Morocco.*Human Ecology*. Vol.1,1972,pp.23-39.

泉域社会的基本特征，希望在此基础上进行更有成效的区域比较和学术对话。

从历史的角度看，泉域社会在发展中有其特有的节奏。这种节奏或与王朝的政治同步，或不存在太大的联系。就广胜寺泉域社会的特点来看，其大发展的时期应该是唐宋时期。而唐宋时期恰恰是国家对农田水利非常重视的时期。在这一点上，二者的节奏是相应的。也正是在这一时期，泉域社会的用水格局初步确立，分水制度、水利技术和组织管理体系也日益完备。但是这一良好发展态势，却因1303年洪洞大地震而突然改变。大地震打乱了泉域社会稳步发展的节奏，也使得长期以来泉域社会运行中存在的很多问题被隐藏了下来，未得以有效解决。比如三七分水制度，原是在唐宋水利大发展时期，国家以洪洞、赵城二县灌溉土地数字为基础制定的相对公平的分水制度，金元以来随着土地的盈缩和渠道的变化，这一分水制度与现实社会间已显示出很明显的不适应性，表现为争水现象不断，亟待变革。但是1303年的洪洞大地震，使变革分水制度的要求被搁置和忽视。地震导致泉域社会发生了沧海桑田的变化，渠道长度、受益村庄和灌溉面积大为缩减。然这一变化竟未受到官府和地方社会的重视，在1303年以后逐渐恢复起来的广胜寺水利系统中，三七分水制度依然被不折不扣地施行下来，尽管明清时期民众因此抗争不断，却终究未变，直至1949年以后，泉域社会的发展节奏才又跟上国家的节奏，进行了彻底的改革，三七分水制度始告终结。对此历史现象，若仅仅从具体的历史事实入手进行解释恐怕是难以讲清楚的。若要回答为什么，则还需要对泉域社会发展中形成的传统、观念、习俗和文化加以考察。这也恰是以往水利社会史研究中较为缺乏的。

有鉴于此，笔者从泉域社会水环境入手，分别从水资源与水经济、水组织与水政治、水争端与水权利、水信仰与水习俗四个方面对泉域社会做了全面分析，认为分水问题是泉域社会发展过程的一条主线。围绕这一主线，泉域社会形成了具有悠久历史的文化传统、风俗习惯（包括陋习）和行为规范，笔者统称之为水文化。文化源自社会实践本身，其一旦形成就具有很大的惰性，很难轻易改变。泉域社会的水文化在分水问题上起着关键的作用。进一步而言，对于任何一个地方来说，水原本都是一样的，不一样的则是附加在水这种公共资源上的各种社会组织、关系、制度、行政、观念和习俗，最后才形成了我们所统称作文化的东西。正因为如此，才构成了泉域社会的个性和基本特征。

尽管泉域社会同河北平原的滏阳河上游一样，均属于旱地水利社会的类型，但二者还是具有很大的差异，其差异的表现就在于文化本身。再者，就中国北方旱地水利社会模式而言，也并非只有这两种类型，应该还有其他多种多样的类型。为此，笔者以往在山西水利社会史研究中，曾提出过流域社会、淤灌社会、泉域社会、湖域社会四种类型。[①]国内学者钱杭则在浙江萧山湘湖水利研究基础上，提出了库域社会的类型。[②]这些社会都是以抗旱为首要任务的。因此，在今后的水利社会史研究中，仍需进一步提炼出各种类型的旱地水利社会模式的个性和基本特征，以此丰富和深化中国水利社会史研究，进而提出具有高度解释力的水利社会史研究理论框架。

① 参见张俊峰:《介休水案与地方社会——对泉域社会的一项类型学分析》,《史林》2005年第3期。

② 参见钱杭:《共同体理论视野下的湘湖水利集团——兼论“库域型”水利社会》,《中国社会科学》2008年第2期。

第四章　宋元以来的泾渠兴衰与水利社会变迁

——以历代“泾渠图”为中心

一、引言

关中引泾灌溉历史悠长，自秦郑国渠始。郑国渠作为战国时期与都江堰、灵渠并称的三大国家大型水利工程，对于王朝国家的政治、经济、军事和民生均发挥了持久且关键的作用。冀朝鼎将这类大型水利工程所在区域，径称为“经济锁钥区”或“基本经济区”，很大程度上体现了水利与国家之间的密切关系。[①]自秦汉、隋唐以来，郑国渠屡经变迁，渠口不断上移，努力维持着较大规模的灌溉效益。然受制于泾河特殊的水文条件和地理生态环境，从秦汉时期的郑国渠到汉代的六辅渠、白公渠，唐代的郑白渠，再到宋代的丰利渠，元代的王御史渠，明代的广惠渠、通济渠，直至清代龙洞渠开凿之前，始终处于一种不稳定的状态，如研究者所言“河日下，渠日仰”，引水口节节上移，洪水威胁加剧，灌溉效益降低，引水少而役使繁，得不偿失；迨至清季，不得已而“拒泾引泉”，灌溉面积所剩无几，使引泾灌溉走向衰落。[②]相比之下，唐宋以来山西省的中小型乃至微型水利灌溉工程，更大程度上是服务于地方社会经济与民生，其兴衰与否对王朝国家所具有的影响力无法与郑国渠相提并论。审视历史时期的关

---

① 参见冀朝鼎:《中国历史上的基本经济区与水利事业的发展》,朱诗鳌译,中国社会科学出版社,1981年。

② 参见《泾惠渠志》编写组编:《泾惠渠志》,三秦出版社,1991年,第1页。

中水利，尤其是郑国渠这样的大型水利灌溉工程时，观察问题的视角自然应当由中下层转向中上层，如此才能实事求是地把握不同水利灌溉工程及其与之密切关联的水利社会的历史变迁。

鉴于郑国渠自开凿以来，其灌溉方式和灌溉规模的多变性，笔者总体上使用“郑白渠”这一名称来代表，具体到各个时代则使用时人惯用的名称来指称，这是需要特别予以说明的。之所以如此，是因为郑国渠发展到唐代，在灌溉方式、规模和效益上均达到历史时期最高水平，鼎盛时期灌溉面积号称一万多顷，正如研究者所言：古代引泾灌溉，始于秦，继于汉，而盛于唐。从工程技术角度来讲，唐代郑白渠（又称三白渠）其渠首及渠系工程的改善，灌溉方式及用水制度的变革，管理体制及法规的健全，以及灌溉经济效益等而言，均已超过秦汉时期，此时的引泾灌区，渠系经过大规模重修改善，改善渠首为低坝引水，干、支、斗渠配套，设三限闸健全配水体系，改变过去的引洪淤灌方式为引清水灌溉，并以冬、春、夏灌为主的方式，在京兆少尹的直接领导下，有较为完备的管理组织和制度，经常进行维修和整修，发展水车灌溉和渠道碾硙，灌溉效益显著。由唐朝中央政府颁布的水利法规《水部式》中，有较多内容与关中灌区相关，体现了关中水利灌区在唐代所具有的重要地位。该水利法规中，对于农业用水、航运和水力碾磨用水之间的调节分配，也做了明确规定。这表明关中水利灌区在唐代已臻于成熟，并成为宋元以来后世官员争相效仿的对象，为恢复昔日引泾灌溉的规模和效益而不懈努力。

以往学界对关中水利灌区的研究，无论在资料整理还是在多学科研究方面，已有相当多的学术积累，成果迭出。就环境史角度言之，改革开放四十多年来，以法国远东学院魏丕信，陕西师范大学李令福、萧正洪，厦门大学钞晓鸿等人的研究最具代表性。魏丕信的研究指出，宋以来历代陕西官员致力于恢复唐代郑白渠的灌溉规模，却屡屡受挫，其原因在于泾河河床的下切和侧蚀的加剧，迫使引泾渠口被迫上移，开渠难度愈益加大。在泾河洪水含沙量和破坏性不断加大的情况下，引泾灌溉的成本和维修费用越来越高，得不偿失，终使历代官员的各种努力付诸东流，以至于清代不得不拒泾引泉，避免遭受泾河洪水年复一年的破坏，灌溉规模急速下降，泾河灌区遂从一个超大型水利灌区变成一个中小型灌区。[①]魏丕信的研究展现了历代以来人与水不断较量的历史，从环境史的立场来看，泾河与人共同塑造了关中水利灌区的历史，而非单纯是由官员和灌区民众塑造的灌区历史。

李令福对关中水利开发史做了清晰的梳理，认为关中水利经过一个由淤灌向浇灌的发展阶段，开凿年代最早的郑国渠是引浑淤灌的水利工程，汉代六辅渠才是关中大型浇灌水利工程的创始，具有承前（郑国渠）启后（白渠）的重要意义。引泾灌渠在唐代发生了重大变化，分南北两大渠系，奠定了后世渠系格局。其中北系的郑国渠、六辅渠系逐渐分化式微，到唐代中期逐渐失去效应，其下游形成了冶、清、浊、漆、沮诸水各自独立的中小型浇灌渠系，唐后期的引泾灌溉以南系的白渠为主，逐步发展成南、北、中三条干渠，习称三白渠，设三限闸、彭城堰，分水设施健全，干支斗渠配套，灌溉体系趋向完善，管理技术空前先进，发挥出了巨大的经济效益，奠定了关中宋元明清乃至今日引泾渠线的布局。[②]该研究对于纵向把握引泾渠系的发展历史具有重要意义。在此基础上，他出版了《关中水利开发与环境》[③]一书，体现了作者将环境、技术和历史地理相结合的治史路径。不同的是，萧正洪和钞晓鸿的研究偏向于环境与社会层面，集中探讨关中水利社会中水权的形成与分配、水利共同体的形成与瓦解等问题，具有将环境史与水利史相结合的特点，水利社会史色彩浓厚，是关中水利社会史研究的代表性成果。[④]

① 参见[法]魏丕信:《清流对浊流:帝制后期陕西省的郑白渠灌溉系统》,刘翠溶、[英]伊懋可编:《积渐所至:中国环境史论文集》,台湾“中研院”经济研究所,1995年。

② 参见李令福:《论唐代引泾灌溉的渠系变化与效益增加》,《中国农史》2008年第2期。

③ 李令福:《关中水利开发与环境》,人民出版社,2004年。

④ 参见萧正洪:《历史时期关中地区农田灌溉中的水权问题》,《中国经济史研究》1999年第1期;钞晓鸿:《灌溉、环境与水利共同体——基于清代关中中部的分析》,《中国社会科学》2006年第4期。

以上对关中水利史的研究，时段主要限于历史时期，延至近代，随着制度、科技、人员和资金来源等方面的一系列变革，由近代著名水利专家李仪祉主持修建的以泾惠渠为代表的关中八惠水利工程的兴修，使古老的关中水利灌区焕发生机，进入一个全新时代。学界认为，泾惠渠从勘测到施工，包括拦河大坝、引水渠、总干渠、河水节制及主要配套设施，均运用了现代水利工程技术和新式建筑材料，它不仅是陕西历史上第一个现代化的大型灌溉工程，也是当时国内第一个大型新式灌溉工程，故被视为陕西现代化农田水利事业之发端，实际上也是国内现代化农田水利事业的开始。[①]以上大体代表了当前学界对关中水利灌区尤其是引泾灌溉历史的研究状况。笔者欲在前述研究基础上，以“如何应对不确定性”这一问题为主线，从人与环境互动关系的视角出发，对宋代以来关中郑白渠水利社会的变迁重新加以解读。之所以选择宋代以来，是因为引泾灌溉在宋代以后发生的变动越来越大，工程维修的难度越来越高。民国时期谙熟泾渠水利沿革的《泾渠志稿》的作者高士蔼对此有很好的总结：“《泾阳县志》云泾渠者，本引泾为渠也。自宋凿石渠而制一变，明以泾水泉水并用而制再变，至清用泉不用泾，而制又一变。盖昔引泾以为利，今则拒泾使不为害也，昔用泾以辅泉，今则防泉使不入泾，时异势迁，今古易辙，有如是者。”[②]某种程度上可以断言，泾渠的渠系变动和所在区域水利社会变迁乃是探究不确定性的一个典型案例。在此，笔者将以历代泾渠水利图和水利图碑作为基本线索展开分析和讨论。

二、按图索骥：《长安志图》、广惠渠图碑与方志水利图

从战国时期的秦郑国渠开始，关中的引泾灌溉就带有明显的官方主导性质，是典型的国家水利灌溉工程。关中平原沃野千里，作为汉

---

① 参见王成敬：《西北的农田水利》，中华书局，1950年，第17页。

② （民国）高士蔼：《泾渠志稿》，李仪祉作序刊行本，中国国家图书馆藏，1935年，第16—17页。

唐都邑所在之核心地带，秦郑国渠和汉六辅渠、白渠均为秦汉帝国的稳定作出了重要贡献。历代关于引泾灌渠变迁的相关文献记载颇多。管见所及，自汉以来，散见于二十五史者颇多，宋元以后，特别是明清两代，各种版本的《陕西通志》及引泾灌区各县县志，亦多有记述。另有多种引泾专论、专志，如元代宋秉亮《泾渠条陈》、李好文《泾渠图说》，明代袁化中《开钓儿嘴议》，清代王太岳《泾渠志》、蒋湘南《后泾渠志》，民国高士蔼《泾渠志稿》，以及历代引泾碑文等，无不褒郑国故事而思弘扬光大之。从水利图的角度而言，元代李好文的三卷本《长安志图》虽是其为宋敏求所撰二十卷《长安志》补绘，却大体能够反映宋元时期关中引泾灌溉的基本情形，具有重要的史料参照意义，是从图像角度开展水利社会研究的一个重要文本。笔者即以《长安志图》下卷所绘泾渠水利图为线索，按图索骥，对宋元以来历代绘制和刊刻的泾渠水利图及图碑的历史加以纵向考察。

（一）元代李好文绘制《长安志图》

《长安志图》是专门为《长安志》所绘。《长安志》成书于北宋熙宁九年（1076），为古长安完整存世最早的志书，著者系北宋史学家宋敏求，河北赵县人，官至右谏议大夫，加史馆修撰、集贤院学士，复加龙图阁直学士。时人将宋敏求的《长安志》与唐代史学家韦述所撰《两京新记・西京记》进行了对比。其中，为宋志作序的北宋史学家赵彦若认为韦氏《西京记》“遗文古事，悉散入他说，班班梗概，不可复完”[①]。司马光对此志也是高度评价：“尝以为考之韦记，其详不啻十倍。今韦氏之书久已亡佚，而此志精博宏赡，旧都遗事，借以获传，实非他地志所能及。”[②]延至清代，四库馆臣认为，“是编皆考订长安古迹，以唐韦述《西京记》疏略不备，因更博采群籍”[③]云云。当代

① （宋）赵彦若撰：《长安志序》，（宋）宋敏求、（元）李好文著，辛德勇、郎洁校：《长安志・长安志图》，三秦出版社，2013年，第4页。

②《四库全书总目・长安志条》。

③《四库全书总目・长安志条》。

学者辛德勇指出，《长安志》作为北宋中期修撰的一部地方志，书中所记并非仅限于唐长安志之古迹，而是在立足于赵宋本朝地理的基础上，溯及周秦汉唐各个时期的遗迹和建置。对研究宋代以前特别是周秦汉唐时期的长安城及其周边地区的地理和历史问题，具有重要价值。[①]

“古人地志，必与图俱”[②]，本是古代修志传统，以唐《元和郡县图志》为代表的州郡图志，就有地图与文字相辅相成。然而宋敏求的《长安志》却没有绘制相应的地图，令人生疑。时任陕西诸道行台治书侍御史李好文在《长安志图》自序中考证认为，《长安志》原来应该是有图的，但是他不能够确定这些图是当时所绘还是后人添加，他说：“图旧有碑刻，亦尝锓附《长安志》后，今皆亡之，有宋元丰三年龙图待制吕大防为之跋，且谓之《长安故图》，则是前志图故有之。其时距唐世未远，宜其可据而足征也。然其中或有后人附益者，往往不与志合。”[③]尽管如此，这些图到元代已经看不到了。为弥补缺憾，李好文便组织人员绘图，“因与同志较其讹驳，更为补订，厘为七图。又以汉之三辅及今奉元所治，古今沿革，废置不同，名胜古迹，不止乎是；泾渠之利，泽被千世，是皆不可遗者，悉附入之。总为图二十有二，名之曰《长安志图》，明所以图为志设也”[④]。该图于元至正二年（1342）九月绘制完成后，如李氏所愿，附著于《长安志》书前，实现了志图一体，并流传至今。在此需要提及的是，李好文注意到“泾渠之利”，因而在其绘制的二十二幅地图中，专门绘制了两幅关中水利图，分别是《泾渠总图》和《富平县境石川溉田图》。[⑤]《长安志图》分为三卷，第一卷为长安州县政区和宫阙图；第二卷为帝陵图；

---

① 参见辛德勇：《古代交通与地理文献研究》，商务印书馆，2018年。

② (清)王鸣盛撰：《新校正长安志序》，《长安志·长安志图》，三秦出版社，2013年，第2页。

③ (元)李好文撰：《长安志图序》，《长安志·长安志图》，三秦出版社，2013年，第7、8页。

④ (元)李好文撰：《长安志图序》，《长安志·长安志图》，三秦出版社，2013年，第7、8页。

⑤ 这里的泾渠主要指三白渠，宋代称作丰利渠。绘制《富平县境石川溉田图》是因为唐以前富平县为郑国渠灌溉区域，唐后期郑国渠废坏后，三原、富平等县境内的冶、清、浊、漆、沮诸河成为独立灌溉系统。两图合起来能够展示古代郑白渠水利系统的基本面貌。

第三卷名为《泾渠图说》[①]，表明当时人们将《泾渠总图》和《富平县境石川溉田图》均视为引泾灌渠。不仅如此，在《泾渠图说》中，他还分别从渠堰因革、洪堰制度、用水则例、设立屯田、建言利病、泾渠总论六个方面做了介绍和评论，这样就形成了“二图六说”的结构。在此意义上，笔者以为，《长安志图》第三卷完全可以视为一部有关泾渠的水利专志，是研究以引泾灌溉为主的关中水利社会变迁的重要史料。这两幅图也是目前能看到的现存年代最早的泾渠水利图。结合《长安志图》第三卷的“二图六说”和宋敏求《长安志》有关水利的内容，便能够对宋元两代关中水利及其社会变迁有一个直观的了解。

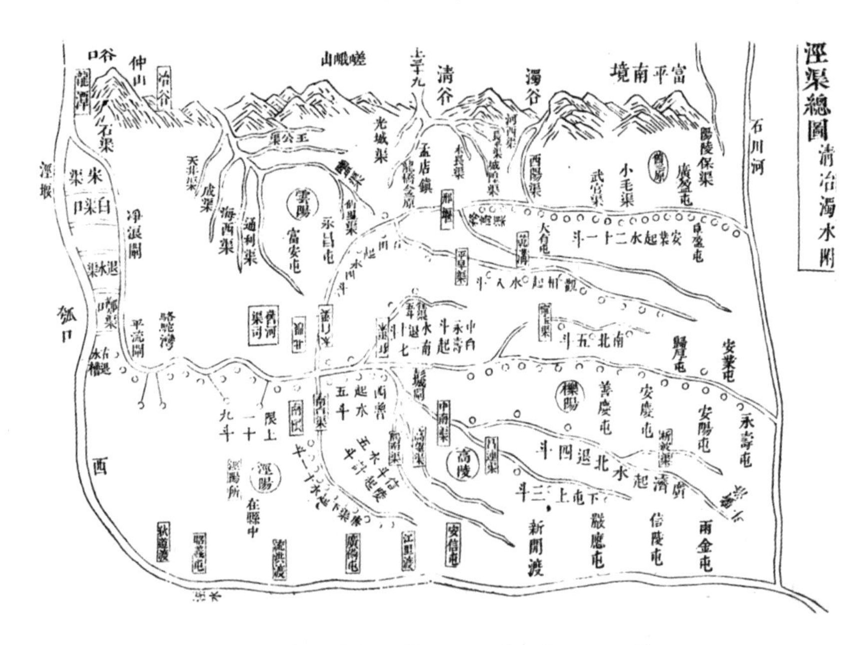

图4-1　(元)李好文《长安志图》之《泾渠总图》

① 据李好文《长安志图》所载，元至正二年(1342)冬十月，奉训大夫陕西诸道行御史台监察御史樵隐必申达为李好文作序，序言名称为《泾渠图说序》，记述李好文任行御史台治书侍御史时，“每以抚字为念，尝刻泾水为图，集古今渠堰兴坏废置始末，与其法禁条例，田赋名数，民庶利病，合为一书，名之曰《泾渠图说》”。

图4-2　(元)李好文《长安志图》之《富平县境石川溉田图》

与山西水利社会中水利图多见于地方志或乡村庙宇或其他公共场所，由地方县令组织人员编纂绘制或由地方官员、乡村士绅精英和乡村耆老发起刻立不同，《长安志》和《长安志图》的作者不仅是庙堂高官，且有知名学者参与。由宋代和元代两位史学家主持修志、绘图，其目的不仅仅是修志存史，而且是服务于朝廷和地方官员的治水需求，旨在通过治水来实现经济巩固、民生安定、政通人和，具有强烈的官方色彩。

(二)明代项忠刊刻《广惠渠图碑》

《广惠渠图碑》现存于陕西西安碑林。该图碑是目前为止关中地区发现的唯一一通水利灌溉渠道图碑，相较于山西数量众多的渠道水利图碑，因其数量少而弥足珍贵。该图碑刻于明成化五年（1469），由曾任陕西巡抚、右副都御史项忠所立，系《新开广惠渠记》碑阴上半部分，原名为《历代因革画图》，碑阴下半部分为《广惠渠工程记录》，被认为是考证泾渠历代引水口位置变迁的重要史料。

广惠渠的开凿颇费周折。最初由项忠倡率兴建，明天顺八年（1464）开始施工。但在三年后即明成化三年（1467），项忠奉调进京掌管都察院，继任陕西巡抚职务的陈价，不重视修渠之事，致工程被迫停顿。明成化四年（1468），固原盗乱，西北土官满四聚众2万余人起事，占领位于今宁夏固原山区的石城，陕西巡抚陈价因讨伐失利被降职。随后项忠奉命率军西征，途经陕西，问及广惠渠事，遂由西安水利同知阎玘等人负责重新召集民工修建。3个月后项忠平叛归来，阎玘报告称渠道进展顺利，项忠大喜，“遂亲诣渠，祭告山水之神，并立前人姓氏界牌与夫新凿功程，镌诸碑阴，立石于庙”，并亲自撰写《新开广惠渠记》和《记事之碑》记述此事，在两通碑的碑阴部分分别刻有《历代因革画图》《历代修渠界碑》和《告文碑》，告诫后继者要重视这一重大民生水利工程，“莫以事不由已创而不加修葺焉”。[①]此后，直至明成化十八年（1482），历经余子俊、阮勤两任陕西巡抚，加上此前的项忠和陈价，前后共计4位巡抚大员，18年间工程屡有停顿，实际开工时间总共只有8年，停工时间却长达10年。其中，项忠两次主持的创修工程历时5年，其间停工2年；余子俊历时3年，“于大龙山凿窍五以取明，疏其渠曲折浅狭者”[②]，工未竣升任兵部尚书，最终完成工程的是副都御史阮勤，他采用“以帑藏金粟募工市材”的方式，减轻五县民人负担，历经2年完工，“渠合中泉水深八尺余，下流入土渠，汪洋如何。又下流至古所谓‘三限渠’——曰中限、南限、北限者。中限至彭城闸，又分四渠，溉五县田八千余顷”[③]。这一数字虽与宋代丰利渠的七县25093顷相去甚远，但比起之前白渠的2700余顷的灌溉数字，却已经是大为提升了。以上是明成化年间（1465—1487）开凿广惠渠的艰难过程，对此后人曾感慨道：“秦汉开渠以来，未有如此工之艰难也。”[④]

① 明成化五年(1469)《记事之碑》，张发民、刘璇编：《引泾记之碑文篇》，黄河水利出版社，2016年，第42页。

② 明成化十八年(1482)《重修广惠渠记碑》，《引泾记之碑文篇》，第53页。

③ 明成化十八年(1482)《重修广惠渠记碑》，《引泾记之碑文篇》，第53页。

④ (清)蒋湘南：《后泾渠志》卷三《泾渠原始》，第4页。

图4-3　陕西·明成化五年（1469）·泾惠渠管理局《新开广惠渠记》碑阴《历代因革画图》摹绘图

尽管广惠渠并未在项忠之手完成，而是历经两位陕西巡抚的前后相继，付诸大量心血和努力，最终完成项忠未竟之事，其本身在广惠渠历史上就是值得大书特书的一件美谈。三任巡抚一任接着一任，高度重视民生水利，可见引泾灌溉在当时是相当重要的国家水利工程，对于地方主官而言也是责无旁贷的，可以说是一项惠及民生的民心工程和政绩工程，如诗歌所言“柏台宁举无穷利”，“关中鼓腹歌谣颂”[①]。在此基础上，返回来再看项忠所立广惠渠《历代因革画图》，可知其深刻用意。项忠在广惠渠《记事之碑》中，严厉批评了其后任巡抚陈价不修水利的错误，告诫官员们不要因为该工程不是自己亲手

① 明成化十九年（1483）《奉和巡抚余公题重凿之惠渠侍碑》，《引泾记之碑文篇》，第61页。

所创就不尽心尽力。其刊碑记述工程沿革、工程花费和工程水利图的目的，就是希望后来者能够充分认识引泾灌溉工程的重要性，自觉重视这一重大水利工程的擘画、经营和维护。绘制广惠渠历代因革图，对于历代官员直观了解和认识引泾灌溉工程的历史和现实意义是有借鉴价值的，体现出来的依然是国家水利的色彩。

（三）清代至民国的泾渠志图和方志水利图

清代以来的泾渠图，主要表现为泾渠水利专志的修撰和引泾各县方志中绘制的泾渠水利图。无论水利专志还是省府州县志，均可通称之为方志水利图。在该时期，不同类型的地方志成为泾渠水利图的载体。站在山陕两省区域比较的立场来看，山西各地方志或水利专志中，也同样附有不少水利图，两者区别不大。不同的是，在山西，除了方志水利图外，在不同类型的水利灌区，还有为数众多的碑刻水利图，即水利图碑。它也不同于我们在陕西看到的明成化五年（1469）项忠所立广惠渠《历代因革画图》。在笔者看来，这种地域性的差别体现的不仅是水利工程本身的属性，而且体现了水利与地方社会的结合程度。就方志水利图的编绘而言，因其发行范围和受众多为官员和知识精英群体，与普通民众关系不大，因此，可以将其理解为主要服务于国家和政府官员的水利治理和历史借鉴之用，体现的是国家意志或者官方话语，这是我们认识方志水利图的一个基本立场。

1.《泾渠志》《后泾渠志》和《泾渠志稿》

现存清代、民国时期的泾渠水利专志共有三部，分别是清乾隆二十三年至三十二年（1758—1767）任西安督粮道兼管水利事的直隶定兴人王太岳所著《泾渠志》三卷；清道光二十一年（1841），固原举人、《泾阳县志》作者蒋湘南所撰《后泾渠志》三卷（此处的《后泾渠志》，实为《龙洞渠志》）；1935年，协助李仪祉修建泾惠渠的泾阳人高士蔼所撰《泾渠志稿》。其中，王太岳《泾渠志》中附有泾渠图四幅，分别是《古泾渠图》《龙洞渠首图》《龙洞渠全图》和《关中古渠全图》。

《后泾渠志》因附录于清道光二十一年（1841）《泾阳县志》中，县志中已有水利图5幅，分别是《龙洞渠图》《冶渠图》《清渠图》《水经注水道图》《长安志水道图》，故而《后泾渠志》即《龙洞渠志》就不再附图了。不过，这里的5幅图仅限于泾阳县境，并非泾渠全图。

高士蔼的《泾渠志稿》中附有作者亲自绘制的不同时期的泾渠图4幅，分别是《秦郑渠略图》《汉白公渠略图》《唐高陵刘公四渠略图》和《历代渠口略图》。三种水利专志图各有特点。王太岳主要参考了《陕西通志》刻本中的有关水利图。《后泾渠志》图则参考了历代地理文献中的图绘制而成。高士蔼的4幅图是其根据文献记载和实地踏勘亲自绘制而成的略图，带有考证和研究性质，其中，最为突出的是他认为汉代白渠口不在郑国渠口之上，而是在郑国渠口之下，人们误将北宋至道元年（995）和北宋景德三年（1006）新建的两个白渠别口当作白渠口了，他批评王太岳的泾渠图，认为其“鱼鲁亥豕，以讹传讹，未敢据为信志。……今已考证其误而不记载，恐年湮代远，有志考古者竟从其讹传焉。……以候后来有志泾渠者鉴焉”①，显示了作为一名治水者的责任担当和长远考虑。

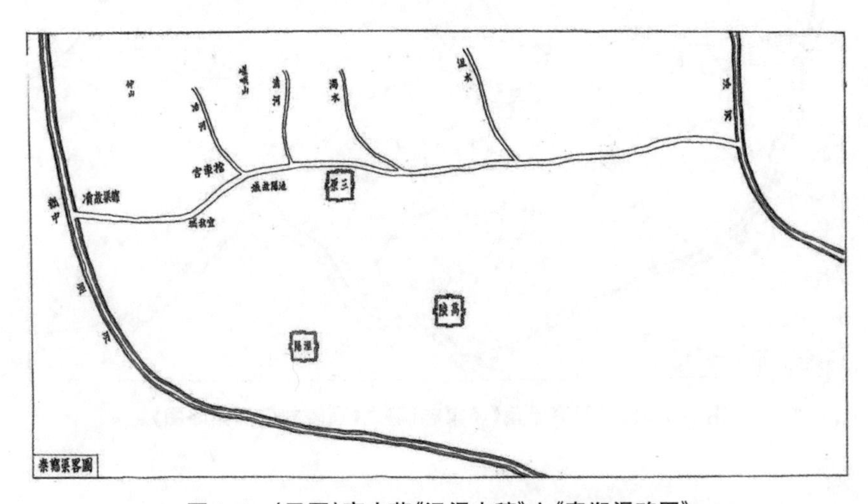

图4-4　(民国)高士蔼《泾渠志稿》之《秦郑渠略图》

① (民国)高士蔼:《泾渠志稿·自序》,1935年。

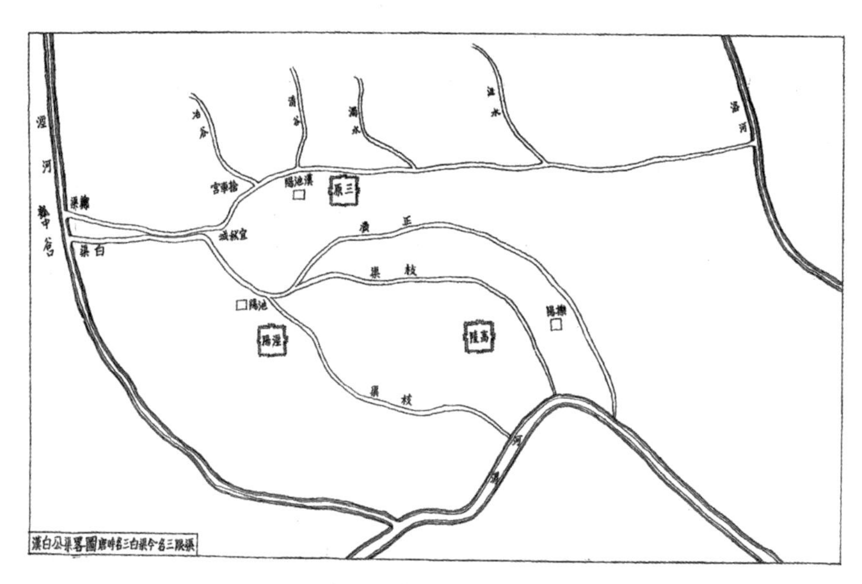

图4-5 (民国)高士蔼《泾渠志稿》之《汉白公渠略图》

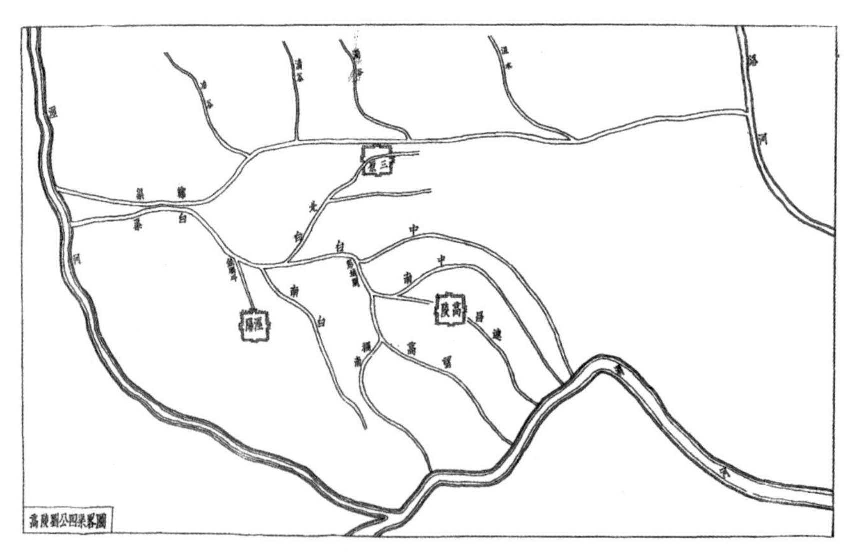

图4-6 (民国)高士蔼《泾渠志稿》之《高陵刘公四渠略图》

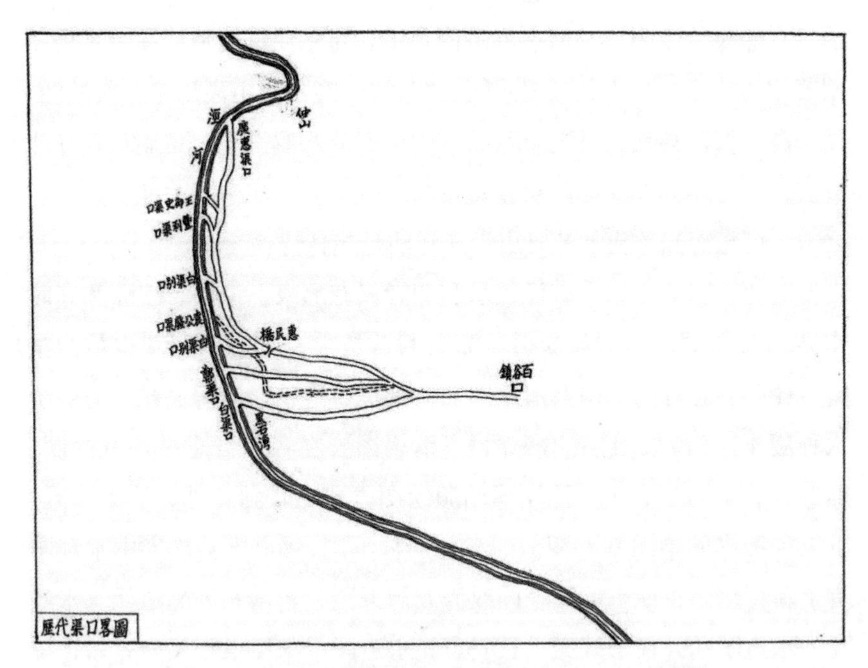

图4-7　(民国)高士蔼《泾渠志稿》之《历代渠口略图》

2.明清引泾各县方志水利图

自秦汉以来享受引泾灌溉之利的县份最多时共计七个，分别是醴泉、泾阳、三原、高陵、栎阳、云阳、富平。其中，泾阳、三原、高陵三县是核心地带，受益最广。随着政区调整和变革，元至元元年（1264）云阳划归泾阳，元至元四年（1267）栎阳划归临潼县（今西安临潼区）。元至正二年（1342）李好文《泾渠图说》也记载，当时富平县已不再享有白渠灌溉之利了："旧时南境北限白渠，浇溉脾阳、大泽、丰润三乡，今皆拨属三原、栎阳，余地即引石川、金定二水以溉。"[1]因此，在现有明清方志中绘制泾渠图的县份便只有醴泉、泾阳、三原、高陵和临潼五县了。对此，明代泾渠碑刻可以印证。明成化五年（1469）项忠开广惠渠时，可以享受泾渠之利的县份有泾阳、醴泉、三原、高陵和临潼（栎阳县划归临潼县）五县。清乾隆二年（1737）拒泾引泉之后，由于水量的急剧减少，能够享有龙洞渠灌溉

① (元)李好文:《泾渠图碑·渠堰因革》,《长安志·长安志图》,三秦出版社,2013年,第83页。

的只有醴泉、泾阳、三原、高陵四县了。对于泾渠在清代灌溉规模急剧萎缩的状况，高士蔼颇多感慨："至清乾隆二年拒泾用泉，仅灌泾、原、高、醴四县地六百七十八顷八十亩四分八厘三毫。定制每月开斗一次，一百零五斗支配。每年每亩灌溉一次，下流十不一灌。其水利之微，可想而知。何如昔日引泾汪洋沾足哉！"[①]

因此，明清方志中有泾渠水利图者仅有醴泉、泾阳、三原和高陵四县。四县中，泾阳县受引泾灌溉利益最大，方志水利图也最为丰富。泾阳县志有明嘉靖及清康熙、清雍正、清乾隆、清道光、清宣统六种版本。《泾渠图》《冶渠图》《清渠图》在各版县志中均有绘制。前四种版本的县志中，除明嘉靖版绘图方式比较独特外，清康、雍、乾三种版本的绘图基本相似。与前四种不同，《道光县志》中水利图有了新变化，将原来的泾渠图改为龙洞渠图，新增北魏郦道元《水经注》水道图和元代李好文《长安志》水道图中与泾渠相关内容。宣统《重修泾阳县志》则采用水墨山水画的方式绘制《龙洞渠图》《冶渠图》和《清渠图》。明清《泾阳县志》中保留如此丰富的泾渠图，显示了引泾灌溉对于泾阳县所具有的突出作用，具有不可替代的价值，因而会得到方志编纂者的重点关注，同样体现出一种官方意志。三原县有清乾隆四十八年（1783）、光绪三年（1877）和光绪六年（1880）三种版本的县志，均绘有《郑白渠图》和《峪水渠图》。其中，清光绪三年（1877）版本中采用了水墨山水画的形式绘制，清乾隆四十八年（1783）和清光绪六年（1880）则是黑白线条式。这些图表明，三原县在唐代以前曾享有郑渠和白渠之利。清、浊二峪在郑国渠初创时，曾被其横绝河道，汇入郑国渠，故而属于郑国渠灌溉系统。但随着唐以后郑国渠的衰败，清、浊二峪得到进一步的开发利用，灌溉三原县和栎阳县，成为支撑当地农田水利灌溉的重要水源。《高陵县志》中绘制了五渠图，即由唐高陵县令刘仁师所建彭城闸来规范调节的中白渠、中南渠、析波渠、高望渠和隅南渠。此五渠自唐以来，长期处于

① (民国)高士蔼:《泾渠志稿》,1935年,第43—44页。

稳定状态，只是乾隆拒泾引泉后由于来水量的减少，导致灌溉规模大幅缩小，只有不足4000亩。《醴泉县志》绘制了一幅《洪堰总图》，是在元代李好文《长安志图》中所绘《泾渠总图》基础上改绘的，图中注明醴泉县界，可知泾河东岸有醴泉县地亩和村庄。结合文献可知，醴泉县地亩与泾阳县的王屋等四斗共同使水，元代修洪口石堰后可溉其县东之地3390亩。清代开龙洞渠后，仍可溉田3265亩，因地处龙洞渠上游，故而没有出现大的变动。

总体上看，自宋丰利渠开凿石渠以来，泾渠灌溉规模就在逐渐下降。宋代丰利渠溉田数为25093顷，元代降至七八千顷，明成化十八年（1482）增至8312.3顷，明天启年间骤降至755.5顷。清乾隆以后，基本维持在700顷上下，清末已缩减为200顷左右。对于明清时期的泾渠四县而言，泾阳县占据最大份额，高陵、三原、醴泉三县相差无几，均在4000亩上下，整个龙洞渠已经从宋代的超大型灌区变成一个不足10万亩的小型灌区了。尽管如此，宋元明清以来泾河水利开发仍然得到了国家和地方官员的高度重视，他们一直在努力想要恢复昔日的盛况。只是在泾河生态环境日益恶化、取水条件日益艰难，经费、人力和资本投入不断加大的情况下，泾渠水利并未得到有效的改善和质的提升。泾河的破坏性和多变性，无疑是最大的变量和不确定因素。

三、泾渠的不确定性：丰利渠—广惠渠—龙洞渠—泾惠渠

从秦郑国渠、汉六辅渠到白公渠，形成引泾灌溉南北两大干渠的形式。唐代白渠渠系进一步成熟，伴随三限口、彭城堰等重要分水设施的修建，形成三限口下分“太白、中白、南白”三大干渠，彭城堰下分刘公四渠的泾渠灌溉系统。郑国渠则日渐废弃，原为郑国渠横绝的冶、清、浊、漆、沮诸水大多不再汇入郑国渠，形成各自独立的灌溉渠系，至唐后期郑国渠已是名存实亡，[1]唯独清水仍可补给北白、中白二渠下游之水量。鉴于此，唐代改郑白渠为三白渠，成为引泾灌

① 参见李令福：《关中水利开发与环境》，人民出版社，2004年，第173—174页。

溉的唯一渠道，由此奠定了后世引泾灌溉的基本格局。就白渠本身的灌溉效益来看，白公初创时，可溉田4500余顷。唐永徽年间，达到1万顷的历史最高峰，安史之乱后，唐大历年间又降至6200余顷。唐末五代，长期战乱致使泾渠失修，灌溉效益降低，北宋至道元年（995），已不足2000顷。后屡经修葺，至北宋庆历年间“溉田逾六千顷”。然而在二三十年后，白渠渠口取水困难，水量不足，灌溉效益难以保证的问题再次出现。白渠水利事关民生和经济稳定，问题亟待解决。

(一)土渠变石渠:丰利渠的开凿

结合前人研究可知，宋代泾渠面临的最大问题不是渠道体系的完善，这个工作在唐代刘仁师时代已经完成，后世只需疏浚和维护即可。随着泾河河床下切和河道侧蚀，河低渠高，取水困难，水量不足的问题不断出现。在泾河河道筑堰逼水入渠和选新址开凿渠口成为人们采取的主要应对方式。宋代正史文献中对此多有记述：

宋太宗淳化二年（991），复修白渠口。

县民杜思渊上书言:泾河内旧有石翣以堰水入白渠,溉雍、耀田,岁收三万斛。其后多历年所,石翣坏,三白渠水少,溉田不足,民颇艰食。乾德中,节度判官施继业率民用梢穰、笆篱、栈木,截河为堰,壅水入渠,缘渠之民,颇获其利。(《宋史·河渠志》)

宋太宗至道元年（995），开白渠别口。

诏皇甫选、何亮乘传经度,选等还言,泾河陡深,渠岸摧废,岁久实难致力,渠口旧有六石门,谓之洪门,亦圮,议复甚难,欲就近别开渠口,以通水道。(《宋史·河渠志》)

宋真宗景德三年（1006），再开白渠别口。

盐铁副使林特，度支副使马景盛陈关中河渠之利，请遣官行郑、白渠，兴修古制。乃诏太常博士尚宾乘传经度，率夫治之。宾言：郑渠久废不可复，今自介公庙迴白渠洪口直东南，合旧渠以畎泾河，灌富平、栎阳、高陵等县，经久可不竭。工既毕而水利饶足，民获数倍。（《宋史·河渠志》）

宋仁宗康定二年（1041），修白渠洪口。

三白渠久废，京兆府荐雷简夫治渠事。先时，治渠岁役六县民四十日，用梢木数百万，而水不足，简夫用三十日，梢木比旧三之一，而水有余。（《宋史·雷简夫传》）

宋仁宗庆历年间（1041—1048），疏浚三白渠。

叶清臣徙知永兴军，浚三白渠，溉田逾六千顷。（《宋史·叶清臣传》）

由此记载可知，五十年间，北宋政府不论是截河筑堰还是别开渠口，目的都是保证泾渠引水和渠道通畅，从文献记载来看，每次工程均消耗极大的人力、物力资本。雷简夫治理白渠时，因其缩短了工期、减少了物料而得到表彰。五十年间平均每十年一次的工程，表明宋代泾渠水利工程长期处于修修补补的状态，难以做到一劳永逸。泾渠灌溉效益，完全建立在六县民众年复一年的岁役和沉重摊派基础上。尽管如此，至北宋大观元年（1107），仍出现“白渠名存而实废者十居八九”的严重局面，表明上述水利工程多数是治表不治里。

丰利渠的开凿经历了一个漫长且艰难的过程。先是北宋熙宁七年（1074），泾阳令侯可“自仲山旁凿石渠，引泾水东南与小郑渠会，下流合白渠”。当时据都水丞周良孺的规划，竣工后可溉田两万余顷。该工程于北宋熙宁七年（1074）秋开工，到第二年春，“渠之已凿者十之三，当时以岁歉弛役”。也就是说工程经费出现问题，且无力承担劳役，被迫停工。直至北宋大观元年（1107），朝廷任命提举常平使者赵佺，循侯可旧凿渠迹续修。“经始以是年九月，越明年四月土渠成……袤四千一百二十丈，南与故渠合……越明年闰八月，石渠成……袤三千一百四十有一尺，南与土渠接。又度渠之北，视其势高峻，留石仅三丈，裁通窦以防涨水……九月甲寅，疏泾水入渠者五尺。”[①]可知，丰利渠的开凿采取自下而上的方式，先修土渠，再修石渠，“渠深下水面五尺”，无须筑堰即可自流入渠。同时，为免遭泾河洪水河沙石破坏，又修建了配套防护工程，所谓：“又泾水涨溢不常，乃即火烧岭之北及岭下，因石为二洞，曰回澜，曰澄波……又其南为二闸，曰静浪，曰平流……以节湍激。渠之东岸有三沟……夏雨则溪谷水集，每与大石俱下，壅遏渠水，乃各即其处凿地，陷木为柱，密布如椇，贯大水于其上，横当沟之冲，暑雨暴至，则注水而下，大石尽格槽之口……”[②]

研究表明，丰利渠是泾渠在宋代最为成功的渠首改造工程。关于丰利渠灌溉效益的记载有二，一是蔡溥所言“增溉七县之田，一昼夜所溉田六十顷，周一岁可二万顷”；二是侯蒙所说“凡溉泾阳、醴泉、高陵、栎阳、云阳、三原、富平七邑之田总三万五千九十有三顷”。对这两个数字，李令福教授提出疑问，认为只是理论数值，并非丰利渠实际灌溉面积。他引用李好文《长安志图》中“旧日渠下可浇五县地九千余顷”的记载，认为宋人所谓二万甚至三万余顷的说法不可靠，存在重复计算的问题。[③]结合唐永徽年间，溉田一万顷的历史高峰，可知宋代丰利渠开凿后，其灌溉效益最多可以达到九千至一万顷。

---

①（元）李好文：《泾渠图碑·梁堰因革》，《长安志·长安志图》，三秦出版社，2013年，第78页。

②（宋）蔡溥：《开修洪口石渠题名记碑》，北宋大观四年（1110），《引泾记之碑文篇》，第17页。

③ 参见李令福：《关中水利开发与环境》，人民出版社，2004年，第237页。

丰利渠的开凿，开启了泾渠渠首开石渠之先河，改变了过去渠首工程为土渠的历史，通过在泾河上游山谷开凿石渠，连通下游土渠和泾渠故渠的方式，改善了引水条件，取得了较大成效，故而被徽宗赐名“丰利渠”。需要注意的是，丰利渠口的上移和开凿石渠，从技术上讲，仍为无坝自流引水。此后二百年间，这种引水方式仍得以延续。元延祐元年（1314），承德郎陕西诸道行御史台监察御史王琚主持重开渠首，历经五年，自丰利渠上，开石渠五十一丈，“然渠底仍高河水三尺”。此后三十年间，多次出现渠口“吞水渐少”的情形。元至正初期，御史宋秉亮在王御史渠基础上，“再令开凿加深八尺，如此不待囤堰之设，先有五尺自然之水入渠”①，由此弥补了王御史渠的不足，达到无坝自流的引水效果。就丰利渠和王御史渠的工程性质而言，两者均为石渠，引水方式完全一致，唯一不同的是河道筑堰材料的变化。宋代为木堰，元代为石囷堰。为了节省石囷物料开支，御史王琚才会将渠首选择设在泾河河道狭窄处，这已经是当时条件下人们能做的最大努力了。渠道开成后，按照李好文的记载，五县溉田“大约不下七八千顷”。

(二)从凿石渠到穿山洞:明代广惠渠的开凿

元代王御史渠自建成到明初，仅有五十年，又出现渠堰壅塞毁坏、水源不足的情况。从明洪武八年（1375）至明天顺五年（1461），八十多年间明政府对引泾工程已进行了五次较大规模的整治，重点仍是渠首洪堰工程。尽管每次整顿均声称取得了很好的效果，但均难以支撑太久。面对泾渠洪堰屡修屡废的困局，唯一的办法就是继续在上游寻找合适的渠口。泾渠渠口屡经变迁，汉唐宋元以来几经变迁，不断上移，渠道由土渠变石渠，已经预示着渠口的选择空间已经越来越少了。这一条正如研究者指出的，原渠口位置因泾河向下切蚀使河床

① (元)宋秉亮:《泾渠条陈》,《泾惠渠志》编写组编:《泾惠渠志》,三秦出版社,1991年,第101页。

低深，渠口相对显得高仰而难以进水。这次更上移渠口，必须得穿凿大小二龙山方能解决新渠口选址问题。

前节提及，这项工程由项忠倡率发起，后迭经余子俊、阮勤接力续修，历经十八年才得以完成。工程开凿的难度，在彭华所撰碑文中有详细记载，其中给人印象最深的是，“穿小龙山、大龙山，役者咸篝灯以入，遇石刚顽，辄以火焚水淬，或泉滴沥下，则戴笠披蓑焉”[①]。关于此次工程，明成化五年（1469）项忠在《广惠渠工程记录碑》中有载：

> 龙山洞北至新开广惠渠口，长五十四丈二尺，上广阔一丈，下广阔八尺，计积工一十八万五千三百六十四工，每一尺为一工；龙山洞长三十一丈六尺，洞高九尺，广阔八尺，计积工二万二千七百五十二工；龙山洞南至王御史接水渠口，长一百九十二丈四尺，随其山势高低不等，上广阔一丈，下广阔八尺，计积工六十五万八千八工。通共积八十六万六千一百二十四工。南北通共长一里五分四厘五毫。[②]

事实上，项忠所记录的仅仅是他所经历的广惠渠工程，后任者余子俊和阮勤开展的后期凿渠工程，并未记录在内。明成化十八年（1482），彭华在《重修广惠渠记碑》中将二位巡抚尤其是最终完成广惠渠工程的阮勤的工作记载下来：

> 役以辛丑(1481)二月兴。渠口有石卧渠中巨甚，乃堰水以西，凿石四尺，水得深入；又穷小龙山，架板槽阁泉溜，且凿且疏，深者至五尺，浅者至二三尺，广可八尺。六月大雨，河溢坏堤，涌沙石壅渠，俟少间，即筑堤堰水，疏渠凿石，工愈勤。至十月水冰，辍工。明年正月复作，治决去淤塞，遂引泾入渠，渠合中泉，水深八尺余，

① 明成化十八年(1482)《重修广惠渠记碑》,《引泾记之碑文篇》,第52页。

② 明成化五年(1469)《广惠渠工程记录碑》,《引泾记之碑文篇》,第33页。

下流入土渠。[1]

由此可知广惠渠开凿工程之艰难曲折。

作为这次开渠工程的一个意外收获，是在开凿大小龙山洞时，发现了龙山泉水，在渠道修通后，泾河和泉水共同构成广惠渠的水源，与宋元两代“水深五尺”相比，这里变成了“水深八尺余”，说明龙山泉水流量还是比较可观的，对于引泾灌区水源而言，起到一个很好的补充作用。经过这次重大治水工程，泾渠灌溉面积达到8300余顷，与宋元两代相比，可谓不相上下。但是这样的结果，却是以越来越大的资金投入和钱粮夫役负担为前提的。治水政绩的背后，是泾渠各县民众年复一年的沉重差徭和苦乐不均的生活。

（三）从泾泉并用到拒泾引泉：龙洞渠的开凿

按照清道光二十一年（1841）蒋湘南《后泾渠志》的说法，龙洞渠即明代广惠渠。其与广惠渠最大的区别就是水源由之前的泾泉并用，以泾为主，以泉为辅，改为拒泾引泉，以泉为主。对于泾渠而言，这无疑是一个重大变革。之所以如此，仍然是泾河水患影响的结果，原本引泾是为了兴利除弊，但是到了清代，引泾造成的破坏和威胁越来越大，无法承受，两害相权取其轻，反复权衡之后，当局者不得已断臂求生，预示了传统时代生产力和技术条件下引泾灌溉的最终失败，历代官员孜孜以求试图恢复汉唐泾渠盛况的愿景化为泡影。对于整个引泾灌区而言，这无疑是一个重要的历史拐点。研究者认为，这也标志着关中大型农田水利工程的彻底萎缩。[2]

在这次改变之前，历代治水官员从未有过不引泾河的想法，尤其是宋金元明以来，除了丰利渠、王御史渠、广惠渠这些成功的引泾工程外，还有为数众多、大大小小的渠道改造和维修工程，无不服务于

---

① 明成化十八年（1482）《重修广惠渠记碑》，《引泾记之碑文篇》，第53页。

② 参见李令福：《关中水利开发与环境》，人民出版社，2004年，第289页。

引泾灌溉的需要，所谓“泾不引，为之奈何”[①]。因此，清乾隆二年（1737）拒泾引泉的决定，可谓冒天下之大不韪。仔细梳理拒泾引泉的历史过程便可发现，这一行为的发生存在一定的合理性。明代广惠渠开凿成功后，在泾渠水源上，就已出现泾泉并用的情况。但是到了明天启年间，广惠渠灌溉面积已减少到755顷，[②]说明历史时期反复上演的引水困难问题不仅仍然存在，而且到了一种积重难返的程度。清顺治九年（1652），泾阳县令金汉鼎重修广惠渠时，发现“就谷口上流，分水入渠……后泾水从上奔泻，石堰遏之，其怒愈甚，土石承委，不得不朒，……嗣后凿石渠深入数丈，得泉源焉，瀵涌而出，四时不竭……但见涓涓滔滔，正循郑白故道，经络诸邑之壤，殆天异乎泾焉者”[③]。这对于当时的地方官员来说，不失为一个新的选项，“原夫此源，从万山渗漉而出，未经开凿并归泾，既经开凿，单行渠，即谓之引泾水焉可也”[④]。尽管如此，清初顺治、康熙、雍正三代从未有过拒泾引泉之议，而是继续像前代官员们一样致力于泾渠的修葺清淤，以确保泾水入渠为目标。对于如此繁难反复的修渠工程，明末时人已多有议论：“按修堰故事，每年自冬徂春，四县委之省祭及各渠长、斗老，纠聚人夫以千万计，馈送粮米，玩日愒时，吏胥冒破甚深，及至春耕人夫散去，而渠依旧未浚也。年复一年，吏书以修渠为利薮，小民以修渠为剥肤，非一日矣。”[⑤]可谓弊端丛生，民众深受其苦。在此困顿形势下，人们对大、小龙山上的泉水充满期待，认为这是上天赐给他们的机会，“如银河之落九天，而星海之泛重渊也。……不假夫泾，天造地设欤？人力欤？异哉！”[⑥]由是，陕西巡抚接纳了翰林侍读学士世臣拒泾引泉的建议，于清乾隆二年（1737）十一月动工，两年

① 清代中期《重修三白渠碑记碑》，《引泾记之碑文篇》，第142页。

② 明天启四年（1624）《抚院明文碑》，《引泾记之碑文篇》，第118页。

③ 清代中期《重修三白渠碑记碑》，《引泾记之碑文篇》，第142页。

④ 清代中期《重修三白渠碑记碑》，《引泾记之碑文篇》，第142页。

⑤ 明天启四年（1624）《抚院明文碑》，《引泾记之碑文篇》，第117页。

⑥ 清代中期《重修三白渠碑记碑》，《引泾记之碑文篇》，第142页。

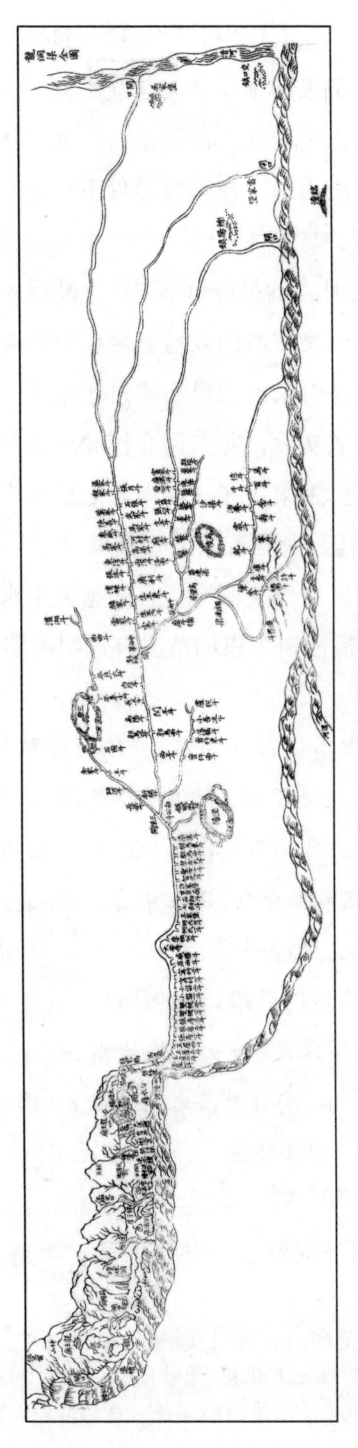

图 4-8　清乾隆《泾渠志》之《龙洞渠全图》

后完成水源改造和通水工程，进入“拒泾引泉”的时代。

客观地讲，清人拒泾引泉的举动确实与众不同。一方面是因为从宋至清，经过六百余年的沧桑变迁，泾渠渠口一而再再而三地向上迁移选址，深入仲山山腰石质山地，在当时条件下已经很难找到更为合适的渠口位置。另一方面，与以往不同，大、小龙山泉水的发现，使人们有了新的选项，加之时人的鼓噪和议论，[①]最后才有了拒泾引泉的无奈决策。实践证明，引泉灌溉的效益和规模根本无法与引泾相提并论，清朝官员们对于拒泾引泉的前景有些过于乐观。这表现在两个方面：其一，龙洞渠开凿成功后，并未彻底摆脱或减轻泾河之害，反而是有增无减，不堪其扰。王太岳在《泾渠志》后序中所认为的龙洞渠开凿之后，“农民得释其劳费之苦而安于灌溉之乐”的局面并未出现。相反，清乾隆朝曾四次出任陕西巡抚且熟悉关中水利的一代名臣陈宏谋，对于龙洞渠开凿后泾河为患的情况有过明确阐述：

> 自此以后，不但田不能借资泾水，并须处处防护泾水，不使入渠，方免冲塞。雍正、乾隆年间，请动帑修筑石堤，挑浚渠身，无非防泾水入渠为患之计。自筑石堤以后，泾河水涨，仍有冲堤塞渠之患，危险堪虞。本部院亲临查勘，现在渠身，已非复郑白之旧，渠中一泓清水，与泾河浑流，仅隔一线，浑水一入渠中，清浊不敌，立见淤塞。为今之计，泾水不能引灌，毋庸计议。石岸之易于冲陷，首宜严防。现在石岸仅堪容足，有如筑墙堵水，高亦难免水漫，不但浑水有时内冲，渠中清水，尚且外渗入河，危险之形，宛然在目。倘此一线石堤，稍有疏失，源头阻塞，全渠即归无用。[②]

这里提到的主要是两个问题，一是泾河冲塞渠道，造成淤塞破

① 清乾隆《泾渠志》作者王太岳对于拒泾引泉就持高度肯定的态度，“以视昔人，凿山堰水，力愈勤而谋愈拙者，岂特事半功倍而已！”代表了当时人的一种看法，可将其视为改革派。

② (清)陈宏谋:《修理郑白渠石堤檄》,《皇朝经世文编》卷一百十四《工政二十·各省水利一》。

坏；二是泉水外渗入河，导致水量减少。与过去引泾灌溉时面临的情况截然相反。其二，龙洞渠自引泉后，其初期灌溉数字为74032亩，勉强与明代广惠渠后期持平。清道光二十一年（1841），蒋湘南《后泾渠志》记载，龙洞渠溉田数为67039亩，其中泾阳县56697亩，醴泉、高陵、三原三县加起来仅有10342亩。清光绪六年（1880）、七年（1881），“惟泾、三、醴三县得受其泽，仅荫地三万九千余亩，高陵则无复有灌溉之利”，其完全沦为一个小型水利灌区，灌溉次数多寡不一，“徒有水利之名，已无水利之实”，[1]灌区民众种旱地纳水地粮，叫苦不迭。清道光二十一年（1841）《后泾渠志》作者蒋湘南曾评论说：“后世泾河日下，渠日高，土功不获，变为石工，宋元明三代遂由山址而凿及山腰。倘非山灵效顺，泉源瀵出，则钓儿嘴之开必有不惜劳费者矣。凿渠益艰而收效益微，求如汉代溉田之盛，不可得也。专用泉水虽省费无算，而为利更不能及前代矣。”[2]此可视为对拒泾引泉工程的一个否定性评价。清同治年间（1862—1874），尽管先后有两名官员欲重启引泾工程，终未能成功。于是，泾渠就以如此“颓废”的状态进入民国时期。

（四）从拒泾引泉到筑坝引泾：泾惠渠的兴修

民国时期，百废待兴。面对引泾灌区衰败的情况，关中有识之士无不以恢复引泾灌溉事业为使命和责任。1913年，陕西军政府高级顾问郭希仁访德，与在德国留学的陕西蒲城人李仪祉同游欧洲诸国水利，他勉励李仪祉要专攻水利，将来学成后为国效力。1917年，郭希仁兼任陕西省水利分局局长，矢志振兴水利，思复郑白旧观，曾草测地形拟就引泾计划，求教于已留学归国的李仪祉。1922年，陕西靖国军领导人于右任、胡笠僧，建议利用赈灾余款，兴办引泾灌溉工程，成立渭北水利委员会，力促李仪祉回陕就任总工程师。1922年夏，李

---

① 清光绪二十五年(1899)《龙洞渠记碑》,《引泾记之碑文篇》,第171页。

② (清)蒋湘南:清道光二十一年(1841)《后泾渠志》卷三《泾渠原始》,第6页。

仪祉回陕，就任陕西省水利分局局长兼渭北水利工程局总工程师，“命其门人刘钟瑞、胡步川组织测量队，测量泾河及渭北平原；继命须恺等设甲乙两种计划，并议借赈款施工”。然军阀混战，时局不靖，李仪祉的引泾计划搁浅。1930年，杨虎城主政陕西，复邀李仪祉回陕，襄助陕政，兼任建设厅厅长，杨大力支持兴修引泾工程，决定由省政府拨款，并准备派一个师的兵力参加修渠。工程经费由陕西省政府筹四十万元，华洋义赈总会筹四十万元，后有檀香山华侨捐款十五万元，爱国将领和社会慈善家朱子桥先生捐水泥两万袋，南京中央政府拨助十万元。于是，李仪祉的筑坝引泾计划得以顺利实施。

根据实地勘察测量，李仪祉提出甲、乙两种规划。甲种系高坝方案，在钓儿嘴泾河大转弯处顶部之下穿山建造灌溉隧洞，在泄水隧洞出口之上河谷最狭窄处建坝，坝顶长度约200米，坝体最高处75米。工程完成后，可灌溉渭北平原泾阳、三原、临潼、富平等九县农田400万亩以上，该方案需资金700万~800万元。乙种为低坝方案，通过修筑拦河坝，专门灌溉清河南区，也就是过去三白渠灌溉区域。乙种规划分为三种，主要差别在于拦河坝的选址、灌溉面积和投入资金。最终选择花费最少的第三种方案，拦河大坝择建于明代广惠渠口上游，跨河建混凝土滚水坝，凿左岸山腹为引水洞至老龙王庙下与明代旧隧洞衔接，并扩大古隧洞口。泾河至此有自然落差2.5米，山谷窄深，两岸石壁陡峭，为石灰岩及页岩，设计坝可抵抗夏汛10米高的滚水压力及其冲下的走石。低水位时，河水完全揽入渠内。[①]1931年李仪祉在《引泾水利工程之前因及进行之近况》中说，此次合作所用计划，将前计划改为拦河坝，长约60米，最深处坝高15米（实际9.2米），凿引水洞324米，凿宽旧石渠约2千米，石渠宽6米，拓宽旧土渠4千米，开新渠4千米与旧渠相接，泉水、河水混流，设计流量16立方米/每秒，计划灌溉面积50万亩。主要原因是工款所限，望速

① 参见《泾惠渠志》编写组编：《泾惠渠志》，三秦出版社，1991年。

受益。按此计划，共需资金150万元。[①]泾惠渠工程于1930年冬开始动工，前后分两期，一期工程于1932年夏完工，实现灌溉面积50万亩。二期工程于1933年开工，1934年底完成，至1949年新中国成立时，共有醴泉、泾阳、三原、高陵、临潼等五县注册灌溉面积69.06万亩，超过工程设计灌溉面积。泾惠渠因此成为中国近代农田水利工程现代化的一个典范，也是李仪祉主持筹划的“关中八惠”的示范和样板。

当然，泾惠渠工程完成后，泾河洪水、泥沙、走石破坏等消极因素依然存在，并非毫无影响，但在实践中均有很好的应对措施。据《泾惠渠志》记载，泾河汛期洪水涨势迅猛，原渠首进水闸因水压过高，每次人力启闭需一小时左右，常因关闭不及危及渠道，1933年历史上最高洪水位高出拦河坝顶14米，闸门启闭机械全部没入水中，始有另建节制闸及退水闸的计划。1934年于渠首引水洞出口大麦囤、二龙庙及赵家沟三处各建退水闸一座。其中二龙庙为节制闸及退水闸，建成后操作既易，启闭及时，引退准确，减少了下游渠道淤塞之虑。[②]新中国成立后，为解决灌溉面积扩大、泾河供水不足等问题，灌区大力推行渠井双灌，合理开发利用地下水。全灌区在已有机井2945眼的基础上，计划增打机井7055眼，达到机井万眼，渠井双灌面积计划发展到80万亩，灌区各县分别制定打井计划，组织力量，发动群众，形成打井高潮，于1986年全部完成。[③]泾惠渠水利工程的兴修，不仅解决了困扰泾渠社会千年的不确定性问题，而且为新中国农田水利建设奠定了良好的基础。新中国成立以来，泾惠渠水利灌区走上一个新的发展阶段，1978年灌溉面积135.5万亩，是当时工程设施和水资源条件下的最大程度，真正走出了不确定性的世界。

以上是对历代泾渠水利工程的一个纵向梳理。从中可以发现，泾河洪水的破坏性和水量的不稳定性是影响泾渠水利社会的一个重要变

---

① 参见《泾惠渠志》编写组编:《泾惠渠志》,三秦出版社,1991年。

② 参见《泾惠渠志》编写组编:《泾惠渠志》,三秦出版社,1991年。

③ 参见《泾惠渠志》编写组编:《泾惠渠志》,三秦出版社,1991年。

量。面对这样一个具有不确定性的问题，历代治水官员投入了极大的心力和智慧，试图通过工程技术手段和严格的管理措施加以解决。然而实践证明，受技术、制度和时代条件的限制，想要一劳永逸地解决这种不确定性几乎是不可能的。取而代之的是，年复一年、日复一日的渠道岁修、疏浚，以及每隔十年、二十年、三十年就要投入巨大资金、物力、人力进行的重大水利整治工程，宋代的丰利渠、元代的王御史渠、明代的广惠渠和通济渠、清代的龙洞渠就是典型代表。分析这些典型水利灌溉工程不难看到，自宋代开凿丰利渠以来，泾渠开凿已经日益艰难，从最初的泾河下游土质谷地到上游的石质谷地，从土渠到石渠，从石渠到石洞，从无坝引水到筑坝引水，水利工程的维修、改造和创建成本越来越高，成为压在泾河流域各级政府、官员和民众身上的沉重负担。

回顾这段历史，令人不胜唏嘘。清乾隆二年（1737），拒泾引泉的初衷原本是减轻财政和劳役负担，彻底解决泾渠灌溉具有不确定性的问题，最终却事与愿违，不但未能减轻劳役负担，反而导致泾渠灌溉面积更加萎缩。晚清以来，清政府内外交困，财政匮乏，地方政府更无力投入更多的资金进行大规模水利工程的兴建和整治。因此，泾渠灌区水利社会的衰败就变得无法逆转。1930年李仪祉主持修建泾惠渠，无论在用工方式、资金来源、工程技术等方面均不同以往，而有了现代水利工程的特点，取得了极大的成功，重新恢复了唐宋时期郑白渠的荣耀，用现代水利工程技术、管理方式和制度，解决了困扰泾渠千年的不确定性问题，这是历史的进步，更是泾渠古老灌区的涅槃重生。

四、追求稳定性：泾渠水利社会中的制度、规则与秩序

自秦汉唐宋以来，泾渠水利社会展现出国家主导的单一面貌，体现出国家大型水利工程本身的特点。上节从环境和技术的角度，发现泾渠历史上长期存在着一种不确定性，于是历代治水官员便通过工程

技术手段努力降低不确定性，保持水源、水量和渠道的稳定。然而仅仅如此是不够的，本节意在说明自唐宋以来泾渠水利社会如何通过出台水利法规、规章制度、用水规则和水权分配办法，确立一套稳定的用水秩序，以此应对和抵消引泾灌溉不确定性带来的不良影响，维持社会稳定和经济繁荣。

(一)从《水部式》到《用水则例》——泾渠历代水利法规

与泾渠有关的最早的水利管理法规，是西汉元鼎六年（前111）左内史倪宽开凿六辅渠灌溉郑国渠旁高地农田时制定的“水令”，《汉书》有“定水令，以广溉田”的记载，然水令具体内容不详。现存与泾渠有关的水利法规则是唐开元二十五年（737）政府颁布的《水部式》，被誉为我国现存年代最早的一部水利法典。该法典原文已亡佚，清末在敦煌千佛洞文献中发现其残卷29段，按内容可分为35条，2600余字。其中不少内容涉及关中郑白渠，包括灌溉管理制度、灌溉行政组织、农业用水和其他用水矛盾的处理三方面内容。在灌溉管理制度方面，规定渠系配水工程均应设置闸门；闸门的尺寸要由官府核定；关键配水工程订有分水比例；干渠上不许修堰壅水，支渠上可以临时筑堰；灌区内各级渠道控制的农田面积要事先统计清楚；灌溉用水实行轮灌，并按规定时辰启闭闸门，使灌区内田亩都能均匀受益，等等。对于灌溉行政组织，规定渠道上设渠长，闸上设斗门长，渠长和斗门长负责按计划分配用水；各州县行政长官负责所辖地区水利事务，分别选派男丁和工匠轮番看守关键配水设施，发现问题及时修理；如损坏严重，须由县向州申报，协助解决，并将灌区管理好坏作为官吏考核晋升的依据。对于农业用水与水力碾硙、航运用水的矛盾，也做了相应的规定，对灌区碾硙用水的限制极为严格，规定“凡有水溉灌者，碾硙不得与争其利”[①]。

元代泾渠管理制度，集中收录于李好文《长安志图》下卷。该制

① 周魁一:《我国现存最早的一部水利法典——唐〈水部式〉》,《中国水利》1981年第4期。

度可视为对唐代《水部式》水利灌溉制度的继承和发展，一直沿用至明清时期。元代设置屯田总管府管理泾渠事务，管理制度包括洪堰制度和用水则例两部分。洪堰制度是针对渠首拦河溢流堰和渠上重要分水枢纽的维修管理制度。分水枢纽主要包括唐以后形成的三限闸、中白渠上的彭城闸、太白渠下的邢堰等。洪堰立于泾河中流，立石囷以壅水，总用囷1166个。因石囷常被水冲，故常年固定由受益五县各派两名富实人夫共计10人负责看管维护。三限闸和彭城闸是泾渠上的主要分水枢纽。每年灌溉季节，灌区诸县各派官吏1人前往，共同监管分水比例。干支渠和135座分水斗门也有巡监官和斗门子看管，督促附近受益户随时修理渠道并防止偷水。放水时由灌区管理机构——渠司派人自上而下沿渠检查，每年停灌后及时修理。7月间由受益户分别疏浚相应渠段，又自8月1日至9月底集中对渠系建筑物进行维修，受益各县按田亩面积派工，共计出夫1600人。10月恢复放水，进行冬灌。

《用水则例》主要涉及水量的时空分配。元代的流量计算只有过水断面面积和灌溉时间的概念，1平方尺的过水断面称为1徼，1徼水一昼夜可溉田80亩。三限、彭城两座分水枢纽的水深，要逐日测量上报，以便渠司据以安排各渠用水时间和次序。灌区田亩自下而上实行轮灌。各斗门子预先将本斗控制的田亩数和所种作物种类上报，由渠司安排开斗和闭斗时刻，并颁发用水凭证，按证用水，不许多浇和迟浇。未经允许，禁止拦渠筑堰壅水。禁止砍伐渠道两旁树木。若违反灌溉用水制度，除经济处分外，严重者还要施以刑罚。[①]元代泾渠的这套管理制度，在明清时期仍被继承和沿用，充分表明自元代以来，泾渠水利管理制度已经相当成熟，经受住了时间的考验，成为灌区社会官民共同遵守的重要水利法规。

此外，由于泾渠是国家主导的大型农田水利灌溉工程，因而历代以来朝廷均设有专门的水利官员全面负责泾渠水利事务。唐代设有京

---

① 参见(元)李好文:《长安志图·用水则例》。

兆少尹充渠堰使、白渠使；宋代有度支判官、总三白渠、都水丞、秦凤经略使、提举常平使者等朝廷官员负责；元代有屯田府总管兼河渠事、河渠营田使司大使等水利职官，也有行台御史、监察御史等参与水利事务；明代主要由陕西巡抚和西安水利同知等官员负责管理，地方则由州县长官兼管；清代则由川陕总督、陕西巡抚等封疆大员，水利通判及泾阳县令等不同层级的官员来负责处理泾渠事务。由此可见，泾渠水利管理历来都被纳入国家视野当中，具有明显的官方主导色彩。

（二）捉襟见肘：泾渠渠工经费的筹措与调整

泾河洪水和沙石对渠首工程造成的破坏和渠道淤塞问题是宋代以来最为棘手的问题，可视为引泾灌溉最大的威胁。宋代丰利渠、元代王御史渠、明代广惠渠及其后续工程通济渠、清代龙洞渠这些不同朝代的大型整治工程，都是为了消除泾河水患的影响。从结果来看，这些工程竣工后短期内都取得了不错的效果。历代引泾碑记就是对这些治水官员的一种褒奖。然而由于泾河水患的不确定性和巨大破坏性，很多耗费巨资和劳力完成的水利工程，往往支撑不了太久，就会重新出现淤堵、进水不足、堤坝溃决的现象。因此，宋代以来泾渠水利志、地方志和水利碑刻中多有工程维修的记载。本节以历代泾渠碑记为主，希望能够呈现不确定性状态下泾渠渠工的基本面向。

就渠道工程经费来看，主要解决方式是以民间摊派为主，朝廷和地方政府拨款支持为辅。无论大小工程，其经费均主要来自泾渠灌溉县份受益村庄和民户。宋代泾渠可灌溉泾阳、三原等六个县份。北宋淳化二年（991），泾阳县民杜思渊在泾河造木堰以导水流入渠口，“凡用梢桩万一千三百余数，岁出于缘渠之民，涉夏水潦，土堰遽坏，漂流散失，至秋，复率民以葺之，数敛重困，无有止息。……所彼缘渠之民，计田出丁，凡调万三千人”[①]；北宋大观二年（1108）开凿丰利渠前，通常年份的岁修费用分隶六县，“岁以八月属民治堰，土木

① (元)脱脱等撰:《宋史》卷九四《河渠四》,中华书局,1977年,第2347页。

一取于民，费以亿计”[①]。元代亦如此执行，“于使水户内差拨……验田出夫千六百人，自八月一日修堰，至十月放水溉田，以为年例”[②]。到明代项忠开广惠渠时，消耗夫匠口粮14726.2石。这项费用由官仓粮和利户粮分担。其中官仓粮6383.7石，利户粮8342.5石，后者为主体，占全部口粮支出的57%。在具体摊派时，官仓粮由广惠渠五县分担，其中高陵、醴泉和临潼三县因受益地亩较少，只分担10%，其余的90%由泾阳和三原两个用水大县承担。[③]利户粮则完全由泾阳和三原两县承担。这在某种程度上也体现了泾渠上下游不同县份在水权分配上的不均衡状态。同样，明正德十二年（1517）陕西巡抚萧翀修建通济渠时，“其匠作所费银米，一出受水之家，而非取诸公帑”[④]，可见，泾渠灌区受益民众承担了主要的工程费用，这也成为灌区常态。

但是，当民众的付出和回报不对等时，他们就会产生抱怨和抵触情绪。宋代丰利渠就出现了这样的问题，“夹渠之民，终岁闵闵，然望水之至不可得，而输赋如平时，民以是重困”[⑤]，“然堰成辄坏或数月坏，故兴修之功，要为文具，而民无实利”[⑥]。为了减轻民众负担，时任官员请求朝廷“给赐工师缗钱”，不敢完全依仗民力。工程完成后，宣称“是役也，费不烦民，因民之利”，“民不告劳”云云。[⑦]这种渠民负担加重的现象在明代也多次出现，明成化十八年（1482），因多年经费征派，给老百姓造成困扰，“且曩者之费，率征利及之民，今民未获利而征之，恐不堪命”[⑧]。明正德十二年（1517）亦有记载：“然夏秋泾水涨溢，堤辄崩决，渠道壅塞，农无所利，工役岁繁，人

---

① 约北宋大观四年(1110)《丰利渠开渠记略碑》,《引泾记之碑文篇》,第12页。

② (明)宋濂等撰:《元史》卷六十五《河渠二》,中华书局,1976年,第1631页。

③ 明成化五年(1469)《广惠渠工程记录碑》,《引泾记之碑文篇》,第34页。

④ 明正德十二年(1517)《泾阳县通济渠记碑》,《引泾记之碑文篇》,第65页。

⑤ 北宋大观年间《开永丰渠记略碑》,《引泾记之碑文篇》,第12、13页。

⑥ 北宋大观四年(1110)《开修洪口石渠题名记碑》,《引泾记之碑文篇》,第16页。

⑦ 约北宋大观四年(1110)《丰利渠开渠记略碑》,《引泾记之碑文篇》,第13页。

⑧ 明成化十八年(1482)《重修广惠渠记碑》,《引泾记之碑文篇》,第53页。

多苦之。”[①]为减轻渠民负担，治水官员在解决渠工经费时采取了很多变通办法，产生了很好的效果。明成化十八年（1482），陕西巡抚阮勤“以帑藏金粟募工市材食役者，功成然后责偿于民可也”[②]。无独有偶，清道光二年（1822），主持重修龙洞渠工程的知府鄂山，预算工程经费约需二万一千两，考虑到“民力未能办”，提出“借帑金二万两，分五年均于受水之田征偿”的解决方案，获得渠民好感，“及工兴而夫徒趋赴，克期集事”。[③]可见，这种由国家垫付，给渠民缓冲之机的经费筹集办法是一种行之有效的变通方式。

为解决渠工经费浩大不易筹集的问题，明清时期的治水官员还想出了第三种解决方案，主张推行雇工制，即将修渠工作交由专门的水工技术人员来担任，人员费用仍由灌区民众分摊，这样便可以减少很大的经费支出。明嘉靖泾阳进士吕应祥，直言泾渠民间征派劳役劳民伤财，诸弊丛生，主张起夫不如征银，“若每地一亩，征银一分，雇觅土工，专员督修，实有裨益”[④]。明嘉靖十五年（1536），他向致仕回乡的明代理学家马理揭示了泾渠夫役弊端：“每役夫修渠，获狎见焉。分工者咸枕锸而卧，官至斯起而伪作，去卧如初，石工亦然，官监之不易周也。”马理的学生张世台也说：“生家有役夫自述如吕子言。”[⑤]两人说法让他确信过去单纯从民间征派夫役的办法是缺乏效力的，于是提出雇用专业渠工的建议：“闻三原之市有土石之工焉，计役夫所费取十分之一以雇之，不胜用矣。夫诸工者，游食之民。货取之于渠，所编而为夫，遂分工而使之，讫工者给其值，否者役，缺者补……则财不伤，民不害，而事易举也。”[⑥]这个方案尽管很有新意，但只是一个想法，并未得到实施。直至明天启四年（1624），陕

① 明正德十二年(1517)《新凿通济渠记碑》,《引泾记之碑文篇》,第72—73页。

② 明成化十八年(1482)《重修广惠渠记碑》,《引泾记之碑文篇》,第53页。

③ 清道光二年(1822)《重修龙洞渠记碑》,《引泾记之碑文篇》,第160页。

④ (明)吕应祥:《修堰事宜》,(民国)高士蔼:《泾渠志稿》,1935年,第86页。

⑤ 明嘉靖十五年(1536)《重修泾川五渠记碑》,《引泾记之碑文篇》,第84、85页。

⑥ 明嘉靖十五年(1536)《重修泾川五渠记碑》,《引泾记之碑文篇》,第84、85页。

西巡抚孙某发现泾河洪堰工程维修中存在的弊端和漏洞，“按修堰故事，每年自冬徂春，四县委之省祭及各渠长、斗老，纠聚人夫以千万计，馈送粮米，玩日愒时，吏胥冒破甚深，及至春耕人夫散去，而渠依旧未浚也。年复一年，吏书以修渠为利薮，小民以修渠为剥肤，非一日矣”[①]。可见，修渠无论在渠头水老还是渠民眼里，都已经成为一个敷衍塞责的工作了，他认为：“欲杜往日弊窦，惟在增添水手，时时疏通，所费乃不过万分之一，而小民得受全利矣。”于是，他将原来的7名水手增加为30名，成为专职渠道维护人员，“其水手工食，每名每年给银六两”，共计180两。其中，给每名水手种无粮官渠岸地，“转抵工食银二两五钱”，另外再给每人3.5两，共105两，“此项银两应该泾、三、醴、高四县受水地内照亩数均摊”。[②]当时，四县受水地共有755.5顷，每顷派银0.13898两。其中，泾阳县受水地637.5顷，派银88.59998两；高陵40.5顷，派银5.62875两；三原46.5顷，派银6.46273两；醴泉31顷，派银4.3893两。明嘉靖十五年（1536）马理设计的雇用专业工人的方案到这时变成了现实。果然，这种责任到人的方式，产生了立竿见影的效果：“果自天启二年（1622）设立水手之后，二年、三年内泾水大涨，水高数十丈，自龙洞至火烧桥泥沙淤塞几满……赖水手不分昼夜挑浚渠中小石，本司仍损俸募石工锤破，水得通行。此法立，而其效彰彰之券也。”[③]

第四种渠工经费筹集方式是清光绪二十五年（1899）时任陕西巡抚魏光寿提出的。清末龙洞渠灌溉效益已急剧下降，到清光绪十一年（1885），“惟泾、三、醴三县得受其泽，仅荫地三万九千余亩，高陵则无复有灌溉之利”。为此，魏光寿一方面“筹提库帑”，另一方面“乃就地长筹经费，以资岁修”。设立渠道维修基金，“遇有微工，随时修理，只许动用息银”，如工程量较大时，“则先行核实估计，禀候

① 明天启四年(1624)《抚院明文碑》,《引泾记之碑文篇》,第117页。

② 明天启四年(1624)《抚院明文碑》,《引泾记之碑文篇》,第117、118页。

③ 明天启四年(1624)《抚院明文碑》,《引泾记之碑文篇》,第117、118页。

批准，酌提存本，工竣造报”，“非有大工不再动用国帑”，[1]以此来应对渠工经费不足的问题。这里，他做了两个新的调整，龙洞渠历来分官渠和民渠两种，因此他主张用官帑修官渠，民渠由民间自行筹集经费解决。同时，依靠社会力量筹集经费，设立工程专项维修基金，解决每有工程临时摊派筹款不及的问题。由于清末龙洞渠水利已经大不如前，民众修渠积极性不高，他还动用了军队参与水利工作，“乃分檄各营并立挑汰”，改变了过去无论经费还是劳役均单纯依靠民间的做法。通过采取这些措施，还是取得了很好的效果，所谓“拮据经营，事以粗集，增溉地十万亩”，[2]灌溉面积达到139000亩，与清乾隆五年（1740）龙洞渠开凿时的74000亩相比，已经是很大的改变了。

我们在探究帝制时期泾渠经费和劳役征调问题时，不难发现这个大型水利灌溉工程在实际运行中确实存在着模糊地带，这有助于我们更好地认识和把握宋代至清代泾渠屡修屡废、逐渐衰落的深层次原因。年复一年的泾渠岁修和重大工程修建时的经费摊派和劳力征调，给灌区社会和民众造成了极大的心理压力和经济负担，也让基层水利管理人员有了可乘之机。如吕应祥所揭示的，“洪堰夫役，一千一百有奇，俱是夫头包揽，一遇点查，大半不到”，“渠老斗门，除免本身外，常卖放数名，以供使用”[3]。前揭明天启四年（1624）碑文中“年复一年，吏书以修渠为利薮，小民以修渠为剥肤，非一日矣”的记载，都显示了这一持久存在的问题。

进入民国，李仪祉主持泾惠渠工程时，无论在经费筹措还是劳力调配方面，均发生了显著变化。开渠经费由陕西省政府、华洋义赈总会、海外华侨商人捐资解决，重点已经从灌区各县转移到了国家和社会层面，具有了新的时代气象。在劳役方面，主政陕西的杨虎城给李仪祉准备了一个师的兵力来协助开渠。泾惠渠作为陕西近代第一个现

---

① 清光绪二十五年(1899)《龙洞渠记碑》,《引泾记之碑文篇》,第172页。

② 清光绪二十五年(1899)《龙洞渠记碑》,《引泾记之碑文篇》,第172页。

③ (明)吕应祥:《修堰事宜》,(民国)高士蔼:《泾渠志稿》,1935年,第86页。

代化大型农田水利灌溉工程，其无论在工程技术水平还是工程经费、劳力调配方面，均具有了传统时代没有的时代特点，这同样是泾渠灌溉摆脱不确定性和内卷化而走向新阶段的一个重要转折。

(三)泾渠历史水权分配与水利争端

斗门轮灌制度是泾渠水权分配的核心，所谓“设斗门以均水”，事关用水权益，极受官民关注，是泾渠水利秩序平稳运行的关键。泾渠斗门的管理运行规则，李好文《长安志图》的《用水则例》中已有明确规定，明清以来泾渠斗门管理制度因袭了元代的斗门制度，具有稳定性。随着泾渠渠道的兴废，沿线各渠系斗门历代皆有变化，高士蔼曾考证说：“秦汉引泾灌田，用水之法，史不详载，唐设斗门，而无从稽其数，宋言斗门一百七十有六，元代斗门一百三十五，今则一百零五斗，在泾阳界者四十四斗，在三原界者五斗，在高陵界者五十七斗，昔时开斗，由上而下，至元开斗，由下而上矣。”[①]

无论斗门数量怎样增减变化，其水权分配和运行的基本规则并未发生太大变动。现存泾渠志中，蒋湘南的《龙洞渠志》与高士蔼的《泾渠志稿》均有关于泾渠斗门、时刻、地亩、利夫的详细资料，反映的是清代拒泾引泉后的水权分配和用水规则。两者不同之处在于，《龙洞渠志》是按照斗门位置顺序从上而下进行排列，《泾渠志稿》则是按照斗门轮灌时间先后进行排列。因作者高士蔼对元代以来斗门名称、溉地数量的变化等有所比较和评价，信息更为丰富，故据此对清代泾渠即龙洞渠的水权分配制度及其水利实践加以呈现。

清代泾渠共有106斗，灌溉泾阳、醴泉、高陵、三原四县共计67039亩土地。其中高陵57斗，泾阳44斗，三原5斗，醴泉与泾阳分用4斗，不单独开斗使水。其中，位于上游的泾阳县是用水大县，占有天时地利人和的条件。该县44斗由上18斗、中10斗和下16斗组成。其中上、中28斗均在泾渠分水枢纽三限闸以上使水，下16斗在

① (民国)高士蔼：《泾渠志稿》，1935年，第29页。

三限闸以下。三限闸下北白渠共有9个斗口，其中泾阳4斗，三原5斗。可见，泾阳县在龙洞渠水利灌溉体系中占有绝对优势。在溉地面积、用水时间方面：龙洞渠四县中，泾阳县灌溉面积最多，达到56698亩。高陵尽管有57斗，实际受益面积只有3990亩。对于高陵县灌溉面积的减少，高士蔼指出："昔时引泾，高陵水利尚称沾足，至弃泾引泉，水量大减，高陵五十七斗，徒存其名耳。"[①]同样，三原县5斗也仅溉地2952亩。清乾隆《三原县志》对拒泾前后三原五斗灌溉情况作了对比，发现之前五斗溉地4650亩，至此几乎减少一半。醴泉县溉地3400亩，前后变化不大。就使水时间来看，泾阳44斗，从每月初七日寅时起，至下月初一日巳时三刻止，共有24天以上水程。高陵每月3天，三原稍有不同，每月初十日未时分水，十一日卯时受水，至十三日卯时停止，实际每月有2天水程。醴泉县每月二十九日寅时初刻受水，至每月初一日巳时三刻止，共计水程3天6时2刻。高陵、三原、醴泉三县完全处于边缘和弱势地位。

清乾隆、嘉庆时期，三原、高陵二县渠民先后与泾阳发生水利争讼。讼端起因是质疑泾阳县铁眼成村斗的用水权限。据清嘉庆二十四年（1819）碑刻记载，"该斗口系生铁铸眼，周围砌石，上覆千钧石闸，每月在于铁眼内分受水程"，可溉泾阳县地2160亩。每月用水分大小月。其中大建月自初二日起，小建月自初三日起，均至十九日寅时四刻止。大建月水程约17天，小建月约16天。每月初五、初十、十五三天三夜为长流水，水流直通泾阳县，"过堂游泮，以资溉用，名为官水"。一个斗拥有如此多的水程，在龙洞渠105个斗中位列首位，非他斗可比。即便如此，成村斗众水户也多抱怨水不够用，言"昔年每名夫浇地九十余亩，迩来去斗近者只可浇地三四十亩，离斗遥远者仅能浇地二三十亩而已，此渠水今昔大小不一之故也"，恐怕也是实情。[②]泾阳县位居龙洞渠上游，可见水不足用、供不应求是清代龙洞渠所有

---

① （民国）高士蔼：《泾渠志稿》，1935年，第30页。

② 清嘉庆二十四年（1819）《龙洞渠铁眼斗用水告示碑》，《引泾记之碑文篇》，第151页。

斗口均面临的一个严峻现实。水权是水资源稀缺条件下的产物，民不患寡而患不均，在此情况下水利争讼就不可避免了。

清乾隆五十三年（1788）、五十七年（1792）和嘉庆二十四年（1819），先后有三原、高陵县的斗门、水老赴三原、高陵县状告泾阳县铁眼成村斗偷盗、堵截渠水，妨碍他们正常用水，但是三次诉讼均告失败。事后，铁眼成村斗利夫、斗门和全体头面人物发起，将官府判决刻碑立于斗旁，在碑文中写明，该斗的水权是经过官方认定的，他们严格遵照水册规定，且"每岁正赋输纳廿一顷余亩水量，修渠当堰，支应廿一顷余亩之差徭"[①]，以此证明其水权的合法性。成村斗是否有违规使水行为，已无从考证。从历史的角度看，这一争讼行为并非偶然。早在唐代，高陵县令刘仁师曾替高陵人主持公道，目的就是反对泾阳县豪强和权势者霸水上流，影响高陵用水。最后获得朝廷支持，制止泾阳人的霸水行为，为高陵县设置彭城闸，修建刘公四渠，获得合法用水权。当时的三白渠系用水分水制度尚在形成过程中，且白渠水利正处于上升阶段，是在水流相对充足的情况下发生的分水行为。与之相比，清代这次争水事件是在水流不足情况下上下游不同用水主体之间的较量，下游要改变现状，上游要维持现状，不容改变。由于泾渠斗门制度已运行多年，无论水流是否充分，这一分水制度也不会轻易变更。从官员的态度来看，也是坚持现行制度不变，不愿因此产生更多的争端和麻烦。因此，民众的用水需求在当时实际上已经无法得到满足。

这一争讼事件也表明，在泾渠上下游不同用水者之间，在水缺乏的情况下，已经不能严格执行"一条鞭"式的轮番使水办法，而是要用霸、盗、抢、买的行为来改变现实，导致水利秩序更为混乱。这是暗藏在泾渠水规背后的严峻现实。事实上，泾渠水利社会并非字面意义上的井然有序，同样潜藏着不公正和不平等的行为和事件，这也是泾渠历代兴废变动的一个负面效应。元代李好文在泾渠用水则例中已

① 清嘉庆二十四年(1819)《龙洞渠铁眼斗用水告示碑》,《引泾记之碑文篇》,第151页。

揭露了当时水利运行中存在的贿赂渠斗人吏、匿地盗浇、买卖水权、违规截霸的不法行为。清代中期《重修三白渠碑记碑》亦载："迩来实繁豪强，肥己夺人，往往斗诸原，哗诸庭，甚有争桑衅邻，勤三邦会勘者，岂相友相睦之道耶?"[①]这表明清代泾渠水权实践中，争水行为已经愈演愈烈，引起人们的关切。在水源不稳、水流减少的情况下，围绕水权的争夺和交易行为会更为频繁、更为公开，对水利社会的运行秩序形成挑战，最终导致人们深陷水利危机而难以解脱。曾经盛极一时的泾渠水利，在清代所面临的这种尴尬状况，既是拒泾引泉这一决策行为造成的后果，也是时人追求确定性的失败。看似合理的分水用水制度，在水源变化、水量减少的背景下，变成了一纸空文和制度约束，加剧了泾渠民众的苦难。

五、结论

引泾灌溉是秦汉唐宋以来的一个国家水利工程，更是一个民生工程，对于历史时期关中社会经济的发展发挥了重要作用，历来得到朝廷、官员和地方社会的高度关注。引泾灌溉在两千多年的发展过程中，经历了发展、兴盛、起伏、衰败和重生，是一个极为典型的水利社会类型，与山西的泉域社会、洪灌型水利社会、小微型灌溉社会相比，它不仅是一个大型的水利工程和水利灌区，而且具有浓厚的官方主导色彩，前文重点利用的历代泾渠图、泾渠志、泾渠碑等，无不体现出一种国家话语。更为重要的是，由于泾河洪水的巨大破坏性和引泾渠首工程的不稳定性，给泾渠社会带来了不确定性。自宋元明清以来，发生在泾渠水利社会的一系列国家治水和改造工程，以及与之相伴的水利法规、渠工经费和劳力征派、分水制度和水权管理，都是为了应对这种不确定性，将不确定性造成的影响降到最低，持续稳定地维护泾渠水利社会的合理运行。从实践效果来看，在清乾隆二年（1737）拒泾引泉工程之前，宋代丰利渠、元代王御史渠及明代广惠

① 清代中期《重修三白渠碑记碑》，《引泾记之碑文篇》，第143页。

渠、通济渠等泾渠发展史上的重大水利工程，某种程度上达到了较好的治理效果，使泾渠灌溉面积始终保持着一个大型水利灌区的水平，创造了引泾灌溉的盛世，这是值得充分肯定的，也是历代治水官员所极力追求的效果。但是这些成绩的取得，却是以极大的人力、物力和经济成本为代价的，这种代价隐藏在官员光鲜亮丽的治水政绩背后，具有隐蔽性，常常不易被人发觉。笔者关注了这个问题，并对其加以深入解读。通读材料后可知，宋元明时期泾渠的发展也是水利社会民众的苦难。只有将民众的苦难史和泾渠水利发展史结合在一起，才能整体地呈现泾渠水利社会的基本特点，而不是过去人们一味关注的国家治水成功的行为。

民众的苦难、官员的治水压力和泾河洪水为患的不断加剧叠加在一起，最终促成了清乾隆二年（1737）的拒泾引泉工程——龙洞渠的诞生。龙洞渠的开凿是泾渠发展史上的一个重要拐点，它的开凿，意味着历代官员们为实现泾渠汉唐气象所做出的种种努力，最终归于失败。笔者认为，清代拒泾引泉事件并非偶然，而是存在着某种历史必然性。伴随泾河的不断下切和侧蚀，为了实现无坝自流引水，泾渠渠口不断上移，从土质谷口转到石质山地，从修土渠到修石渠再到凿山穿洞，工程难度越来越大，开凿和维护成本越来越高，官员们为了筹集经费、征调劳力费尽心思，想尽办法，并常常为自己减少经费和劳力、缩短工期、减轻民众负担的举措沾沾自喜。泾渠民众因水利而受害，成为渠工经费和劳役的主要承担者，年复一年，不堪其扰。清道光十二年（1832），在泾阳县令主导重修泾渠工程时，因不满官员“昼夜督责不休”，“民至有上诉，愿弛其利，以免劬累者”，[①]渠工之重到了让老百姓主动放弃自身享有的水利权益这个地步。这些行为的发生，与泾河洪水为患造成的不确定性和反复进行的修渠工程关联极大。明代项忠开挖大小龙山凿洞引泾时意外发现龙洞诸泉，为拒泾引泉工程提供了契机。

① 清代中期《重修三白渠碑记碑》,《引泾记之碑文篇》,第141页。

明代广惠渠开凿之后，泾渠水源已经发生变化，从过去的单纯引泾变成泾泉并用，以泾为主，以泉补泾。这本是明代广惠渠工程的重大创新，并取得了可观成效，灌溉规模已接近唐宋时期的水平，但是由此带来的工程维修成本，却是这些彪炳史册的治水官员们始料未及的。清代拒泾引泉工程，便是对引泾灌溉“积重难返”的一个直接回应，人们要在利害之间有所平衡选择。继续引泾，对于官员和民众均成痼疾，不愿触碰。拒泾引泉，在决策者眼里，是一个最好的替代方案，是官民都愿意接受的良策。于是，拒泾引泉的成功，使泾渠水利社会进入后引泾时代。然而，后引泾时代泾河继续为患，给龙洞渠的运行造成更大的麻烦，水利灌溉规模不断萎缩，从最初的7万多亩，变为6万多亩，直至清末的2万多亩。修渠依然在继续。比起过去的引泾灌溉，龙洞渠引泉工程同样投入巨大，甚至是得不偿失。曾经盛极一时的郑白渠工程至此只能苟延残喘，难有转机。

在此背景下，清代泾渠水利社会中从宋元以来继承下来的渠道体系、灌溉制度、管理办法与水利衰败的现实已经不再相互适应。具有地理优势的泾阳县在清代水利灌溉系统中的一枝独大和泾阳、高陵等县对泾阳发动的水利诉讼，成为泾渠水利社会在传统时期上演的最后一幕，最终以悲剧收场。总体来看，宋元以来的泾渠水利发展史，其实是围绕不确定性上演的一幕历史剧，其主要情节是：治水成功—万民欢腾—泾河为患—水利失修—治水成功……人们通常认为故事的主角是治水官员，但事实上，泾河才是真正的主角。如果没有泾河的水利与水害，便不会上演这部人水互动的环境史大剧。只是，这部循环剧是以民众的苦难作为代价和成本的。泾渠水利社会研究中，不能忘记关注历史时期的这些弱势者阶层。

进入20世纪，随着科技进步和时代发展，泾渠水利社会迎来转机。中国近代水利科技的奠基人李仪祉先生主持兴修泾惠渠工程，打破了过去材料和水工技术条件限制下的无坝引泾自流灌溉模式，代之以筑坝引水的方式，在工程经费筹集、劳力、技术等方面都有了新的特点，民众享受水利灌溉之余不用再承担沉重的摊派和劳役，水利灌溉规模从50万亩、60万亩攀升到新中国成立后1978年的135万亩，真正再现了汉唐气象，不断超越历史，书写出新的泾渠水利故事。泾渠在20世纪的涅槃重生，彻底摆脱了传统时代泾渠治理的历史循环，就此而言，法国学者魏丕信提出的水利周期与王朝周期，[1]只能解释传统，不能解释现代，更不能指导未来。

① 参见鲁西奇：《"水利周期"与"王朝周期"：农田水利的兴废与王朝兴衰之间的关系》，《江汉论坛》2011年第8期。

第五章　黄土高原的山水渠与村际水利关系

——以清《同治平遥水利图碑》为中心的田野考察

一、七山七水与七城：《同治平遥水利图碑》的发现及相关内容

清同治元年（1862）《平遥县新庄村水利图碑》（以下简称为《同治平遥水利图碑》）发现于平遥县古陶镇新庄村三圣庙内河神殿廊下。这通碑的碑阳部分记载的是平遥“侯郭、新庄、道备、东西游驾、南政、尹城、刘家庄”在内的八村与西十三村的水利争讼事件。碑末还将这次讼案结束后八村和西十三村当事人各自所具甘结刻立于上。碑阴则分两部分内容，主体部分是水利图碑，另有四列文字，解释这幅图的来历和内容，据碑文所载：

> 汾州府志载平遥县山川河图，上载东南山河口共计七道，俱系从南北流，上轮下挨，共引灌地五十四村，均有各河水俸朱契粮税为凭。我侯郭、新庄等八村引水浇地，不惟有府县志书可考，而且有顺治、康熙、雍正、乾隆、嘉庆、道光以及咸丰年间历税水粮朱契，每年完纳国课以及价买水程时刻可凭。自国朝定鼎以来二百余年，每年完纳水粮银数十两，共纳过银一万有余。每月共水俸锹五十八张。按每张锹浇地四十八刻，一日一夜浇锹二张。每小建月共计二千七百八十四刻，轮流浇完，官锹五十八张。如遇大建月三十日，准南政村（闫、王）二姓使水一日，周而复始，不得紊乱，其与

西十三村有何瓜葛。讵料有十三村梁联霄等无凭开河，强夺水利。我八村清端傒公等涉讼二载，蒙断息讼。断案结状，前文注明，兹将山川河图并锹俸时刻记载于此，以为永远不朽。

这段文字虽然极精练，内容却非常丰富。它提及《汾州府志》上所载的一幅《平遥县山川河图》，其实是《平遥县山川图》（见图5–2）。只不过与府志图相比，这幅图碑所承载的内容要翔实得多。借助这幅图可以了解到平遥县东南山地丘陵区有七条南北流向的山水河。而这七条山水河均具有灌溉功能，一共有五十四个村庄受益。与文字记述内容相比，《同治平遥水利图碑》所显示的信息则更加多元、直观。在这幅图碑上，可以发现山、水、城构成了主体框架，与七条山水河相关的五十四个受益村庄则构成了这幅图的核心内容（见图5–1）。在此，我们可以首先对这幅图的内容加以描述，以此作为了解平遥当地水利开发与村庄发展的一个基础。

首先是山。平遥县作为晋中盆地的一个商业中心，为世人所熟知和了解的应该是作为世界历史文化遗产的平遥古城，以及以日升昌票号为代表的明清山西票号商人，以商业繁荣发达闻名于世。平遥县城处于一片相对开阔的河川平原地带，过去研究者很少论及平遥的水利开发，这一点并不奇怪。平遥作为晋商的一个中心地带，首先被人们所关注的自然是商业问题，涉及平遥村庄研究的，也大多是去讨论当地在明清以来即已形成的浓厚的经商习气。商人重利轻离别，平遥人因此也受到世人不少指责，蒙受不白之冤。对于平遥人从商的原因，人们大抵会从人地关系紧张、生存环境恶劣、结伴经商的风气等方面去论述。《同治平遥水利图碑》所描绘的平遥东南山地丘陵区的境况，与笔者过去对平遥的印象是有所不同的。

这幅图首先讲到了平遥东南部的七座山，由东而西依次是磐石山、鹿台山、戈山（一名鲁涧）、过岭山（一名东涧，又名东源）、超山（又名西源）、路牛山和门士神山。这七座山与武乡、沁源等县交

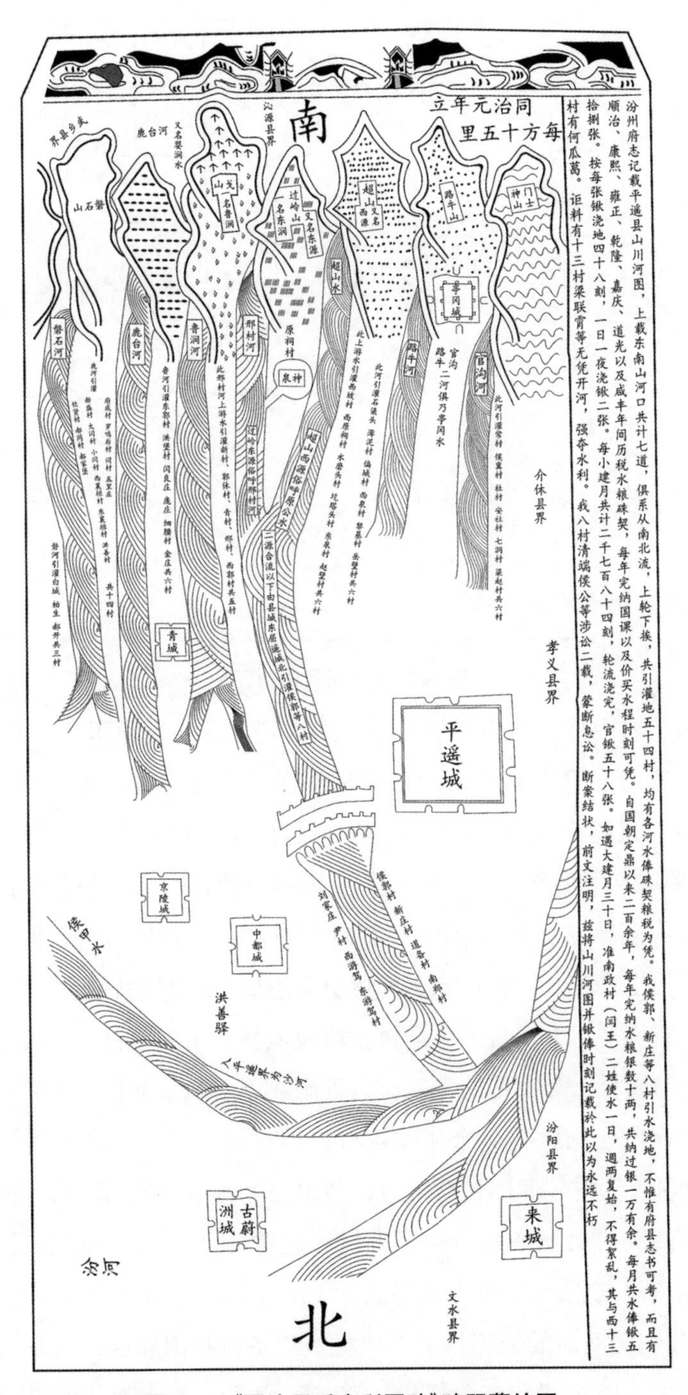

图5-1　《同治平遥水利图碑》碑阴摹绘图

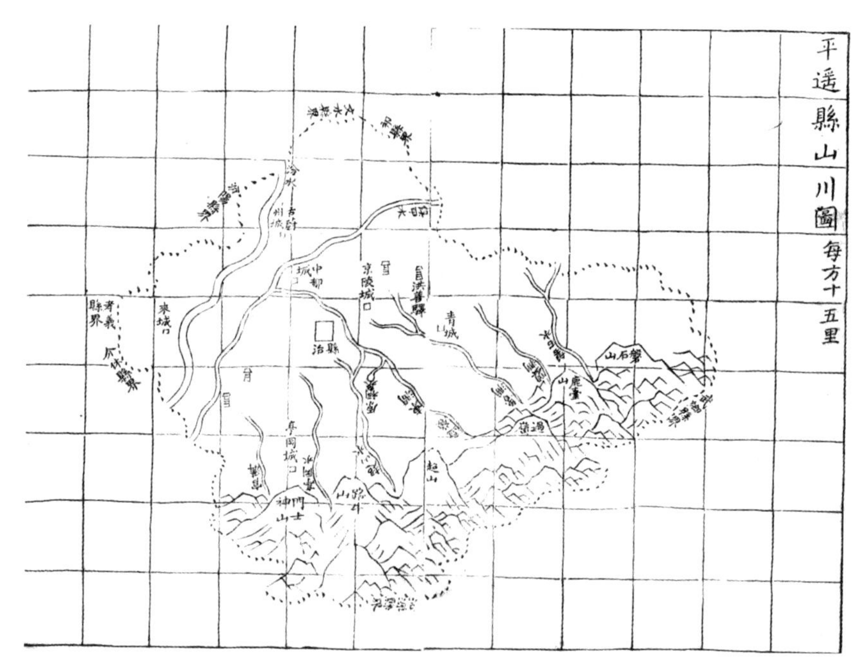

图5-2 《平遥县山川图》

界，属山西中部太岳山系的北缘，约占到平遥县域面积的三分之一。从这七座山发育出七道河，分别是磐石河、鹿台河（又名婴涧水）、鲁涧河、过岭东源（俗呼邢村河）、超山水（超山西源，俗呼原公水）、路牛河和官沟河（两河合称亭冈水，所谓“二河俱乃亭冈水”。其中官沟河导源于县西南山，俗呼门士神山）。其中，磐石河可灌溉白城、柏生、郝开三村；鹿台河可引灌府底村、罗鸣后村、闫村、五里庄、新盛村、大闫村、小闫村、西襄垣村、东襄垣村、洪善村、钦贤村、郝同村、郝家堡共十三村；鲁涧河可引灌东郭村、洪堡村、闫良庄、庞庄、细腰村、金庄共六村；邢村河上游水引灌新村、郭休村、青村、邢村、西郭村共五村；超山河上游水引灌西坡村、西原祠村、水磨头村、圪塔头村、东泉村、赵壁村共六村。邢村河与超山河，即东源与西源二源合流后，“由县城东屈遥城北引灌侯郭等八村”，分别是河西的侯郭村、新庄村、道备村和南郑村，河东的刘家庄、尹村、西游驾和东游驾村；路牛河引灌石渠头、薄泥村、偏城村、西泉村、黎基村、岳壁村共六村；官沟河引灌常村、侯冀村、杜村、安社村、七洞村、梁赵村共六村。在这七条山水河之外，还有一条没有灌溉之利的河流——侯甲水，又名侯谷水、胡甲水，即今山西祁县东昌源河，源出平遥县东南，向北经祁县境入汾河。图碑中标记说此水在平遥县界内称作沙河。

图碑中还有一些具有标识作用的地名信息——古城。这些古城有些已经废弃，只存古地名和遗迹，甚至不为今人所知，有些依然存在至今；有些是在平遥县界内，有些是在毗邻地域，具有很好的标识性。位于平遥县境内，与县境东南之山水有关的城分别是处在路牛山上的“亭冈城”，方志记载：“亭冈城在县南二十八里，不知所自始。”[①]该城位于路牛河和官沟河两条小山水河之间，方志中对两条小河均未记载。第二个是位于鹿台河与鲁涧河之间的青城，方志中有“青城在县东二十里，唐开元十年旧都，有五色龙见从西南入省城上升”的记录，看来这里曾经是一个灵瑞之地。还有位于侯甲水南面的京陵城和中都城。其中，京陵城在县东七里，始建于西周，方志载：“周宣王命尹吉甫北伐獫狁时所筑，汉为县，属太原郡。唐于县治南，置京陵府。水经注曰京陵县，王莽更名曰致城矣。于春秋为九原之地，即赵文子与叔向游处，故其京尚存，汉兴增陵于其下，故曰京陵焉。”中都城也是一座古城，方志中以汉文帝中都城称之，认为是汉文帝为代王时都于此。又有记载说：“中都城在县西北十二里。晋阳志云汉高祖十一年韩信遣太尉周勃平定代地，遂取山阳太原之区，亦属代。立子恒为代王，都晋阳，后都中都。魏时废为县，属平陶。”第五个是留存至今的平遥古城。此外，还有两个毗邻地域的古城，一为位于汾河南畔的古蔚州城，一为平遥、文水和汾阳三县交界以西的“来城”。方志载，蔚州城在县西北二十五里，后魏遣北蔚州居此，因置蔚州，后周废。来城在县西三十五里，按旧经云后汉来歙筑之以御

① 清乾隆《汾州府志》卷二十三《古迹》。本节引文未注明出处者，均见于该志书，特此说明。

寇，故名。这七座城的位置均位于山水之间，可知选城址时对山水地形等因素是有综合考量的，在《同治平遥水利图碑》中是一种地理标志和重要参照，足见图碑制作者的良苦用心。

以上是我们从这幅山川河图中能够直观掌握的历史信息。与《平遥县志》和《汾州府志》相比，此图碑可以说将历史时期平遥县的水利开发史以直接明了的方式展示出来，可弥补方志地图和山川水利志记载过于简略的不足。通过初步识读，我们还可以对平遥东南山区的七条山水河的开发利用状况有一个大体的把握，在七条山水河中，超山河、邢村河以及两河合流后共同灌溉的村庄共达到19个，是灌溉村庄数目最多的；居于第二位的则是鹿台河，共有13个受益村庄；位居第三的是鲁涧河、路牛河和官沟河，均为6个受益村庄；居于末位的是仅可灌溉3个村的磐石河。总体而言，七山、七水及其对应的53个受益村，共同形成了历史时期平遥县水利开发的总体格局。平遥县境内先后出现的七座古城，则是对这种山水生态系统的一个选择和适应，也成为明清以来地方水利秩序和村庄间相互关系形成的一个重要环境基础。

二、斗争、妥协与谈判：与《同治平遥水利图碑》相关的地方水利争端

山水渠是平遥县东南山地丘陵区众多有水利灌溉条件的村庄一个重要的资源。围绕《同治平遥水利图碑》，笔者在该县十余个村庄进行了实地调查，共收集到与水利有关的碑刻十通。其中，立碑年代最早者是清道光十一年（1831），最晚者1935年。碑文所涉及的年代则可远溯至明代，基本可以反映明清至民国时期当地官方和民众进行水资源开发的主要过程和特点。这十通碑无一例外地均与争水有关。尽管以往我们对明清以来山西水案的研究中已经发掘了不少这方面的案例，但是平遥水利碑尤其是水利图碑所呈现出的地方社会因争水而形成的紧张关系，持续不断的诉讼危机，还是给笔者留下异常深刻的印象。

近年来学界在水利社会史研究中，对历史时期的水利纠纷最为重

视，也是因为水利冲突能展现国家、地方社会和民众的多元声音与多方意志，因此有助于深入了解水利社会自身的运行机制。不过，也有研究者如贵州师范大学石峰对水利社会史偏重讨论水利纠纷的取向进行了批评，他认为这种取向基本认定“无纠纷不水利”，或者说没有纠纷和诉讼的水利社会是不存在的，进而举出贵州鲍屯的小水利工程事例对此加以反驳，试图以有无水利纠纷作为划定水利社会类型的一个标准，展示水利社会的多样性特点。①这样的批评尽管有一定启示意义，但是在实践中却缺乏解释力。贵州鲍屯是一个水资源非常丰富的区域，只有在水资源紧缺的地区，水因为稀缺才显得有价值，才会产生水权意识，人们才会为水而争。在水资源丰富的条件下，人们要处理的问题往往是相反的方向，如防洪排涝的问题、与水争地的问题，水在这种情况下就不再是某种居于中心地位的资源。在这种情况下，人与人、村与村、县与县乃至省际、国际之间呈现出的就是另外一种不同的关系。研究者近年来所揭示出的长江流域的围垸型水利社会，即可视为与北方水利社会不同的一种社会类型。②

以平遥水利图和水利碑为线索，可以对明清以来当地国家、村庄和民众的水资源观念和用水行为进行一个更为深刻的理解。其核心要义在于地方水利社会中，既有斗争，又有谈判和妥协，通过水利纠纷能够展示出北方水利社会中的不同面向。以往研究中对此是有所忽视的，因此会给人一种无纠纷不水利的错觉。似乎古人在面临水资源短缺而进行的竞争中，只有暴力文化，而不懂得合作与妥协。这与历史事实当然是不相符合的。在此，谨以明清以来山西平遥民众处理水资源问题时不同层次的实践途径加以描述和分析，旨在揭示北方水利社会史研究的弹性内涵，进一步理解水在特定区域社会人群的生存选择中所扮演的重要角色，阐明水对于区域社会发展变迁所具有的特殊影响力。

① 参见石峰:《无纠纷之“水利社会”——黔中鲍屯的案例》,《思想战线》2013年第1期。

② 参见鲁西奇:《“水利社会”的形成——以明清时期江汉平原的围垸为中心》,《中国经济史研究》2013年第2期。

（一）暴力对抗与对簿公堂：紧张的村际关系

如何合理地解决冲突，达致一劳永逸、长治久安的效果，是长期以来困扰山西水利社会中不论是官方还是民众的一个棘手问题。暴力对抗，强者为王，是水利社会中最为常见的解决冲突方式。虽然立竿见影，但往往代价惨重，且不能长久。清光绪二十八年（1902）平遥《公议社碑记》所描绘的情形就极为血腥残暴，据载："吾邑东门外有民田若干顷，负郭临河，襟惠济桥而左右之。名曰公议社。河源中都水，北趋大都引流灌溉，皆派畦蔬圃之属，社民利焉。而北村之民尤利焉。夫利之所在，争之所起也。自道光间构讼后，相安数十年。莫会庚子、辛丑岁频旱，河流涸塞，北村民日与社民寻睚眦，涉讼经年不息。盖北村民争水利，固曾与西村民互杀至数十命，积讼至十余年而后解者。"[①]民众争水源于气候干旱的持续打击，为水而争，付诸暴力，不惜牺牲生命，足见村庄间基于生存需要而进行的对抗和冲突。不仅如此，因争水产生的积怨和仇恨意识，还会通过刻碑立石的方式记载并流传下来。《同治平遥水利图碑》碑阳中就记述了久享超山水灌溉之利的北八村对西十三村以梁联霄为首的争水者的谩骂和仇视。该碑文中说：

> 国朝二百余年以来，止知我八村有凭有据共享水利，未闻有西十三村无凭无据争夺水泽。孰意于咸丰十年四月间，突出西乡人无耻生员梁联霄，听信其子梁焕，沟通杨通泗、孟学曾等十七人平地起浪，无凭开河，不顾损人利己，只图争夺水俸。我八村父老乡亲子弟孩童妇女以夺食如夺命，皆切齿而流涕，遂即纠众公议……在八村措办资斧……伏义竭力，不避斧钺，控县控府控省，质讼二载百十余堂。

① 清光绪二十八年（1902）《公议社碑记》，碑存平遥县清虚观。

此实可谓同仇敌忾，全民总动员出人出钱出力，誓死捍卫自己的用水权益。在此，对西乡生员梁联霄的攻击已到了破口大骂、无以复加的程度。这通立于乡村庙宇这一公共空间的碑文，势必会不断强化北八村和西十三村之间的对抗，并将其持久化，营造出一种因水争端而导致的异常紧张的村际关系。

不止于此，笔者所获平遥水利碑中，还能看到大村欺压小村，小村忍气吞声、委曲求全的情况。圪塔村是平遥超山水经过的一个村庄，该村一通立于2008年的新碑对村庄的历史和生态环境有一个比较精准的描述："然耕作土地多在河西，水源缺乏，土地贫瘠，生产条件滞后，坡街土巷，生活环境艰难。每逢夏秋雨季，村中一片泥泞，阻塞交通，严重影响生产。"[①]可见这是一个弱小、落后的小村。清道光十一年（1831）圪塔村水利碑记载了该村屡屡被邻近的大村东泉村欺凌的不利处境，碑文开头直言："我圪塔村蕞尔弹丸也，每受大村之欺，亦难言矣。自明迄今，超山之水与□山之水路过三村，而三村源头之所出，何以东泉村十分有七，上三村若遇小建，止有二分?"在哀叹不公的同时，也曾试图诉诸官府，结果"藩台抚台延讼数年，久则生病废食失业，自相摩动，所以悬案至今"。东泉村人则"卖水得利，积金争讼，我小村焉能与彼相敌?"[②]种种无奈，溢于言表。可见水利社会中还存在以强凌弱、强者生存的丛林法则。

较之暴力冲突和相互仇恨谩骂，以法律为途径，寄希望于地方政府来解决村际水利争端也很常见。兹以清道光二十年（1840）《麓台河历代以来争讼断结章程碑志》，以及七洞村与侯冀村在1923—1925年发生的官沟河水利诉讼为例来加以说明。鹿台河是平遥县东南七条山水渠中效益较为显著的一条河流。在山水渠的利用上，历来是无论上下游村庄，皆可享用，但绝不允许拦河筑堰，独占水利，影响其他

① 该碑无题名，立于平遥县圪塔村村口大槐树下。

② 清道光十一年(1831)《圪塔村因渠道兴讼自立碑记》,此碑镶嵌于该村大路旁墙体。

村庄引水。明清以来鹿台河上下游村庄为此常常发生争讼事件。据碑文载："自明弘治八年大闫村郝奎等为水争讼，上控臬宪，定为日夜十二时辰，每一时辰纳粮一升，按照朱契使水，不准乱行。有康熙六十年告准抚宪准结存案。有雍正十年渠数存案。有乾隆三十五年孙宪天造定汾州志可证。"[①]清道光四年（1824）七月初七日，冀郭村僧人澄性"拦河筑堰，霸水灌地"，经水辰主贺大显之雇工人张元功喊案，澄性自觉理缺，经人讲结受过罚赎。清道光十七年（1837），钦贤村任太学，严节信等因"贪种地亩，拦河筑堰，填塞渠路"，闫村堡刘遂良等人"望水情急，横堰挑渠，争讼三载"。此事本是钦贤村严节信等违规在先，但闫村堡刘遂良等情急之下，"未候官勘，领人挑挖"，也受到官方指责，反而被钦贤村严节信反诬上控于臬宪案前，清道光十九年（1839）经官"断令严节信等勿许拦河筑堰，任水自流"。清道光二十年（1840），平遥靳姓县主复谕令钦贤村人户，"永远不许拦河筑堰，河身之处不许栽树种禾"[②]，争讼双方也各自具结认罚。诉讼结束后，沿村堡等三村为维护自身权益不再受外村侵害，倡议刻碑于石，以志不忘，遂有《麓台河历代以来争讼断结章程碑志》的出现。

相比之下，位于官沟河的七洞村和侯冀村在民国年间的争水京控[③]案，则提供了一个政府通过诉讼程序解决民间水利冲突的鲜活案例。官沟河有六个受益村，自上而下依次可分为上中下三节，其中上节的常村和安设村，虽然有地缘优势，却因地高河低，引水不便，难享水利。位于中节的七洞和梁赵二村，则有较好的引水条件，可以开

① 清道光二十年(1840)《麓台河历代以来争讼断结章程碑志》,碑存平遥县洪善镇沿村堡古佛堂院内。

② 清道光二十年(1840)《麓台河历代以来争讼断结章程碑志》,碑存平遥县洪善镇沿村堡古佛堂院内。

③《清史稿》卷一百五十一《刑法三》中对"京控"有明确解释:凡审级,直省以州县正印官为初审。不服,控府、控道、控司、控院,越诉者笞。其有冤抑赴都察院、通政司或步军统领衙门呈诉者,名曰京控。

渠引灌，占尽优势。侯冀村和杜村则位于最下游，地势平坦，有灌溉之利，在用水上却受制于上游村庄。有研究表明，官沟河水利开发自宋代即已开始，明代的官沟河水源分为清水和浊水两种，明万历年间在水资源利用上实行“上轮下次，周而复始”的原则。[①]清乾隆、嘉庆年间，由于上下游争水事件增多，遂有“三七分水”和“小水独用”的办法出现。清乾隆十二年（1747），侯冀村冀来吉控告七洞村渠长王秉五于河道内“高筑长堰”，将水拦死，致下游的侯冀村无水可引。经官断令，拆去长堰，在安设村设分水闸口，“七洞得水十分之三，河下得水十分之七”，三七分水由此形成。不过，这一分水体例的前提是河道内的水量必须足够大，若水小不敷应用时，则优先让七洞村使水，这就是所谓“小水独用”的原则。

令人惊讶的是，自1923年开始至1925年，三年内七洞村与侯冀村连续因水涉讼，分别经过县判、省判和京判，从平遥县到省高等审判院，再到京师大理审判院，三审方得终审。有意思的是，一审中七洞村作为上诉方，赢得了诉讼。于是侯冀等村缠讼不休，相继通过二审、三审希望能打赢官司，结果均遭失败。事后，七洞村将三次诉讼的判决书镌刻在村中关帝庙内，意在彰显七洞村水权的合法性：“正所谓和衷共济，同心同德，且公理所在，尽人同情，宜其第二审省判，第三审京判，对于下游上诉俱皆驳斥，三审判决一致，水利从此稳固矣。”[②]七洞村显然是以一个胜利者的姿态来宣誓甚至是炫耀他们对水权的占有。官司虽有输赢，留在对立双方心目中的则是长久挥之不去的紧张对抗，这也是以往水利社会史研究中经常被研究者论及的。因争水诉讼导致的村际关系紧张，是缺水地区一种比较普遍的社会现象，对地方社会的人际关系、婚姻关系、宗教关系、贸易关系、行政关系等均会产生消极影响。

① 参见王长命：《明清以来平遥官沟河水利开发与水利纷争》，山西大学2006年硕士学位论文。

② 1925年《同庆安澜碑》，碑存平遥县七洞村关帝庙正殿廊下。

(二)缔结和约与建章立制:以水利为纽带的村庄共同体

尽管如此，冲突、对抗和诉讼也只是平遥水利碑刻中的一个面向，村与村之间基于共同的利害关系，通过协商、谈判和调解的方式，缔结和约并将之以文字形式固定下来，形成一种众人皆认可的规则，则是传统社会中一种内生的调节机制，展示了水利社会的另一个面向。研究者以往对山西水利社会研究中屡屡提及的山西“四社五村”，就是一个涵盖了霍州和洪洞十五个村庄在内的跨村庄的合作用水组织，在长达八百年的时间里，他们依靠当地人发明的自治管理水资源的社首制度，创造了在极低水资源供应条件下维护近万人生存和发展的节水机制和传统，显示了在水资源短缺的地区，人们不只是竞争、冲突和对抗，以和平、合作、谈判的方式自发地解决水利社会内部的矛盾冲突，也是一种比较普遍的存在。平遥水利碑刻中，涉及该方面的有如下几种类型：

1.村际合作:有条件的让步与水利规则的形成

清光绪二十九年（1903）庞庄村《鲁涧河执约碑序》记述了金庄、西郭、闫良庄和庞庄四村于清乾隆五十八年（1793）在朱坑村鲁涧河买到两亩泉地，挖出泉水后引溉四村土地的事。碑文中说四村分二十三池轮流浇灌，但“岁久年湮、渠壅池涸，而二十三池无力挑挖”。清光绪二十八年（1902）春，平遥县令周某谕令金庄等四村纠首范櫺等筹款开挖，四村花费巨款却未能挖出泉水。为了寻找泉眼，便扩大挖泉范围，欲在紧挨四村泉地的朱坑村人孔抡元的地里开渠挖泉，四村商议给孔抡元支付一百千文作为补偿。结果孔抡元不接受这个条件，挖泉工程暂停。随后新上任的平遥县令朱某委托清徭局绅士乔封山从中和处。乔拿出方案：“将朱坑村所出之水作为六股均分，金庄村、西郭村、阎良庄、庞庄村四村各得一股，孔伦元得一股，二十三池公得一股。”[①]孔抡元不要现金赔偿，而要获得用水权。四村与

① 清光绪二十九年(1903)《鲁涧河执约碑序》,碑存平遥县庞庄村庙内墙壁。

孔约定，在其地内如挖无泉之处，当时填平以免废地，地内粮差仍归孔抡元完纳。孔抡元所分之水在轮到其用水时任其自便。二十三池旧有渠粮、池粮，仍归二十三池完纳，日后再有修理渠道、挑挖源泉俱归金庄等四村四股派款。由此形成四村、二十三池和孔抡元依次轮流用水的规则：孔抡元：每月初一日起至初五日止；金庄村：每月初六日起至初十日止；西郭村：每月十一日起至十五日止；阎良村：每月十六日起至二十日止；庞庄村：每月二十一日起至二十五日止；二十三池：每月二十六日起至月底。

通过协商的方式使众人共同受益，明确各自的权利义务，可算作水利社会中一种通行的做法。1935年金庄村《南北鲁涧河源流水道详图》碑将四村自清康熙、乾隆时期就遵守的六条禁令和四村奉上宪饬“勒石禁令公定公认规章”重新刊刻，并绘制源流水道详图，体现了四村共同的权力意志，且带有宣示水权边界的性质，是村际合作的一种表现。公认规章第一条就明确了四村已经围绕鲁涧河的使用形成了一个关系紧密的水利共同体：“河水限于四村互卖浇地或往四村下游，不得转卖于四村上游，以杜争端而和邻谊。”[①]在刊刻了上述规章制度后，碑末还强调：“我四村团体永远存在，各遵旧例并遵照光绪二十九年执约办事，不得更改。”

与之相比，超山河和邢村河东西合流后浇灌的侯郭、新庄等八个村庄，也是一个颇有认同感的水利共同体。《同治平遥水利图碑》中的这段文字显示了八村共同遵守、履行的权利义务和用水规章：“我侯郭、新庄等八村引水浇地，不惟有府县志书可考，而且有顺治、康熙、雍正、乾隆、嘉庆、道光以及咸丰年间历税水粮朱契，每年完纳国课以及价买水程时刻可凭。自国朝定鼎以来二百余年，每年完纳水粮银数十两，共纳过银一万有余。每月共水俸锹五十八张。按每张锹浇地四十八刻，一日一夜浇锹二张。每小建月共计二千七百八十四刻，轮流浇完，官锹五十八张。如遇大建月三十日，准南政村（王

① 1935年《南北鲁涧河源流水道详图》，碑存平遥县金庄村文庙。

闫）二姓使水一日，周而复始，不得紊乱。”在这里，缴纳水粮银，按照排定的水程和官锹数量使水，已经是一个公认的制度，更是权力的象征，不容有丝毫动摇改变。这一规章同时也将其他有条件用水的村庄排除在外了。正因为如此，清咸丰年间西十三村梁联霄等人试图侵占八村水利的行为遭遇了失败。

清道光二十年（1840），闫村堡、兴盛村和大闫村因“三村各水辰主逢水辰引水灌地，恐被上村阻拦，水辰主独不敌强，以致水主不能使水”[①]。三村渠长和众多水辰主协商后达成一致意见，三村水辰按每月三十日昼夜十二时照水册轮流分派，“向后凡遇水主时辰，水下流经过之处，有人阻拦使水致起角口事端，三村情愿公办，不系水辰主一己私事。至三村内有水辰之家要卖水辰，仅许卖与三村之人，卖主不得高价，买主不得勒掯，由众量情公处。三村逢时辰水不论上水下水，由水主自便灌溉，上水地方不得乘机强使，如逢公议，由渠长等公处议罚。渠长等亦不得借端作为，如违公处议罚。恐后无凭，因立合同约，一样三张，三村各执一张，勒石以志永远为据”[②]。三村依靠这份协议，可以说形成了一个稳定的攻守同盟，依靠共同体的力量，确保各自权益不轻易被他人侵夺。

2. 中人出面：乡绅调解与缔结和约

当存在利害关系的用水村庄之间发生矛盾时，并不总是一味地诉诸诉讼，而是由一些在乡村中享有一定话语权的精英出面调解，化解纠纷。碑文记载，官沟河杜村和侯冀两村，“两界之间有山水渠一条，每逢水至，溉田辄起争端，历经兴讼，总无定断，今夏雨泽淋漓，又复争执控诉”，这时，“幸有邻村父老，张村之张君其同、张君守寰，大富村之郝君大显，北贾村之侯君经诗，田堡村之李君畅林，马君景

① 清道光二十年(1840)《再录三村公议合约》，此合约见于平遥县沿村堡古佛堂《亘古不朽》碑上。

③ 清道光二十年(1840)《再录三村公议合约》，此合约见于平遥县沿村堡古佛堂《亘古不朽》碑上。

援，霍君信成，马君企援惠来吾两村各公所，会同各公耆理论劝释，公议修筑用水章程，一归平允。各公耆复商之村众，皆合词称公，欣然乐从，不愿终讼。遂同诸老各书信约照，所议修筑用水与夫各需费应出之条，逐一开注详明，永无反悔。诸邻老乃将各立信约，公呈县宪察核，请息销案，当蒙传集覆讯无异，并蒙朱批各约后发给各执为据”。[①]这是地方力量主动介入公共事务、发挥协调作用的一桩典型事例，表明在传统水利社会中还是存在如黄宗智所言，处于国家与社会之间的第三领域的。正是由于这种力量的存在，降低了用水村庄之间因对抗而产生的高额诉讼成本，是水利社会的一种理性选择。上节所述鲁涧河金庄等四村在斥资寻找泉地的过程中，给予朱坑村孔抡元水权的方案，也同样是绅士出面协商的结果。

类似的，在《麓台河历代以来争讼断结章程碑志》中还记载了一个清康熙六十年（1721）所立《县东河分水合约》，时东西二河因争分水利引起诉讼，地方官员在处理这起纠纷时，动员了地方精英和当事人的亲友参与其事，“令同儒学张，亲友张翼、雷起伏、赵光玺、胡尚寅等，秉公指画。东河止于新筑之堰中梢上截开一水口，分水入渠，以灌东河田地。堰在东河，自备修理官，保西河有水五分。倘五分有余，自不待言，若五分不足，许西河拆堰争告。至渠堰若冲塌，仍许东河再修。两造各出情愿，恐口难凭，立合同约存照”[②]。此事因有中人和亲友出面，对立双方最终成功缔结了分水合约。

三、问题与思考

围绕《同治平遥水利图碑》及其相关用水村庄的水利碑刻，笔者对明清至民国时期平遥东南山地丘陵区的水利社会，尤其是村庄间围绕水资源的使用、分配、管理而形成的村际水利关系进行了初步分

① 清道光二十四年(1844)《和息水利碑记》,碑存平遥县杜庄村玉皇庙内。

② 清康熙六十年(1721)《县东河分水合约》,此合约见于清道光二十年(1840)《麓台河历代以来争讼断结章程碑志》,碑存平遥县洪善镇沿村堡古佛堂院内。

析。研究表明，在平遥东南山地丘陵区，由于水资源的缺乏，不利的生态环境和有限的生产生活资源，致使山水渠的水资源成为当地的一种稀缺资源。资源的稀缺性，导致了有利害关系的村庄间的恶性竞争。从实践来看，争水文化成为该区域社会的一个突出现象。与争水相关的村庄间的暴力对抗、以强凌弱和法律诉讼构成了这个水利社会的主要内容，紧张对立的村际关系是村庄水利碑刻留给研究者最直观的印象。与此同时，当地水利碑刻也展示出区域社会的另一面向，协商、谈判、合作与冲突、独占、暴力，共同塑造了水利社会的历史和发展轨迹。在对区域水利社会史的研究中，既要重视冲突，也要重视合作，二者是水利社会的重要组成部分，缺一不可。平遥水利图和水利碑无疑为认识水利社会的特点和多样性提供了重要案例。

进一步来看，水资源的稀缺性和不均衡性问题越是突出，越考验人们的智慧和处理问题的能力。观察水紧缺条件下人们的行为方式，是透视乡村社会权力秩序的一个极佳视角。笔者将切入点放在《同治平遥水利图碑》的分析和解读上，进而以水利图碑所提供的线索，对平遥县东南山地丘陵区的众多水利村庄进行了实地调研。实地调研中，笔者对历史上平遥这些水利村庄因水而产生的仇恨、偏见、对抗、冲突留下了深刻印象。在这项以搜集、整理和研究水利图碑为主要目的的研究中，我们真切地感受到这些散布在乡野的水利图碑对于认识区域社会民众日常生活和行为观念所具有的重要作用。无论是《同治平遥水利图碑》还是1935年《南北鲁涧河源流水道详图》碑，对于深化平遥水利社会史研究无疑具有重要意义，至少可以弥补正史和方志记载过于简略的遗憾，具有重要的资料意义。更为重要的是，这些刊刻在地方公共空间的水利图碑和水利碑文，无不彰显着村庄和地方人士的水权观念和水权意识，时时处处流露着人们惜水、争水、护水的观念和意识。即使是在平遥这个明清时期商业氛围、经商习气如此浓厚的区域，也带着深刻的水利烙印，强烈的水权意识和基于水利关系而达成的村际联盟、村际合作，是地方社会的一个显著特征。

可见明清时期平遥商业的兴盛并不足以改变乡村社会的根本面貌，这是值得反思的一个重要问题。笔者以为，以水利图碑为线索，进而搜集与之相关的水利碑刻、民间文献、村史村志、宗族族谱等，形成一个整体的审视地方社会历史的视角，对于深化区域社会史研究具有方法论意义。

以往研究中，笔者将水权作为水利社会史研究的核心，认为水权问题是水利社会形成的重要基础。通过本章的研究，可以说是进一步验证了这一观点的有效性和解释力。然而相比黄土高原区域社会中的其他要素而言，水利充其量只是其中的一个构成要素，并非全部。在平遥的田野考察中，笔者就发现水利之外，商业和宗族在地方社会的历史中也发挥着重要的整合作用，与水利碑一样，村庄中数量可观的商业捐资碑和各种题名碑中所透露的村庄大姓和宗族问题，同样引人注目。商业、水利和宗族之间究竟是一种什么样的关系？这些要素是如何在乡村社会中发挥作用，进而将乡村社会整合成为具有不同层次和归属感的群体？在中国乡村社会历史变迁中如何更有效地发挥它们的机制性作用？这些问题尚有待进一步探究。

第六章　清代绛州鼓堆泉域的村际纷争和水利秩序

——以《鼓水全图》为中心的调查与研究

鼓堆泉位于山西省运城市新绛县，县北九原山上有泉水，马踏之声如鼓，故名鼓堆泉。传说此泉由隋代县令梁轨开发，一是为了给州城中的官衙花园引水，二是以水渠浇灌沿线土地，自唐宋至民国均留下了引水灌溉的记载，隋代花园更是保留到了今天。北宋年间，鼓堆泉域形成了对名为“龙女”的泉水女神崇拜，并在鼓水源头修祠供奉，金代此神得赐名“孚惠”，孚惠娘娘庙[①]之后成为鼓堆泉域的信仰中心。明代经过官员和士绅的努力，水利系统得到修缮和扩大，更多的村庄加入了用水序列，鼓水流域有史可考的用水规则也是在此时形成的。清代留存了大量反映村际冲突与合作的碑刻资料，其中以席村、白村分别刊立的两通《鼓水全图》碑，和自称“西七社”的村庄联盟的活动最引人注目。

一、同名异质：从两幅《鼓水全图》说起

清嘉庆十六年（1811）九月，席村创修梁公祠竣工，刻碑为记。此碑碑阳为《创建梁公祠记略》，碑阴为《鼓水全图》，见图6-1。[②]清同治十二年（1873）十月，白村与席村因争树诉讼，白村得胜后亦刻

① 孚惠娘娘庙即孚惠圣母庙(祠),位于鼓堆。鼓堆因地处水源之地,故建有孚惠圣母庙(祠),俗称孚惠娘娘庙。新庙位于今新绛县古交镇阎家庄。行文中根据资料内容,三种称呼均有使用。

② 碑存新绛县席村村委会大院中。

《鼓水全图》于石，见图6-2。[1]两幅碑图都以“鼓水全图”为碑额，所记录的内容也均是以鼓堆泉为源头的渠道图以及周边的村落、庙宇、水利设施等，这证明两幅图关注的对象是相同的，即整个鼓堆泉灌溉体系。两图刻制间隔了六十余年，渠道有所改变实属正常，但两图所表现出的差异性远远超过了现实水道变化这个范畴。

首先是风格不同。图6-1除了有水渠、村落之类功能性的要素，还饶有意趣地加入了一些装饰性内容。如最北部对九原山的描绘就非常细致，并以绛州八景之一的“姑射晴岚”为注解；在碑图右侧和中部还题诗两首，分别是怀古和颂德；对绛州城的刻画也十分细致，将城池中的朱王府、龙兴寺、莲池、泮池以及城外的驿站、树林都绘制了出来。另外水井、堡寨、茶坊内容也是其独有的，庙宇的数量也要更多一些。图6-2则完全呈现出实用的风格，以水道、村落为基本内容，辅以图6-1所不具备的土地信息，同时水闸、堤堰等水利设施也更为详尽。值得一提的是，此图中文字方向严格以水流方向和土地分布方向为准，在操作中宁可留下大量空白也不添加功能之外的信息，每一条刻在图中的水渠都注明所浇灌的是何村土地，秉承着“如非必要，勿增实体”的原则。

其次是描绘的主要区域不同。两幅图以三泉桥、白村这两点所连成的线均是水平的，以这条“三白线”将图分为南北两边。可以发现此线在图6-1中偏南，在图6-2中偏北，这意味着图6-1主要关注的是自源泉至白村这片区域，而图6-2的则是白村以南的大片区域。吊诡的是，两通图碑所重点反映的区域与其刊立的地点完全不同：席村的水图（图6-1）对本村周边的描绘仅限于水道、村庄和水利设施，而对“三白线”以北距本村距离较远的区域却细致描绘了庙宇、桥梁、坟茔、水井、茶坊，甚至渠道引灌到田地的分渠支渠和村庄的城门都一一展现；白村的水图（图6-2）恰好相反，“三白线”以北仅占到全图面积五分之一左右，同时图中对渠道浇灌田地的记载均在此线以南。

① 碑存新绛县白村舞台上。

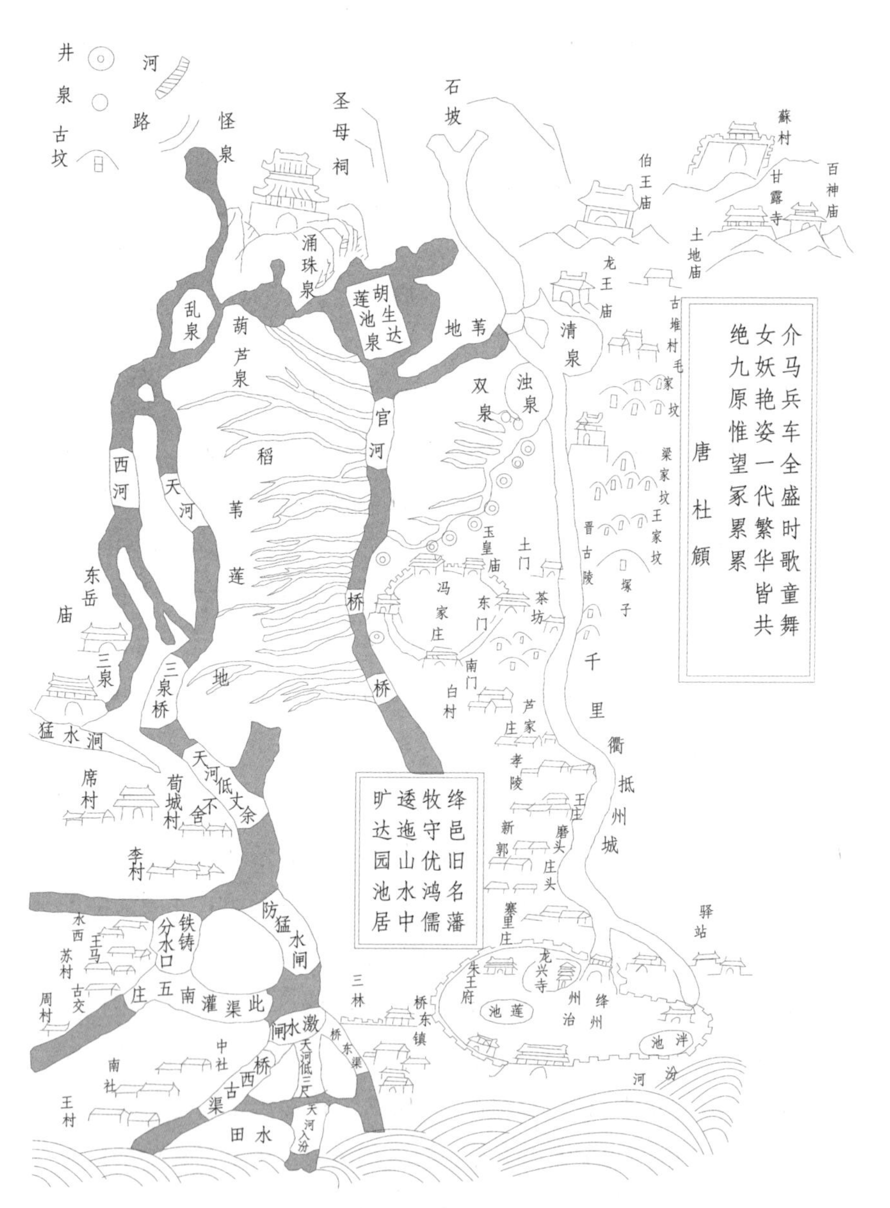

图6-1　席村清嘉庆十六年（1811）《鼓水全图》

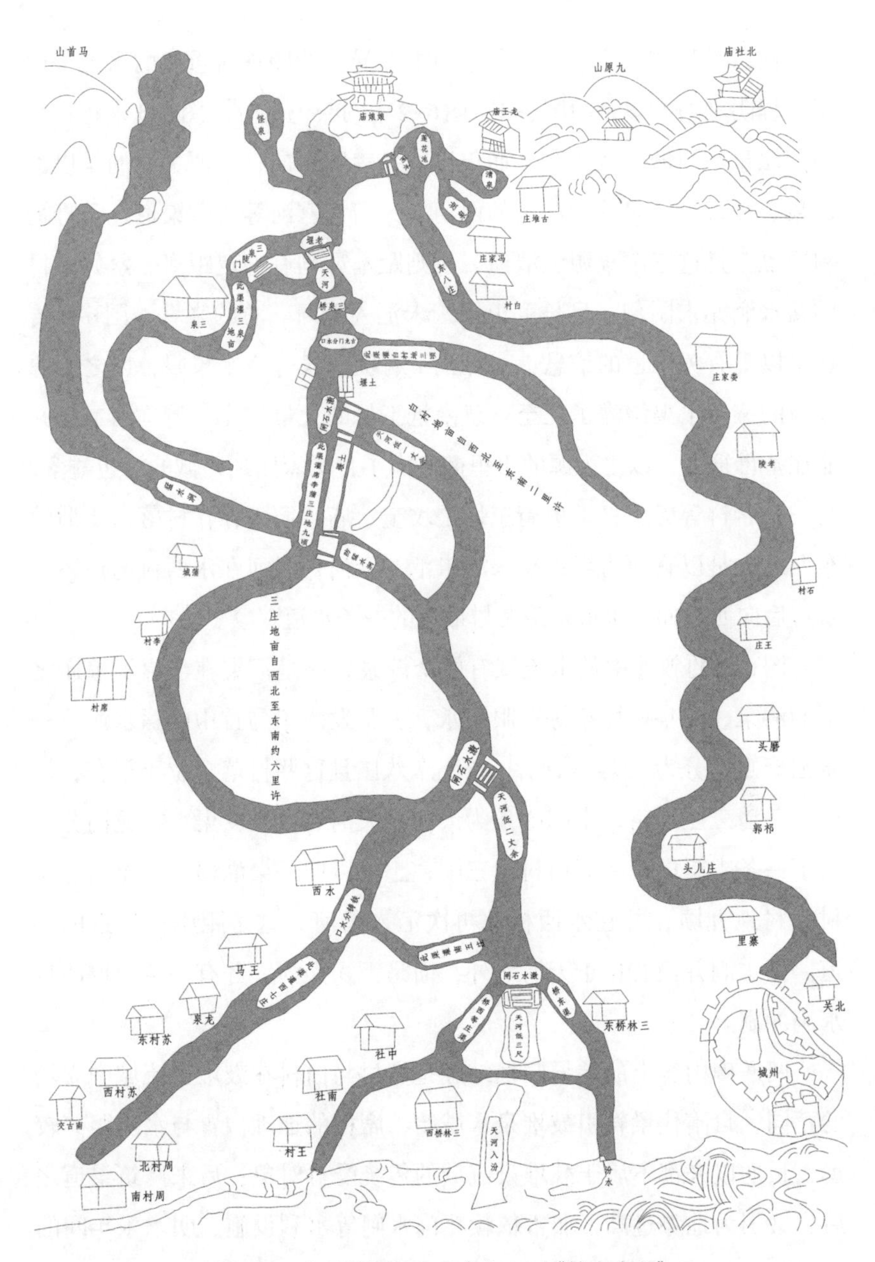

图6-2　白村清同治十二年(1873)《鼓水全图》

最后是具体内容，主要是水道的差异。两图均对重要的水道采取了全程阴刻的方案，即图6-1、图6-2中的灰色部分。图6-1未将传统的清浊泉—州城一线阴刻，而仅以线条表明走向，其所关注的是以涌珠泉、怪泉、乱泉等为源头的西河、天河、官河等三条渠道，圣母祠周边也正是这三个泉源，清浊二泉则距圣母祠有一定距离。紧邻席村的猛水涧亦未阴刻，且长度很短，未汇入天河。总的来看，图6-1传达了以下有关水道的信息：圣母祠下有涌珠泉等三个泉眼，以之为源修筑的三条水渠浇灌了北至三泉南抵王村的大量村庄；清、浊二泉并非在圣母祠下，以之为源的千里衢浇灌了自冯家庄到州城的沿边村落，与三泉席村等无干；千里衢东均是坟茔、庙宇而不存在村落，所谓的东西之分是以官河为界；猛水涧未汇入天河，天河在水西村的铁铸分水口后向西延伸的水道是距席村最近的一条水道。

图6-2的叙述中鼓水流域有两个源泉，一是汇聚在孚惠娘娘庙之下的清泉、浊泉、怪泉等三眼泉水，一是发源于马首山的猛水涧。三泉汇聚之后分为三渠，最东一条浇东八庄且这些村落多位于渠东，最西一条灌三庄地亩，中间一条为天河。天河有数条支渠：古龙门分水口下一条支渠向东南灌白村地三顷；土堰以西一渠灌蒲城、李村、席村三村地九顷，并在水西村北再次汇入天河，这是距席村最近的渠道。猛水涧并没有止于天河之外，而是汇入天河，并有一条土堰防猛水涧冲刷。

两通碑内容上的差异归根结底是席村与白村在鼓堆泉流域中立场的不同。自隋代梁轨引鼓堆泉入城始，席村的地理位置与水道距离较远，长期以来都不属于鼓堆泉流域的传统受益对象；后来修筑渠道之后，又因为地势过高，非常依赖斗门水闸等水利设施。明永乐年间的暴雨使得鼓堆水利系统废坠达九十余年，直到明弘治十五年（1502）徐崇德重修渠道后才得以恢复，此时的受益村落包括“东分白村等三村，西分三泉等七村，中余者合而为一，通流桥下，古号为龙门。合水口仍分二渠，已上东分卢李，已下西分席村”[①]，可见在用水的优先权上，白村居首，席村居末。明嘉靖十一年（1532）用水规则第一次以文字形式固定下来，席村并未被列入其中。[②]明万历三十五年（1607）左右，席村修筑了坚固的石闸之后得以免受猛水涧山洪的影响，至此才具备了稳定利用鼓堆泉水的基础。席村有了对鼓堆泉水的诉求之后，当地似乎经历了一段相互争夺的暴力争水时期，“豪杰黠闲忙，任其自便。于是有越次侵夺而浇灌不时者，且因而渔利焉。至明季而甚，关寨沃亩化为焦壤，几二十年”[③]。然而此时明王朝已是日薄西山，地方政府再没有颁布新的用水规则，席村的合法用水权就此搁置起来。

白村与三泉隔渠相望，与鼓堆源泉的距离仅次于古堆村和冯家庄，享有最便利的用水条件，同属用水的“第一梯队”。自宋金至元明，与白村相去不远的孚惠娘娘庙一直是该流域的信仰中心，明代形成的水规中，白村与庐李庄同列第二，共享水程三昼二夜。地理环境的优势、长期的地方传统、明清两代的官方认可，这些都是白村的有利条件。

清康熙年间地方社会趋于稳定，官方出面制定了新的用水规则，白村除保持传统的三昼二夜水程之外，还与席村共享石闸所激的天河之水：“大沟渐阔渐深，俗呼天河。于席村北建石闸激水，东南灌白村地三顷，西南灌席村、李村、蒲城地九顷。”[④]这一说法于清康熙初年被载入县志，成为官方认可的用水规则，此后清乾隆、光绪年间两度重修县志时，均以此为准。白村《鼓水全图》（图6–2）中渠道绘制和水利设施、灌溉田亩的标注均与官方说法十分贴合，席村图（图6–1）则通过题诗、绘制城门等无关信息将之模糊化了。

---

① 明弘治十五年(1502)《重修私渠河记》,碑存新绛县三泉镇白村。

② (明)张与行:《绛州北关水利记》,明万历年间(1573—1620)立石,原碑已佚,文据乾隆《直隶绛州志》卷十五抄录。

③ (清)刘显第修、(清)陶用曙纂:《直隶绛州志》卷一《水利》,第15页。

④ (清)刘显第修、(清)陶用曙纂:《直隶绛州志》卷一《水利》,第15页。

尽管两图对官方文本的态度截然不同，但二者对鼓水源头的孚惠娘娘庙都非常重视，并在图中极力展示本村与孚惠娘娘庙的亲密关系。图6-1将圣母祠从清浊泉上往西“挪”到涌珠泉上，在视觉效果上席村旁边的天河是圣母祠下涌出泉水的主渠道，而传统的清浊泉至州城一系反而是支渠了。图6-2则强调白村与娘娘庙地理位置上的接近，清浊泉在孚惠娘娘庙下向南流去，首先经过的就是冯家庄和白村，而白村过后水渠先东后南抵达娄家庄，这样就将其与本村之下的其他村落分割开来，暗示自己的地位。

席村、白村两幅《鼓水全图》的差异性是两村不同立场的体现。同处一个水利系统之中，二者在历史时期经历的客观现实无疑是相同的，欲得知两方的观念和取向为何有如此差异，则应探究他们各自的发展脉络。

二、刻图于石:水利图碑的生成和效用

清至民国时期鼓堆泉域发生了数次村际冲突，其中席村与白村往往是这些冲突的主角，如清乾隆二十五年（1760）侵占官山案，清同治五年（1866）无名男尸案，清同治十二年（1873）争树案，清同治十三年（1874）席村殴伤公差案，1915年争水案等。这些事件之所以被称为“案”，乃因其最后均依靠行政力量介入，而未能在民间得到解决。

席村既不在传统的渠东水规之内，又不属于新加入的西七庄村落联盟，似乎缺乏一种“公共意识”，因此屡次与其他村落发生冲突。鼓堆泉水发自九原山中，保护泉源不受侵害是整个流域的基本共识，早在清康熙初年就有人表达了对盗采山石以至水源枯竭的担忧：“沟东水出自清泉，混混从石中出。历代以来，即州有大工，不敢取石，惧石去气泄，而泉涸也。万历三十四年，葺汾堤，取石于兹；水西庄成梁，亦复取之，及今不禁，相援为例。以有限之石，供无限之水，取则源之涸也，可立而待也。有识者不无杞人之忧。”[①]清乾隆二十一

① (清)刘显第修、(清)陶用曙纂:《直隶绛州志》卷一《水利》,第15页。

年（1756），席村席大才等人或盗取山石，或私占官山修房盖屋，被东八庄、西七庄集体控告。案情分明，知州张成德判处追回石价，所修房屋“本应拆毁，姑念成功不毁，断令每年出租，资银三钱，以作鼓堆娘娘庙灯油之费”。席村之所以被众村群起而攻之，并非因为它掠夺了作为公共资源的九原山石材。事实上，明代的取石筑汾堤、水西庄取石修渠、清代古堆庄盗卖石材，都没有导致整个流域的愤怒。但是席村村民竟在鼓堆源泉九原山上“建立北房三间，东房三间，西房六间，此间南北长一十三杆二尺，东西活（阔）八杆三尺，计地三分八厘”，这一行为无疑触碰到了众村的底线。以一村之力，在众村公有之地大兴土木，不论其动机如何，事件本身就具有非常强烈的象征意义：小到宣示席村用水权的合法性，大到彰显席村制霸鼓堆泉的地位，都会对现有的秩序规则造成强烈冲击。一家独大的形势是其他村落不希望看到的，因此才联合起来打掉了这个“出头鸟”，席村所修房屋的租金也被东西两方瓜分：“但东八庄向在鼓堆庙□□□，报□西七庄应在新庙告祭，所断租银应两股分开，将一半交东八庄入鼓堆娘□，一半归西七庄鼓堆娘娘庙，以作灯油公用。诚恐年远湮没，写立合同二张，各执一纸，永为存照。”[①]这一事件使席村认识到了鼓堆流域中其他村落共同凝聚成的巨大威压，因此在清嘉庆十六年（1811）创修梁公祠并立《鼓水全图》碑时，是邀请六十名渠长共同见证的。

清同治五年（1866）十一月，在席村、白村共用的龙门水口放水渠中出现一无名男尸，既为共用水渠，理应两村一同报案。席村乡地[②]南壬午拒绝报案，理由是“鳞册注明，地界皆至渠以上，丈至激水口，止有尺干可考，渠内之尸与伊村无干”，即记录了土地四至的鱼鳞图册中显示，席村地界到激水石闸仅有数尺，既然本村土地连激

① 清乾隆二十五年（1760）《求护泉源碑记》，碑存新绛县三泉镇席村。

② 乡地制的具体内容尚未定论，一般认为其性质是最基层的半官方行政人员，由村民担任。参见李怀印：《晚清及民国时期华北村庄中的乡地制——以河北获鹿县为例》，《历史研究》2001年第6期。

水口都不到，激水口之下的放水渠中出现男尸自然与本村无关。白村则“着乡地周良具秉祈验”，第一时间请官府的赵捕头来现场勘查。结果显示该男子是失足落水致死，与两村无关，但席村乡地、保甲则犯了匿报之罪：“堂谕：查此渠之水，两村同用，害亦应两村同受。张春和等现有匿报之罪，本应法究，姑念当堂认罪，再三恳免……所有尸棺，尔两村乡地领埋，免其暴露。”[①]显然与席村相比，白村更倾向于通过官府解决冲突。

清同治十二年（1873），两村再起争端，席村张振统等与白村周履豫等为田中之树的归属权对簿公堂，“古有龙门水口，以下旧有水波放水渠一道……所争地树，在于渠东丈余以外”。白村仅呈上鳞册，但其中“注明西至水渠”。席村的证据有碑记、鳞册和界石，其中碑记应当就是图6-1，鳞册“惟注堰坡地亩，并无四至”，而“所刨暗埋界石，未同别村，系属私立”。[②]水图碑也未能帮席村赢得官司，“白村村名在北激水口之北，席村村名在南涮之北。州主沈大老爷电阅此图，堂讯结案断语：自龙门水口至下，以渠为界，东为白村地亩，西为席村之地”[③]。席村水图已经通过表现手法大大缩小了到白村的南北距离，并且隐去了三泉桥下的古龙门分水口、激水口、土堰等水利设施，仅从视觉效果上讲，所争之地甚至与席村相距更近。但官方行政机构显然更信任文字描述，而不是这幅民间所刻的水图，因此根据鳞册中文字的记载判白村胜。

与清乾隆年间“东八西七”合诉席村时官府的判罚不同，这次官方出面的判决似乎并未服众。首先是处理意见非常暧昧，“以渠为界，东为白村地亩，西为席村之地。树株不必刈伐，免有争端”。已判白村胜诉，又不许伐树，其中或有隐情。其次是席村的态度：次年四月知州派书差前往两村查验绘图，只因书差先去了白村，便“纠约多人

① 清光绪元年(1875)《屡次断案碑记》,碑存新绛县三泉镇白村。

② 清光绪元年(1875)《屡次断案碑记》,碑存新绛县三泉镇白村。

③ 清同治十二年(1873)《获图记》,碑存新绛县三泉镇白村。

将房书抹吊。又率领村人，在本城关帝庙散钱聚众，将原差李高升抹殴，幸被本州厘局人等闻见喝散”。[①]席村人聚众殴打公差、占领庙宇、散钱聚众的激烈行为也是不服判决的表现。事情发展到这里，性质已经发生变化：原本只是两村争夺树木，现在几乎是公开对抗官府的群体事件。但知州沈钟仍对他们保持了相当的克制，除将为首的南银生和南风时二人押入大牢听候究办外，其余人都只是“投具认罪”并将砍伐树木的器具上缴后不予追究。整个事件的起因，两村相争不下的树木则因被水冲，饬白村伐去。由争树引起的图碑鳞册互相印证、官府派人查验绘图、席村人聚众殴打官差等事，就这样不了了之。

表面上看，早在清嘉庆十六年（1811）就刻于石碑的《鼓水全图》并未能在争讼中起到作用，但是从各方的反应来讲，或许正是此图的存在使得民间观念与官方认知大相径庭。六十年的时间，刊立在席村的《鼓水全图》潜移默化地影响着村民，不论是否识字，人们都可以通过此图对席村在整个鼓水流域中的定位有一个明确的印象。图中有意无意的信息增减，使人们观念中席村理应占有的资源与实际情况产生了偏差，才导致在被判败诉之后群情激奋。实际上，官府和白村都对此图非常在意，分别开始了水图制作。在初次判决之后州衙便派书差前往两村绘图，可惜被中途打断，之后知州沈钟离任，官府绘图之事也再未被提起。白村则以《获图记》为名，亦刻《鼓水全图》一幅置于本村。土地争端是白村刊图的直接原因，因此此图详细记录了两村在水渠周边的地亩分布，尤其将白村地亩置于全图最中心的位置加以强调。此图还吸取了席村因村名、位置而输掉官司的教训，图中使用文字非常谨慎，不仅村名、位置一致，而且解释渠道的文字也按照水流方向排列，不加任何无关信息。对官方正式记录的接受也是该图的特点，图中采用了大量官方认证的说法，甚至是明代就形成、已经在一定程度上失去即时性的县志中的记载，这些都是以维护白村利益为目的的。

---

① 清光绪元年(1875)《屡次断案碑记》,碑存新绛县三泉镇白村。

然而水利图碑也并非能应对所有争端，图像长于呈现空间，对涉及时间的信息其表现能力是不如文字的。因此对以时间为计量单位的用水番次、迎神间隔等事项，还是要依赖水册、州志和文字碑刻，事实上白村在之后的一次水利争端中就没有将图碑列为证据。

1913—1915年间，庐家庄[1]屡次与白村对诉，焦点是白村三昼二夜的水程是否应与庐家庄共用。白村列举了数条理由证明此水程应由自己独享，如州省二志、《大元碑记》的水番记载，明北关分水碑、清乾隆年间孝陵碑均独注白村使水三昼二夜，每年署册庐家庄皆从李村而非白村，八庄轮流迎神庐家庄也是在李村接，均以证明白村应独享水程，庐家庄则是在李村番内用水。白村所列的资料多已不存，其提到的明北关分水碑所指应是《绛州北关水利记》[2]，此碑中记载的水程为“第二白村并庐李庄三昼两夜，第三李村并庐家庄一昼两夜”，并非1915年所宣称的“独注白村有水三昼二夜，不惟并无庐家庄，亦且并无庐李村”。[3]这种对既有记载的直接篡改，也提醒我们重新审视文字史料的有效性。无论如何，这次争端的结果是“庐家庄自悔理曲……亲来余村，服理认非，永息争端”。因为水图中并未包含有关用水番次的信息，同时也可能因为将“芦家庄”错刻为“娄家庄”，白村并未将水图作为证据呈现，而是选取了更有利于自己的其他资料。

三、私约重于官法：不被需要的水利图碑

席、白二村的图碑得以刊立表达了各自不同的诉求，可是同样身在鼓堆泉域中的其他村落为何没有出现水利图碑，也是必须面对的问

① 本章中庐家庄、芦家庄、卢李、娄家庄等，是村庄不同发展阶段的名称及同音错讹所致，实为一个村。据当地碑记载“卢李村”俗名“芦凹里”，雍正《山西通志》中又记作“娄李”，卢李村在明末湮没，“今虽湮没，古址犹有存焉，遗迹在本村东南五龙宫”。行文中根据内容，几种称呼均有使用。参见《水利证据并辨讹一览表》，碑存新绛县三泉镇白村舞台上。

② (明)张与行：《绛州北关水利记》，明万年间(1573—1620)立石，原碑已佚，文据乾隆《直隶绛州志》卷五抄录。

③ 1915年《上河讼后立案记》，碑存新绛县三泉镇白村舞台上。

题。笔者选取了席村以南的“西七庄”为例，试图解答这个问题。

不论是以天河、官河还是千里衢为界，鼓堆泉域的东西之分都是十分明确的，如明弘治十五年（1502）的“东三西七”，所指的是东部的白村、卢李，西部的三泉、席村等。明万历三十五年（1607）席村石闸的竣工不仅使席村、蒲城、李村得以享水利之便，更是通过水西庄的激水石闸将鼓水向南引到王马等村庄，使他们成为用水序列的新成员。清初所谓“西七”所指的就已经不包括三泉、席村，而是特指王马等七庄：“王马七庄水番，时刻有期，未到不敢先，溉过不敢复，重私约甚于重官法。”[①]之所以西七庄能维持内部的稳定秩序，甚至形成村庄联盟性质的实体，与其管理制度、思想观念和经济形态脱不开干系。

清乾隆三十一年（1766）刻石的《陡门水磨碑记》中西七庄已作为一个整体在发出声音，维护整个联盟利益。据此碑记载，引水至西七庄的渠道起于水西庄的陡门，陡门至七社距离较远，因此全靠这个工程才使七社能沾鼓堆水之利。[②]所谓“万口咽喉地，七庄性命源”，水西庄的陡门可以说是西七庄农业生产的命门所在，陡门水渠运行良好则西七庄兴，反之则衰。西七庄为了保障陡门运行，联合陡门所在的水西以及距离较近的席村，在陡门下建水磨并派人护理磨盘、看守堰渠。

王庄位于水西庄下，亦紧邻这条“天河”，便也创设两座磨盘。原本水西陡门之磨盘居上，王庄磨盘居下，双方相安无事。然而清乾隆二十八年（1763）间，王庄人王璋等私自加板，积水于其村磨盘之上，以至水淹上游的水西庄磨盘。水西庄之水失去落差势能，磨盘一度停转。当年七社便联合水西、席村控告王庄，并在官差陪同下成功让王庄撤去挡水木板。岂料次年十月，王庄王璋再次违背判决，加板阻水，七社人报官得到批准后前往拆除。后于清乾隆三十年（1765）

① (清)刘显第修、(清)陶用曙纂:《直隶绛州志》卷一《水利》,第15页。

②七庄与七社不完全等同。西七庄后来又发展成为“西八社十四庄”,但在惯习上仍旧称之为西七庄。

二月，涉事各村渠长一同到州衙销案，并在关帝庙中商议决定，王庄两磨仍可继续运转，但“在下不得侵上”，不许再恶意蓄水影响上游。

在这次长达两年的纠纷中，不论是与水西、席村联合建闸，向官府报案请示，还是可能伴随着暴力的、与王庄的反复交涉，西七庄始终是作为一个整体在进行表述，这充分说明此时西七庄已经围绕着水利结成了一个比较稳固的联盟。代表各社出面行动的均是渠长，作为名义上水利设施的管理者和控制者，他们的身份和地位已经在一定程度上超越了水渠管理本身，可以作为整个村庄的领导在对外活动中代表村庄的利益。具体到水利事务时，虽由各庄渠长商议妥当，但在签字画押时却是由各庄夫头这个基层管理者出面，[①]这说明渠长这个身份是以水利为核心，但又溢出了水利本身，有着更为丰富的含义。

孚惠圣母庙坐落于泉水源头的古堆村，其前身神女祠在北宋时期业已出现，后应在金大定年间官卖寺观名额政策实行期间得名孚惠。有元一代官员拜谒孚惠圣母庙，都是前往古堆村，这段时期渠西的“新庙”应还未建成；明代官员主导的水利建设和规则制定，所涉及的均是渠东村社，因此这一时期渠西各村似乎也无理由修建“新庙”。清康熙九年（1670）的县志中只记载了“孚惠圣母庙在鼓堆”，而到了清乾隆三十年（1765）却成为“孚惠圣母祠在鼓堆，一在三林，一在古交铺东，号新庙，元至正初建”。元至正年修建应只是附会，实际上可能是三林、古交进入了鼓堆泉水受惠面之后才修建。无论如何，新庙作为渠西各村最重要的神圣空间，其地位是毋庸置疑的。

对神会的重视也是西社人们孚惠圣母信仰的重要呈现，清乾隆四十五年（1780）张道凝所写的《重修乐楼西殿卷棚及三殿香亭用石铺砌碑记》[②]记载了此庙有三月初十、七月初十、八月初十的三次庙会，

① 参见张俊峰：《水利社会的类型：明清以来洪洞水利与乡村社会变迁》，北京大学出版社，2012年。

② 清乾隆四十五年（1780）《重修乐楼西殿卷棚及三殿香亭用石铺砌碑记》，碑存新绛县古交镇阎家庄新庙内。

由八社轮迎。清乾隆四十六年（1781）所立的《新庙圣母神会交接案碑》[1]记录了一件由神会交接舞弊引起的诉讼，借此我们可以一窥这个村庄联盟值年制的运行。

事情从清乾隆四十五年（1780）开始，当年刘村刘宗让完成了值年任务，将神案一等交给轮次中的下一村——中古交村。中古交村李永宁检查自己所拿到的一系列集体资产时，发现不对劲，聚众调查后刘村承认有贪污行为。众议罚刘宗让银五十两、献戏三台，刘村侵夺神产一事告一段落，中古交村也开始正常值年。斗转星移，又到了七月初十神会交接的日子，今年轮到了王村接案，而李永宁却又生波澜：他拒绝将“官银”移交王村，还聚众闹事打伤刘村刘永让等人。刘村“地方”刘宗德报案到官府，八社也派人来调查，发现一年间李永宁利用值年之便，违规贪银四百多两。实际上就是刘村、中古交村这两村从中作梗，互相拆台，只愿享受值年时的官银管理权，而不在乎圣母神驾是否能妥善安置。这种行为已经突破了八社人承受的底线，此事因李永宁而起，八社决定剥夺其主持神会的资格。

绛州濒临汾河且地势平坦，早在春秋时期就是秦晋间商路的重要节点，“秦输粟于晋，自雍及绛相继”[2]。明清时期得益于汾河河运的畅通，不仅是陕西的粮食、木材贩运至晋需要经过绛州，甘肃的皮毛、京津的杂货、泽潞的铁器等商品的流通都需要经过绛州。[3]商业的繁荣使得绛州社会奢侈之风盛行，“（明）弘治以来渐流奢靡……（万历）愈演愈甚，且十倍矣”[4]，县志虽将之归因于民间对王府宗室的模仿，但不得不承认商业贸易带来的财富，仍是丝服云履、房舍雕绘、彩绣金珠的重要基础。

---

① 清乾隆四十六年(1781)《新庙圣母神会交接案碑》，碑存新绛县古交镇阎家庄新庙南端。

②《左传·僖公十三年》，杨伯峻：《春秋左传注》，中华书局，1981年，第345页。

③ 参见冀福俊：《清代山西商路交通及商业发展研究》，山西大学2006年硕士论文，第27页。

④（清）刘显第修、（清）陶用曙纂：《直隶绛州志》卷一《地理》，第22页。

明末的闯王起义、清朝灭明之战，山西都是主战场，绛州一度凋敝，甚至清康熙年间仍未恢复元气。据载，绛州成年男丁数由明万历二十三年（1595）的42834口暴跌至清康熙六年（1667）的16768口，[①]县志中哀叹本地已然“户不盈甲，甲不盈里”，官府更是将绛州从五十二里裁撤到二十五里。[②]当地人生存策略的重要面向之一仍是外出经商，“山庄世业，但卖数金或数十金，服贾秦楚齐吴间，作生活计”[③]。经过近百年和平下的休养生息，至清乾隆年间当地丁男已达94927口，[④]达到了历史时期的最高点。商业的复苏也随之而来，清顺治元年（1644）当地商税岁额银360余两，到清乾隆三十年（1765）时已达到510余两，增加了将近一半。[⑤]西七庄的商业活动就是在这个大背景之下展开的，其主要活动则是店房经营。

张道凝所撰的《重修乐楼西殿卷棚及三殿香亭用石铺砌碑记》，记载了清乾隆四十五年（1780）众社合修新庙的始末。据其记载，此新庙“前有乐楼，旁有廊房……不特庙貌巍峨，而且客商云集，人称快焉”，但“乾隆丁丑”（1757）就已经“殿宇已损”，到丁酉（1777）年间“修补仍缺”。其原因“非庙无积金，亦非人少经济，特以功费浩大，无人首倡争先”，后来值年督渠长，龙泉庄杨续宗、周国梁召集各村渠长商议，决定重修新庙。耗时两月，费银三百两，终于竣工。值得注意的是，这篇碑记中有“东八西七”的表述，即是用“西七”指代渠西各村。在当下的具体事件上又作“八社”，已然与之前庄、社不分的情况截然不同。在次年形成的《新庙圣母神会交接案碑》中，我们得知曾经的“西七庄”已发展为“西八社十四庄”，“西八社”成为之后的常态。

---

①（清）刘显第修、（清）陶用曙纂：《直隶绛州志》卷一《食货》，第38—39页。

②（清）阎廷玠：《永革里长收粮碑记》，“绛本五十二里，后以户口凋残，并为二十五里”。（清）李焕扬、（清）张于铸：《直隶绛州志》，清光绪五年（1879）刻本，卷十七《艺文》，第51页。

③（清）刘显第修、（清）陶用曙纂：《直隶绛州志》卷一《地理》，第11页。

④（清）张成德、（清）李友洙：《直隶绛州志》卷四《田赋》，清乾隆三十年（1765），第1页。

⑤（清）张成德、（清）李友洙：《直隶绛州志》卷四《田赋》，第3页。

在张道凝的叙述中我们得知，此时行商旅客过路时，只能宿于孚惠圣母新庙的廊房，而店房的正式创设则始于清乾隆五十二年（1787），卫大用撰于此时的《三门外建立店房碑记》[①]记录了此事。值年督渠长，古交镇的丁怀伟、张发栋见新庙前商旅络绎不绝，且庙中“官钱积蓄饶多”，便主持创立了一座包括各式客房十四间的店房。这项工程“共拨三圣母官钱四百余贯”，竣工之后“不惟壮庙威，且以便行人，而兼之每年房租之人，可备庙中修理之资”，实在是立了大功一件。店房至此成为孚惠圣母新庙建筑中的一部分，被数次重修未废。如在清道光四年（1824），督渠长王马庄常维长、常有顺主持，拨官钱八十千文重修献殿、廊房、店房及水西官房；清道光十五年（1835），值年渠长拨官钱九十千文，修补东墙、店房等。

清人李燧在其日记中记载了清乾隆年间绛州城的繁华，“舟楫可达于黄，市廛辐辏，商贾云集。州人以华靡相尚，士女竞曳绮罗，山右以小苏州呼之”[②]，渠西的村落联盟正是借着绛州商业大发展的东风，开店房做生意，兴盛一时。需要看到，这样一个联盟并未在利益面前分崩离析，而是依然以各村渠长为核心，以孚惠圣母新庙为阵地，一荣俱荣。渠长在这里显示了他超出水利系统的权威，可以在值年时动用集体所有的“官钱”进行商业活动；一旦涉及重大投资（如店房初创）则由各村渠长共同商议，体现了联盟的约束性和稳固性。

同处鼓水流域，西七庄以及之后的西八社并没有强烈的动机去刊刻水图。首先其用水的合法性是毋庸置疑的，在官方有县志为证，在民间有作为孚惠娘娘行祠的新庙为证；其次村落之间有共同的经济形态，商业活动中新庙扮演的重要角色使他们倾向于合作共赢；最后是以神会为形式的组织机构，以及轮流值年等制度使得村落互

① 清乾隆五十二年(1787)《三门外建立店房碑记》，碑存新绛县古交镇阎家庄新庙南端。

② (清)李燧:《晋游日记》，卷一，清乾隆五十八年(1793)八月二十日，转引自(清)李燧、(清)李宏龄著，黄鉴晖校:《晋游日记·同舟忠告·山西票商成败记》，山西人民出版社，1989年，第17页。

相之间的摩擦能够在规程之内解决，再面对官府时也往往是以一个声音出现。

四、结论

以水利图碑为史料的研究尚处于起步阶段，通过对绛州鼓堆泉的个案研究，起码可以初步回答以下几个似为最迫切的问题，即水利图碑是什么性质的存在？水利图碑在地方社会起到了多大作用？为什么会出现从文字到图像的转变？

这两通碑均是民间自立，其性质均是一种“水权宣示”。不论在立碑之初是得到了水利社会中其他成员（社会权力）的承认，还是有官方的裁决文书（政治权力）作为依据，水利图碑是扎根于其所在的聚落，彰显的都是本村的利益，包括用水权以及相关的土地、林木等其他资源的使用权乃至所有权。与我们最初的印象不符，水利图碑的出现并非一个水利社会各个利益集团博弈调和并产生的公认秩序的产物，而作为“最小利益体”的聚落对资源诉求的展现。换言之，水利图碑并不标志着一个水利社会运行秩序尘埃落定的联合声明，而常常是在利用了不同性质的公共权威默许之后才得以刊立，是一个夹带着刊立人“私货”的单方面宣言。

水利图碑在与官方文书的对抗中落败，但官方权威为这一结果付出了极大的代价，这说明图碑在聚落中长时间地存在对民间社会的认知产生了深刻影响。不论图碑内容是如何有利于本村，立碑时众多渠长的在场都使得此碑成为社会权力的象征，即所谓的“公共之物”。在与官方出现冲突时形成了“以规抗法，以公对官”的形势，由图碑数十年间衍生成的观念、认知和印象撼动了数百年来的传统，甚至能够挑战成文的正式规则。这种能力在“率由旧章”的水利社会中是不可思议的，但是图碑对本村居民以及周边村落不断地传播和强化特定印象，使之成为可能。

水利图碑有两层含义：作为表现形式的图像，以及作为物质载体的碑刻。与一般的文字碑刻相比，无疑图碑有更广泛的受众，聚落成员不论是否识字都能清晰明了地接收到图像所传递的信息。作为刊立在公共空间的碑刻，水利图碑又与深藏于书本方志中的各种水利图区分开来，因为普罗大众并没有渠道接触到后者。如此看来，水利图碑最大的特点就是可读性强、受众面广，这意味着它具备了超过文字碑刻或者纸质水利图几个量级的影响力，长期的影响力和大范围的被接受度毫无疑问将成为传统。因此从某种意义上讲，文字到图像的转变是由精英参与向大众参与的转变，而图碑则是观念得以改变的重要媒介。

必须说明的是，本章所关注的《鼓水全图》碑作为表达村落利益的工具和媒介，只是水利图碑中的一种类型，不同案例中水利图碑的性质也要分别进行具体研究。笔者无意过分拔高水利图碑对水利社会运行的影响，它与文字碑刻、水册、契约乃至建筑、传说、壁画等其他形式的资料一样，都是为了尽可能地重构历史原境。从这个意义上说，资料没有高下优劣之分，对新史料进行收集利用的同时也必须正视其他资料各自的特质和有效性。正如前面所讲的一样，水利图碑的研究正处于起步阶段，还有许多问题尚待解决，个案研究所得出的结论也许仅能代表一种类型而缺乏普适性。但是笔者毫不怀疑“每一幅水利图碑的背后就是一个个地域社会围绕水资源分配和管理进行长期博弈、调整和互动的结果，不仅内容丰富，而且精彩纷呈”①。以此必将推进水利社会史研究的进一步深化。

① 张俊峰:《金元以来山陕水利图碑与历史水权问题》,《山西大学学报(哲学社会科学版)》2017年第3期。

第七章　地方水利开发与人水关系变革

——基于清道光曲沃县《沸泉水利图碑》的历史考察

本章研究的曲沃县沸泉泉域，既是一个自然空间，也是一个社会空间。在这个空间里，不同的人有不同的认识和表达。在士人和名宦眼里，沸泉是一个重要的风景名胜区，是人们呼朋唤友、观山望水、休闲娱乐的社交空间。在这里居住的普通农人眼里，沸泉则是他们的生计所系，安身立命之所，是一个重要的生产和生活空间。对于毗邻曲沃的绛县人而言，沸泉只是一个与己无关、利及旁人的山水空间，甚至只是一个地名，一个泉眼。本章选取曲沃沸泉作为研究对象，并不单是因为它是山西南部一个历史相对悠久的水利灌区，因为在山西这个泉水众多、水资源开发历史很长的省份，曲沃沸泉并非特别突出，更为主要的原因是我们在这里发现了一通刻于清道光二年（1822）的水利图碑，这幅水利图后来被方志修撰者收录进方志当中，成为了解沸泉水利开发史的重要媒介。本章将以解读这通水利图碑为中心，通过讲述图像背后人水互动关系的长期演变史，实现水利社会史研究从文字到图像的转换，希望能够为水利社会史研究探索一条新路径。

一、从岭上到岭下：绛山、沸泉与曲沃

沸泉位于山西南部的曲沃县，为古晋都绛之所在地。秦汉时期这里先后有绛县、绛邑县之设。北魏太和十一年（487），改绛邑县为曲沃县，后沿用至今。从字义上讲，沸泉似乎是指沸腾的泉水，或有温泉之义。本章中的沸泉并非用于洗浴的温泉，而是古人对沸泉水一种

直观形象地的表达，因泉水常年保持在18℃左右，每年冬春时节，远远看去像是煮沸蒸腾的水汽，故有沸泉之名。

从卫星地图上俯瞰，一道东西走向的山脉横亘在曲沃和绛县之间，使得这里界限分明。曲沃县在山下平川区，田畴平整，沃野百里。绛县则在大山里，沟壑纵横，道路曲折。分隔二县的这座山名曰紫金山，系中条山余脉，在曲沃县境内分东、中、西三段，从东到西分别对应白石山、绛山和锦屏山。清乾隆二十三年（1758），曲沃县令张坊考证过“曲沃”县名的来历，其中就提到绛山和白石山：“晋国以绛山为宗，绛水出绛山之南，沸涌而东，西北经青玉峡，东流袱石罅至白石山，悬而为沃泉。又东折白水村，九曲而北入于浍、西流入汾。凡曲沃、新田两都襟带，皆此沃水之所潆洄盘旋也，是为曲沃命名之由。”[①]这里的绛山即县境南部紫金山的中段，白石山为绛山东支，绛水泛指发源于绛山的沸泉，《绛县志》有如下描述：“沸水发源县北十五里绛山下，村名沸泉。沸泉溢为池，方广半亩，池底泉无算，涌而突上，北至沸泉庄。水出石罅，流寝巨，又北流半里至曲沃景明村界，趋青玉峡。”[②]沸泉又名沃泉，此处的青玉峡为沃泉悬出之处，山质纯青如玉，俗称“跌水崖”，“两岸对峙，高数十仞”[③]，“悬而为沃泉”指沸泉从山上流到山下景明村时，在青玉峡形成的水流瀑布景观。[④]明嘉靖县志中称为“景明飞流”，乾隆县志中改称“景明瀑布”，名列曲沃十景图中。

明清方志中对“景明飞流”和“景明瀑布”皆有描述，既是对同一景观的不同表达，又反映了明清两代沸泉的变化。明嘉靖《曲沃县志》记述：“沸泉，县东南二十里景明村，源出绛县。入县境奔流十余丈，青崖飞黛，素湍委练，极为美观。瀑布即沸支派，自石崖极峻

① 1928年《新修曲沃县志》卷之四《第二略·沿革略》，第2页。

② 清光绪六年（1880）《绛县志》卷之二《山川》，第4页。

③ 1928年《新修曲沃县志》卷之四《第二略·沿革略》，第2页。

④ 清乾隆二十三年（1758）曲沃县令张坊对“沃泉飞瀑”解释称：“沃泉，源出绛县沸泉，流入县东南二十里景明村为飞瀑，即《尔雅》所谓沃泉悬出者。”见乾隆《曲沃县志》卷十九《水利》。

图7-1　沸泉泉域卫星地形图(2024年)

悬流而下，冲石喷雪，声闻于远，八景曰景明飞流，即此。”[①]这一表述颇为传神，将沸泉的水流、气势和音效一体呈现，且明确指出景明飞流只是沸泉的支派，并非全部水流。之所以会从明代的飞流变成清代的飞瀑，是因为这一地方景观在清代仍然得到了当地官员的重视，因“（此地）旧颇狭，乾隆二十二年，知县张坊开凿水口，宽八尺，始成瀑布之形”[②]。县令张坊是一个有为官员，在他任职曲沃时，看到景明瀑布水流过于狭窄，便派人凿宽水口，使得瀑布景观更有气势，遂成一方名胜。

明清文献中未见对沸泉流量的具体记载，目前可找到的最早数据来自20世纪30年代的科学水文测量，当时沸泉流量为0.73立方米/秒，多年保持稳定。比较可知，这一流量在山西这个泉水丰富的省份里并不显著，其流量偏小。水文研究者曾实测汾河下游晋南区域诸泉流

① 明嘉靖《曲沃县志》卷第一《疆域志》。

② 清乾隆二十三年(1758)《新修曲沃县志》卷十九《水利》。

图7-2　1928年《新修曲沃县志》卷之二《十景图·景明瀑布》

量，可知“霍县郭庄泉（10.7立方米/秒）、临汾龙子祠泉（7.72立方米/秒）、洪洞广胜寺霍泉（4.48立方米/秒）、新绛鼓堆泉（1.2立方米/秒）、曲沃沸泉（0.73立方米/秒）、翼城滦池（0.62立方米/秒）”①。尽管如此，由于绛山、沃水、飞瀑和绛山中透水性极好的石头——白石的相互叠合，不仅在这里形成一个颇具水乡特色的山水生态系统，而且使得泉域周围村庄享有灌溉之利。人们还凭借天然地势落差形成的水流动能，在沸泉河道沿线鳞次栉比地设置了众多水磨、水碾、水碓等传统水力机械，更为凸显出以沸泉为中心的泉域社会的独特景观。

就沸泉所在的汾河流域而言，开发泉水的历史相当久远，多数在唐宋时期已达到高峰。沸泉开发的最早历史已不可考，现存最早的史料是金承安三年（1198）发生在泉域内两个村庄间的争水碑，可知在宋金时期这里的泉水资源已经在开发利用了。位于曲沃县境的另一处著名泉源，名曰星海温泉，受益村庄21个，分布于曲沃、翼城两县，

① 罗枢运、孙逊、陈永宗等：《黄土高原自然条件研究》，陕西人民出版社，1988年，第260页。

在北宋熙宁年间也曾发生了跨县争水问题，经官裁断，将原属翼城的数个村庄划归曲沃管辖，从而解决了地跨二县事权不一的问题，表明当时曲沃县在王安石变法、大兴农田水利的背景下，对泉水资源的开发已经得到上至朝廷、下至地方官的高度重视。两相印证，可知宋金时期是曲沃县泉水资源开发的一个重要阶段。争水碑正是伴随水资源开发、用水规则形成和确立过程中出现的。此后的金元明清以来，围绕水资源的分配和水权变革，在这里上演了一幕幕人水关系的大剧，展现了沸泉区域的社会生态和权力秩序。

与绛山下的水乡景观相比，处于绛山上泉水发源地的沸泉村及其周围其他山地村庄，则呈现出一幅因缺水而长期困顿的场景。清顺治《绛县志》中有“沸水发源县北十五里绛山下，绛人止占一景，点无资借”一语，这里的“止占一景”中的一景是列入绛县十景之一的“沸水濂波”，“点无资借”则确切地表明沸泉在绛人眼里的价值，对他们来说，这股泉水是只能看不能用的。至今仍流传有“绛县出了三股泉，不浇绛县一方田”的民谚，[①]可兹佐证。2022年12月笔者在绛县沸泉村调查时了解到，沸泉村目前共有214户586口人，耕地面积3400多亩，村子四面皆山，好耕地很少，多年来靠天吃饭。过去村民居住在沸泉两边山上的窑洞，后来才逐渐移居到沸泉周围。直到30多年前，村民还得赶着马车或牛车到沸泉去拉水。紧靠水源却用不上水，山里人的生计艰难可见一斑。

历史上住在岭上的绛县人并非没有动过引用泉水的心思，明万历四十五年（1617）《东闫争水碑》就记载了绛县岭上人曾经做出的努力，却均以失败告终。通读碑文可知，当时与沸泉庄邻近的绛县南柳、吉峪、赵村与曲沃县的东闫、西闫和下郇等村发生过争夺滥沟泉水的严重群体冲突。绛县人试图通过挖洞、筑堤、截流的方式，将滥沟水留

---

① 绛县紫金山东部边缘山岭上，分别有滥沟泉、曲泉峪的沸泉和磨里峪的黑河泉，发源地都在绛县，受益区却都在曲沃，这一带自古就有“绛县出了三股泉，不浇绛县一分田”的说法。该说法由绛县退休教师吉玉宝、张金贵等人提供。

住，由绛县人优先使用，却遭到久享泉水灌溉之利的曲沃东闫等三村反对。双方互不相让，导致了群体殴斗事件。碑文对双方的冲突有如此记载："乃绛县刁民韩应科等敢□听信邪术，纠合千人竖旗放炮，猖獗起衅，何其无天无日无朝廷！法纪有此激变，大异哉！……为此仰曲沃、绛县各掌印等官，作速严谕各县百姓，即刻解散，堵塞洞口，听候公委廉官刻期会勘。如惊悍不服，先将首恶拿解两道，定以乱民重处。"[①]因事关曲、绛二县，最终由分巡河东道龙老爷出面审断，"永不许（绛人）开洞截水"，平息了争端。事后曲沃县令周士朴在曲沃东闫村将龙老爷的裁断结果刻立于碑，碑阳横刻"大明奉院道明文"字样，碑体中央自上而下刻有"永不许开洞截水"七个大字，借以宣示曲沃人的合法用水权益。明万历四十五年（1617）的两县争水涉讼事件，尽管并非发生在沸泉发源地村庄和山下用水村之间，却有助于理解该泉域所处的历史环境和社会面貌。

总体而言，岭上是一个穷困的区域，岭下是一个相对富足的空间，这是对沸泉水流、环境、地理和村庄面貌进行综合考察后形成的一个直观印象。接下来，我们就从岭上走到岭下，以《沸泉水利图碑》为线索，进一步探究岭下人的生活世界和人水关系的动态变迁过程。

二、由碑入图:《沸泉水利图碑》与《景明水利图》

《沸泉水利图碑》是研究沸泉灌溉区域社会历史的一把金钥匙，这张图刻于清道光二年（1822）《景明林交争水案碑记》的碑阴，原存曲沃县林交村龙泉寺，是清道光二年（1822）曲沃县景明、林交二村间争夺沸泉水利的诉讼后，由胜诉一方林交村人主动刻立的。碑阳文学叙述了景明、林交水利冲突的经过，碑阴主体部分除雕刻水利图外，两侧还附有文字信息，右侧是清顺治十一年（1654）四月初六日，由林交、白水、下郇、北阎等东、西两渠村庄共同缔结的合同

① 明万历四十五年(1617)《东闫争水碑》,碑存绛县滋沟水库管理站院内。

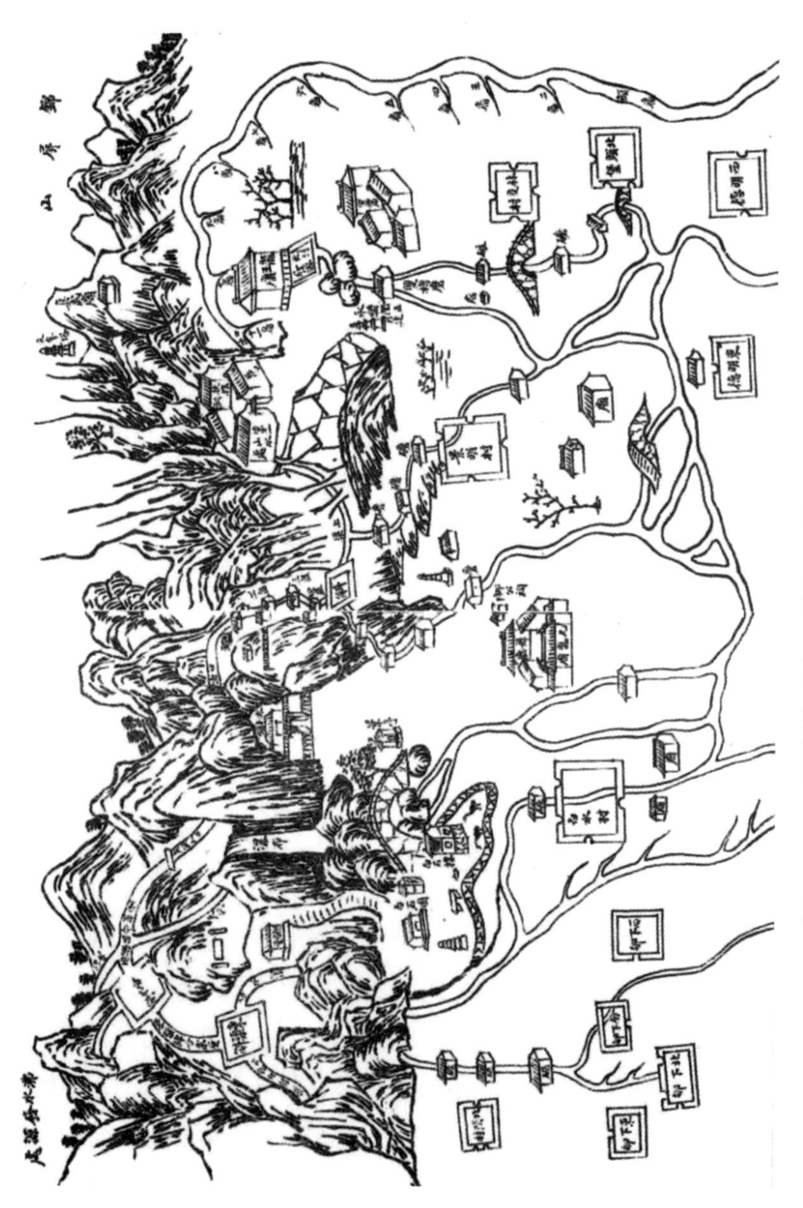

图7-3 1928年《新修曲沃县志》卷之二《图考下·景明水利图》

碑，左侧是关于沸泉中渠分水设施尺寸和公有财产坐落位置的碑记，可视为对水利图碑信息的一个补充和解释。有趣的是，这通碑现已被挪至位于景明村的一处碑刻集中存放地——龙岩寺碑林中。物是人非，这块碑已经脱离其原有的系统，进入一个全新的环境当中，且不再作为村庄水权的见证，只是记录当地历史的一种实物载体，其固有的功能和象征意义已完全丧失了。这样的变化也表明沸泉社会在当下已经发生了巨大变革，历史上这里曾经发生过的故事与当下已多有脱节。尽管如此，凭借这通水利图碑，仍能为我们深入研究泉域社会提供宝贵线索。

需要指出的是，1928年《新修曲沃县志》中亦收录有一张与此完全相似的地图，名为《景明水利图》（见图7-3）。县志编修者在图后考证说："清乾隆二十二年，知县张坊开凿水口，宽八尺，分渠溉田。西渠五分八厘，东渠四分二厘，绘图定章，刊碑示后，至今利赖焉。"[①]这一记述中的关键词是"分渠溉田"和"绘图定章，刊碑示后"十二个字。日本学者井黑忍在研究沸泉水利图碑时，据此认定《景明水利图》，以及清道光二年（1822）那幅水利图最早是由清乾隆二十二年（1757）曲沃县令张坊绘制，对此笔者持怀疑态度。因为张坊当时开凿水口的目的并不是为了解决地方分水纠纷，而是为了改善景明瀑布"旧颇狭"的问题，从现有资料看，当时沸泉灌溉诸村庄之间并未有水案发生。不仅如此，沸泉"四六分水"的规则也并非自张坊始，而是始于金承安三年（1198），并在明弘治和万历年间先后得到曲沃县令刘玑和蒯谏的确认。[②]因此，1928年《新修曲沃县志》

① 1928年《新修曲沃县志》卷之二《图考下·景明水利图》。

② 参见清乾隆二十三年(1758)张坊在其亲自纂辑的《新修曲沃县志》中对沃泉水利的这一注解："旧颇狭。乾隆二十二年，知县张坊开凿水口，宽八尺，始成瀑布之形，分渠溉田。明成化年间民争数十年不息，知县刘玑铸铁斛定分数，西孔六分，北孔四分，讼始罢。至明万历年间，奸民毁斛，复起争端。知县蒯谏更铸铁斛，公分溉田。凡六村，景明村、林交村、白水村、下郇村、东明德村、西明德村，详见碑记。"出自清乾隆二十三年(1758)《新修曲沃县志》卷十九《水利》。

的编修者关于《景明水利图》所作的注解，不能作为张坊绘图定章的依据，张坊最多只是重申了金代、明代确立的沸泉“四六分水”规则。

既然如此，对于沸泉水利图碑和县志水利图来说，究竟谁在前谁在后呢？通过查阅明清和民国不同版本的曲沃县志可知，曲沃县最早的县志刻于明嘉靖三十年（1551），这部县志序言中有“曲沃旧无志刻”[①]的表述。自明代开始，历经清代和民国，曲沃县先后在明嘉靖三十年（1551）、万历四十年（1612），清康熙七年（1668）、康熙四十五年（1706）、乾隆二十三年（1758）、嘉庆二年（1797）、道光二十二年（1842）、光绪六年（1880）和1928年，9次修志。其中，仅在1928年的县志中绘制了《景明水利图》和《温泉水利图》，其他县志中或为概览性的山川图（光绪六年），或为曲沃县水道总图（道光二十二年），未见专门的水利图。清乾隆二十三年（1758）曲沃县令张坊所修《新修曲沃县志》中，仅有山川图和曲沃十景图之一的“景明瀑布”，并没有详细绘制的《景明水利图》。如果张坊果真绘有此图，大概率会将此图放入县志中。排除了张坊绘图之说，清道光二年（1822）的《沸泉水利图碑》便是关于沸泉最早的一幅水利图，而1928年《新修曲沃县志》中的《景明水利图》则是在图碑基础上复制的，两图内容几乎一模一样，唯一的差别是水利图的载体不同，一个刻于碑石，一个印于志书。

就清道光二年（1822）《沸泉水利图碑》的具体内容而言，所表达的中心思想应是清代当地各村庄围绕沸泉开发利用形成的水权分配秩序。图碑涉及景明村、林交村、白水村、北阎村、南下郇、北下郇、东下郇、西下郇、北头堡、东明德、西明德共11个灌溉村庄。其中，景明、林交、白水三村是处于泉域上游的三个主要村庄。图碑显示，沸水在位于图上东南角的地方发源后，穿出山洞甫一进入曲沃境内，就通过“分水斛”将其分为沸水东、西二渠，其中西渠分水五

① 明嘉靖三十年(1551)《曲沃县志·序》。

分八厘，东渠分水四分二厘。东渠北流一段后，又有“东渠斛”将东渠水分为两条支渠，一为“白水渠”，一为“下郇北阎渠”。随后两条支渠分别穿越透水性很好的白石山洞后，白水渠灌溉白水村田，下郇北阎渠灌溉北阎和东西南北下郇村田。北阎村在支渠上自南而北设有三盘水磨。白水渠在白水村再分为西股和北股，在村南的西股渠上设置有一盘水磨。这是图像中沸水西渠的基本情况。此外，我们从图碑中还能看到，沸水另有一股直接顺山势而下，呈建瓴之势，在白水村南、景明村东形成瀑布景观。瀑布水流下泄之后，一路向北，在白水村西分开两岔，东岔水道上可见一小屋，但未注名称，应为水磨坊。

沸水西渠在与东渠分水后与另一股沸水汇流后，顺着山势自东向西穿过“老洞”后，水流转而自南向北至“西渠斛”，这段河道水流湍急，密集设置有头盘、二盘、三盘和四盘磨。至西渠斛分出上、中二渠，即西上渠和西中渠。其中，西上渠又分两支，一支自下而上11番一轮，周而复始灌溉林交村、北头堡及东、西明德四村；一支自南向北从景明村穿村而过，沿线建有四盘水磨。西中渠为景明村独有，因水流和地势之便，安设有四盘水磨。由此可知，清代沸泉11村中，景明村因其独有的地理位置，是水磨最为集中的村庄，多达8盘。若加上西渠分水前的四盘水磨，这里共有12盘水磨，远较泉域其他村庄为多。[①]因此，景明一村不仅有灌溉之便、水磨之利，还有作为曲沃十景的瀑布景观，使这个村庄在泉域社会中占有相当重要的地位。明代泉域村庄所在乡里被命名为“富贵乡”，当与沸泉水利开发及其相关产业带来的经济效益有关。

此外，清道光二年（1822）《沸泉水利图碑》中的其他环境信息也值得关注。一是位于图碑右上方的西上渠林交村南，可见图中有一座小的“龙王庙”，庙前为一个四方形水池，上有“天河发源”四字，

① 另据明嘉靖三十年(1551)《曲沃县志》卷之一《疆域志·水利》载:“沸泉水溉田六村:景明、林交、白水、下郇、东明德、西明德,水磨二十,水碾十,水香磨百。”可见明代沸泉沿渠上下的水力机械已有相当发展。

可知这里应当有泉水出露，此水自南向北流出后分为东西两岔，其中东岔汇入景明村渠，西岔在图像下端汇入沸水河道。此水在分岔前有一水磨名为“双桥磨”，分岔后西岔在林交村桥南北各有一处碾和磨，下端在北头堡桥南也有水磨一盘，惜无名字。由此可知，泉域水源还是相对丰富的，不仅有作为主体的沸泉，还有天河泉可作补充。二是图碑中的庙宇建筑。位于图像中央的“九龙庙”，是图上所绘诸庙中规模最大的，作为两渠诸用水村一处神圣空间和祭祀场所，在泉域社会具有重要的符号意义。三是西渠上的扶摇洞，图上标有“第一山水处”字样。从图碑中不难发现，水洞在这个区域非常特别，无论东西干渠还是支渠，泉水均要穿过山洞才能灌溉和冲转水力机械，图中标出的“老洞”和“扶摇洞”是泉域相关利益群体最为关注的两处过水空间。四是围绕景明瀑布进行的水利景观塑造，位于白水村南的白石园、白石楼、白石桥、景亭，与瀑布合在一起构成一处风景名胜。明嘉靖五年（1526），曲沃知名学者李镔在此修建白石楼，并请著名理学家吕柟同游景明山水后，撰成《白石楼记》。吕柟在文中对此地大加赞赏，并引用李镔的话说：“白石山人李镔尝遍阅山水曰：‘无如吾白石山也。’”[①]与此相似，明成化二十年（1484）进士、官至礼部尚书的曲沃人李浩，在《景明石桥记》中也讲道：“予性癖好山水，尝游江南及上都之香山玉泉，其寺宇轩昂，亭榭伟丽，过此远甚。至于山水明秀，幽僻清爽，不假修饰而浑然天成，殊不及此。……予将结屋山下，决渠引水，灌花植竹，徜徉容于其间。”[②]可见明代这里不仅是一个经济发达的水利灌区，也是深受官员、士人青睐的风景名胜区。正因如此，清乾隆二十二年（1757）曲沃县令张坊才会有拓宽景明瀑布之举，使得这里的景致更加引人入胜。

① 清乾隆二十三年(1758)《新修曲沃县志》卷三十八《艺文上》,第90页。

② 清乾隆二十三年(1758)《新修曲沃县志》卷三十八《艺文上》,第87页。

三、变与不变：沸泉水利争端与水利秩序

清道光二年（1822）《沸泉水利图碑》展现的是以景明、林交、白水三村为首的东、西渠11村分享水利的情形，是人们对沸泉水资源长期开发利用的结果。由沸泉分水斛——东渠、西渠分水斛——东渠白水村支渠、下郇北阎支渠，西渠上渠和中渠、西上一支渠（林交等村）、西上二支渠（景明村），是一个自上而下的三级分水体系。这个分水体系的形成并非一蹴而就，而是先后经历了金代定规立碑、明代毁碑复刻、清代立碑刻图三个阶段。在此过程中，不同用水主体基于不同立场和目的，通过冲突、诉讼和协商等方式，最终形成图碑所展示的结果。为此，我们将以图碑为线索，结合泉域其他史料，进一步讲述图像背后的故事及生成逻辑。

（一）定规立碑：金代沸泉的开发与管控

刻于金承安三年（1198）的《沸泉分水碑记》是泉域内现存年代最早的一通水利碑，原碑立于景明村九龙庙内。碑文记述了金承安二年（1197）林交和白水两村间发生的一起水利讼案。据碑文记载，当时泉域村名和清道光二年（1822）的水利图碑中的村名存在差异，用水村庄共计8个，分别是“临交村、景明北社、景明南社、白水村、北阎西社、下郇南社、下郇北社和东社”。金代林交村名尚为“临交”，并非后来的“林交”。景明村在当时分为北社、南社，北阎村当时称为北阎西社，下郇村分为南社、北社两村。唯“东社”一村没有归属，结合后世用水情况判断，应属沸水东渠村庄。相比之下，清道光二年（1822）沸水西渠中的北头堡和东、西明德两村并未出现。金代沸泉水的利用情况是：“灌溉临交、景明二社，泉水开东社、北阎、下郇两社，计八村田苗及动临交、景明、白水等村水磨使用。”其中的“计八村田苗及动临交、景明、白水等村水磨使用”是关键信息，说明当时临交、景明、白水等村不仅可以用沸泉水溉田，还可以冲转

三村水磨，这种状况一直延续到清代。

《沸泉分水碑记》向人们传递了两个主要信息，一是八村分水问题，二是八村水利管理。关于八村分水，清道光二年（1822）的水利图碑中标注的东渠分水四分二厘，西渠分水五分八厘的规定，正是始于金代临交、白水两村的这起水利讼案。如碑文所述："承安二年六月内，为白水村柴椿等与临交村盖先等告□使水，词讼不绝。近蒙提刑司到县，委权县丞主簿定夺到临交、景明人户，于涧内从上流用石头修垒渠堰偃水浇地外，白水并下郇等村各户，止是使临交村石缝内透漏下水。其上件即今行流水面，以十分为率，其临交村引使水渠内水五分八厘，白水等村取上流石堰内透漏水，近下聚成，行水渠内四分二厘，各置使水分数尺寸则子。若遇天旱水小，亦令各村人力验分数使水，仍省会各村人户严立罪赏。"[①]官方判决中的这一表述相当明确清晰。这起水利争讼虽然发生在临交、白水两村之间，却关乎东、西两大用水群体的利益。一方是由临交村代表的临交、景明等村人户，相当于后世的西渠系统；一方是由白水村代表的白水并下郇等村人户，相当于后世的东渠系统。金代沸泉东、西二渠分水的局面在此已初见端倪。经官方裁决，临交、景明"于涧内从上流用石头修垒渠堰偃水浇地"，白水等村"止是使临交村石缝内透漏下水"。这是关于两大用水主体各自该用什么水的规定。更为重要的是对双方水量的分配："其临交村引使水渠内水五分八厘，白水等村取上流石堰内透漏水，近下聚成，行水渠内四分二厘，各置使水分数尺寸则子。"两渠按照四分二厘和五分八厘的比例分水，是通过这次裁决确立的，[②]具有判例法性质。不同于清道光二年（1822）水利图碑中的"分水斛"，当时分水用的是"使水分数尺寸则子"。为确保分水准确和长期稳定，临交村翟子忠等同众商议，"所有安置使水分数尺寸则子，宜用高厚

① 金承安三年(1198)《沸泉分水碑记》,碑存曲沃县景明村龙岩寺碑林。

② 此处不甚清楚五八与四二分水是依据什么确定的。就山西汾河流域诸泉水灌区的分水历史来看,存在水流缓急、地亩多寡、历史约定等多种因素。

石头培埋，不致日后移动”。同时规定，遇天旱水少时派人到水则处由人工亲自检验分水比例，若有违反，要“严立罪赏”。

关于八村水利管理，要求“每一村取最上三户为渠长，两渠每年从上各取一名。自三月初一日为头，每日亲身前去使水分数则子处看守，各依水则分数行流动磨浇田，直至九月后田苗长成，更不看守”。这是因为“使水分数则子处”是八村水利的关键，是最容易产生纠纷的地方，要选拔专人负责看守。每村“最上三户”应该是各村的用水大户，是最直接的利益人群，由他们担任渠长，会比普通人户更负责。按照渠长选任规定，八个村每村选出最上三户人担任渠长，西渠临交、景明北社、景明南社三村共九人，九年一轮。东渠白水、北阎西社、下郇南北社、东社五村共十五人，十五年一轮。每年东、西两渠各派一名渠长，共同看守水则，互为监督。渠长值守时间为每年三月至九月灌溉时节，每年九月到第二年三月间，渠长无须上渠。值守期间，如东渠白水等村人偷豁渠堰，则由临交村渠长报告，会同各村渠长查验属实后告官，“令白水等村渠长犯人罚钱二十贯文，分付与临交等村人户销用”。同样，“若是临交等村渠长偃塞白水等村，水小不迭则子，亦乞状上治罪罚钱”，两渠权益均等。碑文中还规定了渠长的其他职责：一是渠长本人不亲自看守水则，另找他人代替的，一经发现，则由“众人指证，准上科罚”；二是在冬天不看守水则期间，“如有偃豁不依水则，捉住犯人，依上科罚其渠长一周年一替”。这一规定要求各村渠长要约束本村人户用水行为，否则会连带追究渠长责任。

由此可见，金承安三年（1198）《沸泉分水碑记》作为泉域内年代最早的官方裁断，界定了沸泉东、西二渠各村用水权益，确定了影响后世的分水规则，具有判例法的性质。作为此案的胜诉方，临交村告状人翟子忠、盖先等表现突出，为东、西渠分水规则的确立作出贡献，显示了临交村在沸泉早期水利开发中所发挥的作用，奠定了临交村在沸泉水利中的主导地位。金承安三年（1198）《沸泉分水碑记》由此也成为临交村水权合法性的象征。

(二)毁碑复刻:明代的沸泉水利纷争

关于明代沸泉的水利纷争，方志中虽有记载，文字却极为简略。明嘉靖《曲沃县志》在沸泉分水渠条目下记述:“成化间民数十年争水不息，知县刘玑约定分数，熔铁为之，西孔六分，北孔四分，民服其公，到今无讼焉。”[①]“成化”是明宪宗朱见深的年号，总共23年(1465—1487)，“成化间民数十年争水不息”的表述似有夸大之嫌。从治理效果来看，刘玑铸铁斛分水的举措，并未彻底平息争端。明万历四十年(1612)《沃史》“沸泉”条目记载称:“成化间民争水数十年不息，知县刘玑铸铁斛定分数，西孔六分，北孔四分，讼始息。至万历间，奸民毁斛，复起争端。知县蒯谏更铸铁斛公分，民始帖然。”[②]可知铁斛作为分水的重要设施，经常遭受破坏，导致纠纷反复出现。《沃史》卷二十《艺文志》中记有两篇关于沸泉水利的题目，一为“水利遵守碑记邑侯临清柳佐撰”，一为“沃泉分水记邑侯关西蒯谏撰”。[③]查阅曲沃县职官表可知，柳佐系明万历十六年至十九年(1588—1591)县令，蒯谏为明万历二十七年至三十二年(1599—1604)县令。前揭清道光二年(1822)《沸泉水利图碑》中，在景明九龙庙旁，有柳佐祠一所，显系纪念柳佐治水功绩所建。由此可知，明成化初年(1465)至万历三十二年(1604)的140年内，是泉域水案多发的时段，先后有三位县令处理这里的水利争端，并被记入地方志当中，可见这在当时是很有影响的事件。

在总体把握明代沸泉水利开发史的基础上，以下重点讨论明成化至弘治元年(1488)沸泉泉域的一起毁碑复刻事件。事情要从金代刻立沸泉分水碑记说起，明弘治元年《林交景明争水碑》记载说，这通金代水利碑原有一式两样，“一在景明村九龙庙内，一在本县衙门首。不知何年月日，被人将九龙庙碑一座打毁，止有碑额龟趺存在”。九

① 明嘉靖三十年(1551)《曲沃县志》卷第一《疆域志·山川》,第7页。

② 明万历四十年(1612)《沃史》卷十《山川考》,第2页。

③ 明万历四十年(1612)《沃史》卷二十《艺文志》,第19页。

龙庙位于景明村东，是沸泉的一座神圣空间，是谁要毁掉这座碑，毁碑的意义何在？前已述及，金碑既确立了沸泉东、西二渠分水原则，又确立了林交村在沸泉水利秩序形成中的核心地位，是林交村水权合法性的象征。与林交村同属西渠的景明村，在利用沸泉水方面与林交村存在竞争关系。景明村水磨众多，且位置靠近上游，水利条件优越。在泉水流量有限、不能满足景明村水磨生产用水需求时，势必会出现争水现象，本质上是灌溉用水与水磨用水之间的矛盾。明代方志中所载成化以来当地争水常年不息的现象，便是这一矛盾的集中体现。长期的对抗和积怨，使得象征林交村水权的景明村九龙庙金代水利碑记，成为景明村人暗地破坏的目标，于是有了金碑不知何时被毁的现象。

正是在此背景下，明成化二十三年（1487）十一月，发生了景明村人吉纨和吉俊破坏上渠和中渠分水设施的严重违规事件。通过明弘治水利碑文可知，景明村吉俊父子拥有中渠多盘水磨，为增加中渠用水，他们蓄意“将古旧分水石砍去壹块，中渠石口砍讫柒斧，后洞石口砍开壹处”，致使上渠水量变小，林交渠长发现后随即告官。为彻底消除威胁，林交村一个名叫上盘的人带头，纠集该村14人集体上诉至山西巡抚案下，指控吉俊父子故意毁藏景明村九龙庙金碑，捏称县令刘玑有包庇不公之嫌。山西巡抚受理此案后委官会同曲沃县令查实。经审讯，吉纨对其故意破坏分水设施的行为供认不讳，遂责令其补修分水口、分水石和中渠洞口，“责打叁拾，罚谷伍拾石”，“吉俊□照罪追米，送预备仓”，将景明村人上盘“杖责七十”，九龙庙道士李真“先行摘发，带冠著役”，其他人免于追究。这起讼案虽然使景明村人破坏分水的行为遭受严惩，林交村人也为此付出不小的代价。事后曲沃知县刘玑“重新修立石碑贰座，镌刻各人告争勘断经过缘由，各于本县并九龙庙内竖立一座，仍附写□□四本，用印钤盖，本县与各人收照，永远无争”。

事情并未就此完结。原立于九龙庙内的金碑，在明成化年间争水时早已遭人破坏，只剩碑额龟趺。此次官方刻立新碑后，林交村14

位告状人和10位渠甲头共同发起，在明弘治元年（1488）碑阴复刻金承安三年（1198）《沸泉分水碑记》，并将他们的名字书写在后，以彰显林交村的水权合法性和他们对沸泉水利的贡献。清康熙二十二年（1683），景明村一个叫行大有的渠夫，私自砍掀中渠水口后被发现，经林交、景明两村渠长、甲头商议，给予行大有罚银十五两的惩罚，用于给九龙老爷献伞并修补水口花费。这通碑记刻立在明弘治元年（1488）碑文的空白处，形成“一石三记”的现象。[①]在这里，同一石碑上的金碑、明碑和清碑，并非纯粹时间上的先后顺序，而是在泉域社会围绕水权的争夺中，出现了时间上的位移，在碑刻出现的顺序上变成了先有明碑、再有金碑、清碑在后的现象。其中，对金碑的复刻行为，是作为胜利者的林交村人集体意志的表达。与金代碑文主要确立沸泉东、西二渠分水规则的作用相比，明代碑文主要确立的是西渠水利系统中两大村庄间的分水规则。在这一规则中，景明村占据天时地利，有助于其扮演破坏者的角色；林交村占据历史优势，凭借祖先在金代分水中发挥的主导地位，确保了本村的合法用水权，是现行水利秩序的重要维护者。

（三）立碑刻图：清代沸泉水利的运行

历经金至明的长期开发和纷争，清代沸泉的用水规则和水利秩序已基本稳定下来。其中最大的不确定性仍然是林交和景明这两个最大受益村之间的矛盾和竞争。接续明成化年间两村多年的争端，清嘉庆二十三年（1818）至道光二年（1822），纷争再起，矛盾焦点仍然是对沸泉水量的争夺。前文已对清道光二年（1822）《景明林交争水案碑记》碑阴《沸泉水利图碑》作了详细描述，在此将结合碑阳和碑阴信息，解读清代沸泉的水利运行及问题所在。

清嘉庆二十三年（1818）至道光二年（1822）景明、林交两村间

① ［日］井黑忍：《旧章再造：以一石三记与三石一记水利碑为基础资料》，《社会史研究》2018年第5辑。

的水利纠纷，是明代两村纠纷的延续和翻版。尽管有历代水规和成案可凭，两村间的争水纠纷仍然无法避免。龙岩洞是沸泉西渠的一处过水通道，为保证水流通畅，每年均需组织夫役进洞掏渠，掏渠完成后再由两村渠长进洞验收。清嘉庆二十三年（1818）二月二十九日，林交村渠长刘如孝按照常规拨夫掏渠时，被景明村郭圪列入洞阻挠，影响工程进度，遂将郭圪列告官。紧接着，景明村人梁元成又“乘隙窃水”，林交人即刻报案。经曲沃县堂讯，将郭圪列掌责，梁元成杖惩。随后又有景明村水磨主梁玉文“因便磨渔利，私砍赵家水口”，被林交渠长郭如孝查看中渠水口平水石北帮时发现，“心疑景明村盗砍”，经告官审理，“断令中渠水口另铸铁口，以图久远”。之后梁有盛“因日久未见林交村公同铸造铁口，心未输服，不认兴工修渠，并牵捏灯夫名目，意欲额外添设灯夫，于掏渠时随同入洞验工。遂添砌情节，屡次赴宪辕暨抚宪辕门具控”。后经河东道督粮分宪审理，将梁有盛掌责，“伊等仍蹈前辙，三载不息”。在此形势下，林交渠长上官登云等，“因景明村水磨渔利，又因不认修渠，无从引水灌地，亦捏词奔赴抚宪行辕呈控”。至此，双方均状告山西巡抚衙门，可谓针锋相对，互不相让。最后，由山西巡抚批发河东道宪转委河津县令崔某勘讯断案如下：“查中渠水口，既蒙前宪核定尺寸，断令另易铁口，自应遵照办理。随对同两造核定式样，断令铁口净宽二尺零七分，高一尺二寸，厚一寸。饬令铁匠赶紧如式镕铸，纠集两村渠长公同安置，以防日久冲缺。景明村水磨，谕令暂时停止，俟渠工修竣后，再行动用。每年掏渠照旧会同两村渠长进洞验工，景明村不得额外添设灯夫，致肇争端。两造均各遵断允服，情愿即日兴工修渠，立番使水。”双方具遵结案。

此案中需要关注一个隐于幕后的关键人物——景明村磨主梁玉文。案件中被追责的三人中，除“乘隙窃水”的梁元成外，渠夫郭圪列和渠长梁有盛均与其有关。碑文中关于梁玉文的记述出现过两处，一是“因便磨渔利，私砍赵家水口”，二是“贿买梁有盛为渠长，梁锡五作扶帮，捏添郭圪列为验洞灯夫，迭控上宪”。赵家水口是景明村中渠进水口，他私砍赵家水口的目的，就是为了增大中渠水量，以便冲转水磨渔利。贿买梁有盛做渠长，指使梁有盛委任郭圪列充任验洞灯夫的目的，也可能与破坏中渠水口有关。由于碑文中相关信息太少，不能做出明确推断。但是梁玉文在此案中并未受任何牵连，而是由梁有盛、郭圪列等人充当了马前卒，这应当是此案的一条暗线。整体来看，在这通由林交村人主导刊立的碑记中，景明村依然是秩序的破坏者，林交村充当的则是受害者和正义者的角色。这通碑竖立在林交村龙泉寺内，“阖庄同立”，成为林交村艰难获取水权、维护公平正义的历史见证。

颇有意味的是，在这次立碑时，人们不仅在碑阴绘刻了沸泉水利图，而且在水利图两旁添加了两段重要文字。右侧是清顺治十一年（1654）四月由沸泉东、西两渠各村渠长、甲头、约地等集体订立的一份合同，兹将合同全文誊录于下：

> 立合同人两渠各村渠长、甲头、约地上官杰、王日新、王可训、靳如柏等，今有源头海口水磨一盘，内有半盘一拾五日，系抄□皇业，已奉旨并院道府厅帖票催缴变卖纳价□□林交、白水、下郇、北阎等村东、西二渠十分为率，照依勒碑分数分析纳价。西渠五分八厘，东渠四分二厘。始初投单，林交独为各村纳价，无凭存执。公议誓立合同分执一张，看□管业。林交□头，白水等村接管，周而复始，永远无异。恐后无凭，合同存照。□其业，彼时景明村愿不纳价，并归林交。此炤。顺治十一年四月初六日立。

这份合同展示了清顺治十一年（1654）沸泉诸村集体出资购买朝廷抄没的明藩王皇庄产业——源头海口“半盘一拾五日”水磨时，按照东、西二渠“四分二厘”“五分八厘”用水比例分摊。最初出钱时，林交村独自为各村代缴钱款，于是诸村“公议誓立合同分执一张”，规定以后这半盘水磨先由林交村管理，再由白水等村周而复始轮流接管。在这次交易中，唯有景明村不愿承担，于是景明村的份额便归并到林交村名下。这件事表明林交村在沸泉诸村中不仅颇具财力，而且很有担当，为众村减轻了负担，获得各村的支持，显示了林交村在泉域社会具有的影响力。景明村则自愿放弃分摊水磨的权力，表现与众不同。之所以如此，一方面可能与景明、林交二村关系紧张有关；另一方面可能是景明村水磨较多，没有兴趣参与。无论如何，林交在绘图时，将这份合同刻于图旁，或有显示该村领导力和话语权之意。

图碑左侧专门叙述了中渠即赵家水口从清康熙年间到道光元年（1821）水口尺寸和材质的变化过程，这段文字对于我们理解《沸泉水利图碑》非常重要，故一并誊录于下：

> 中渠即赵家水口。自康熙年间因水流不均，南帮补贴椿木板一块，上厚一寸，下厚二寸五分。兹于嘉庆二十三年，因景明夫役入洞兴讼，蒙彭天掌责完案，遵规掏渠。及至验工，不惟木板全无，又见北帮偷掘小渠一道，呈控上宪，亲委陈天，用青石补砌，长二尺厚三寸六分，前高一尺五寸二分，中高九寸，后高七寸四分。□□道光元年三月间，蒙上宪亲委河津崔天勘断，另铸铁闸板一块，插于青石内，南贴涞石帮外，铁板外露青石一尺，青石短渠帮一尺；铁板内露青石九寸，闸板外过梁至水平一尺二寸，内过梁至水平九寸，出口水平比内过梁水平高一寸六分。水平系马鞍桥□出口，南帮至北帮宽二尺，故勒石以记之。

赵家水口是景明村中渠的重要入水口，由明及清，这里长期成为景明、林交两村发生水利争执的敏感地带，经历了清嘉庆二十三年（1818）以来为期4年的水利诉讼，中渠赵家水口也由清康熙年间的椿木板，变成清嘉庆二十三年（1818）的青石板，再到清道光元年（1821）的铁闸板。碑文中之所以详细记录不同时期木板、青石板和铁闸板的大小尺寸和相对位置关系，正是为了今后两村再有争水事件发生时有据可查。清代中期，正是通过这样的方式，使得沸泉水利运行秩序得以确立和巩固。

如此一来，碑阳的清道光二年（1822）《景明林交争水案碑记》、碑阴的《沸泉水利图碑》、清顺治十一年（1654）“水磨纳价合同”和道光二年（1822）《赵家水口碑记》组合在一起，就将由林交村主导的清代沸泉水利运行秩序整体呈现出来。在此需要强调的是刻图于碑的意义。如前文考证，清道光二年（1822）《沸泉水利图碑》是金代以来沸泉泉域绘制年代最早的一幅水利图，在此图碑出现之前，金代、明代的水利碑均系文字，没有图像。直到清道光二年（1822）这里才首次出现了文字和图像并存的情况。这表明沸泉社会经过金代以来的长期实践，伴随村庄间反复出现的水利纷争，仅通过竖立官方水利判决碑文，已经无法满足现实需求了。笔者认为，绘图于志与刻图于石是两种不同的概念，其受众和意义也是完全不同的。尽管1928年《新修曲沃县志》中绘制了《景明水利图》，与《沸泉水利图》大同小异，但是县志是给官员、士绅和识字人群看的，对于乡村社会的普通民众来说，看字不如观图。竖立于村庄公共区域的水利图碑，对于不识字人群是没有障碍的，民众结合自己的生活常识，可以很容易掌握图像传达的信息，从而明确所属村庄的水权边界，这是文字信息根本无法企及的。所谓一图胜千言，只要读懂了图，就能掌握泉域村庄水利运行的基本信息，是村庄民众水权意识的一种突出表达。水利图碑与水利碑文结合在一起，反映出清代沸泉的水利运行和管理已达到一个更为精细化的程度，但从本质上并未根本改变金代和明代沸泉水利的基本格局，具有一种稳定且日益内卷的特征。

值得追问的是，景明村人何以在明代和清代的两次水案中长期扮演水利秩序破坏者的角色，该村分明占据着整个泉域最为优越的地理位置和用水条件，在水资源分配中具有先天优势，为何会屡屡出现水不足用的困境呢？清光绪八年（1882）景明村《本庄商贾捐资》碑或许能为此提供答案。表面上看，此碑似乎与泉域水利并不沾边，其所反映的只是本庄商贾的捐资行为，但是通读碑文后却会发现，这里的商贾并不仅限于景明村一村，而是涵盖了一个相当大的地域空间范围。碑文中提及的所谓“本庄商贾”包括：稷山县、猗氏县、潞安府、安邑县、榆次县、祁县、绛县和曲沃以及本县交里村、听城村、南樊村的商户，涉及晋中、晋南和晋东南这一广大区域。这些商户主要经营的是磨房、木铺、烟房、粟店和其他内容不详的商号。其中，磨房数量最多，共有14家。其次是木铺、烟房和粟店。发起本次捐资活动的四位“募化公值”分别是稷山源盛顺磨房、猗氏大生永磨房、曲沃交里通盛德磨房和听城诚意顺磨房，表明磨房经营户在其中起着的核心和主导作用。前述明嘉靖三十年（1551）《曲沃县志》中沸泉有“水磨二十，水碾十，水香磨百”的记载，可知景明村之所以会有如此多的商户出现，当与这里的水磨、水碾、水香磨有关。水磨通常用于加工小麦、小米、玉米和高粱等农作物，水碾可用于谷物脱壳和去麸，包括小麦、玉米、菜籽等的粉碎；水香磨则是专门用作生产“制香、焚香”，对木料进行切割粉碎和研磨。在近代蒸汽和电力机械出现以前，其代表的是当时最高的加工技术和生产力。碑文中“磨客经手各县捐资姓名”字样，可知这里应该是一个“磨客”经常光顾的地方，因为沸泉地势和水流的关系，这里可能是当时区域范围内一个相当重要的粮食、木材、烟草加工生产基地。有理由相信，来自外部市场的商品加工需求，导致了以景明村为代表的泉域水磨经营业主需要不断地通过加大水的流量来冲转水磨，提高水磨工作效率，以满足各地“磨客”的商业需求，这就成为导致景明村和以林交村为代表的水利灌溉村庄之间围绕泉水资源竞争和冲突的内在驱动力。

四、时过境迁：20世纪以来的泉域社会变迁

（一）晚清民国泉域人口的锐减

进入20世纪上半叶的民国时期，曲沃沸泉灌区继续维持着明清以来灌溉与水力加工业并存的局面，村庄间的水利纠纷和诉讼行为未见

诸地方文献或碑石之中。表面上看，应与明清两代奠定的水利规则和秩序有关。结合史料进一步分析可知，晚清民国以来，包括沸泉泉域在内的整个曲沃县人口发生了极大变化，成为影响地方社会发展的一个关键变量。下表是依据1928年《新修曲沃县志》户口统计数字制作的表格：

表7-1　明清曲沃县户口数字统计表

时间	户数	口数
洪武年	7868	62100
嘉靖年	6979	90663
万历年	7947	49788
崇祯年	5236	58802
乾隆年	41498	284431
嘉庆年	41721	285846
道光年	41895	286258
光绪年	9229	35831
宣统年	16889	82853

数据来源：1928年《新修曲沃县志》卷之六《第二略·赋役略·户口》。

从表7-1中可以看到，曲沃县人口在清乾隆、嘉庆、道光三朝已达历史人口最高峰。随后在晚清光绪、宣统两朝急剧锐减，并延续到20世纪20年代。1928年《新修曲沃县志》中，详细记述并分析了自1853年太平军入境至1927年当地人口急剧变化的根本原因：

清季嘉道年间是为沃邑户口极盛时代。越自咸丰癸丑，粤逆陷城。同治丁卯，捻匪扰境。惟此人民或激忠义而捐躯，或被威胁而殒命。户口之减，抑亦众矣。迨至光绪丑寅，饥馑荐臻，赤地千里，灾为数百岁所未有，米则三十余金而仅石，粟贵如珠，人贱于蚁，道馑相望，目睹心伤。甚至百十族之繁聚，仅存二三姓之寂处。方诸在昔之盛，是十而只存一也。后至庚子辛丑，又复连年亢旱，麦价昂贵至二十余金，闾阎元气尚未恢复，再经此一番断丧，民户之凋残，于是益不堪问矣。及国体变更，共和告成，十五六年之中，荒旱恒居半数，惟十一年冬，灾情尤重，粟价陡涨至二十余元。闾里恐慌，同声愁叹，千家万户，均鲜盖藏之储。白叟黄童，咸有凄凉之色。此外尤有为户口减少之原因者，自海禁大开，鸦片之流毒，尚未划除净尽，及民国纪元，金丹之输入，又复接连不绝。……目下按户口表登记，虽有八万余丁，而直鲁豫客民殆居十之三四。是自光绪丁丑迄民国丁卯，虽历时已五十余年，而户口仍然如是晨星硕果，寥寥可数也。[①]

这段文字历数了晚清以来太平军、捻军入境，清光绪三年（1877）大饥荒、庚子大旱、1922年荒旱、鸦片金丹烟毒之祸对当地人口的巨大破坏，并指出1927年户口登记中的八万余丁，其中外籍客民就占到三四成。在此时代背景下，沸泉六村自然也难幸免。可贵的是，1928年《新修曲沃县志》中留下以村庄为单位的人口统计数字，为了解当时的泉域人口变化提供了依据。其中，林交村274户，男630丁，女434口；景明村107户，男266丁，女200口；白水村91户，男238丁，女217口；南下郇加东下郇57户，男160丁，女121口；北下郇加西下郇78户，男235丁，女141口；东明德41户，男115丁，女93口；西明德48户，男131丁，女92口。林交、景明和白水三村作为沸泉灌区用水大村，户数和人口数名列前三，且与其他村庄存在较大差距，呈现了沸泉水利与村庄人口正相关关系。就沸泉邻近村庄而言，户数超过100户的极少，多数维持在60户上下，平均人口仅为300人。由此可见，晚清到民国时期由于连年兵灾、荒旱和烟毒之祸，导致当地户口凋零，经济不振，社会经济处于大灾大荒之后的恢复期，人水关系较之明清时期相对缓和，因此泉域社会极少有水利纠纷发生。

① 1928年《新修曲沃县志》卷之六《第二略·赋役略·户口》，第2页。

（二）现代化的尝试：20世纪30年代的沸泉水力发电计划

1917年，掌控了山西军政大权的山西督军阎锡山，在全省推行“六政三事”，推动经济复苏，将兴办水利作为头等大事来抓，由六政考核处组织力量对全省水资源进行测量、规划。1933年，为了进一步推动山西省的水利开发，专门成立了山西水利工程委员会，并对省内泉水资源开发利用状况进行了初步调查，他们认为：“泉水之利用，概为水磨与灌溉。水磨则就水势筑屋，引水以激动水轮，磨制面粉。其构造样式，均极简旧，效率亦低。灌溉用水，最多时为春秋二季。冬季之水，则多数弃于河中，未能利用。”[①]为改变山西各地泉水资源开发利用不足的状况，他们主张在各泉域修建水库，“不特冬日之水可储存库内，以增灌田数，而补春日水量之不足。且可以其水力发电，供给工业及电灯之用也”[②]。曲沃沸泉亦在此次调查之列。据调查者实地测量，当时沸泉流量为20~30立方尺/秒，约合0.56~0.85立方米/秒，灌溉面积为5320亩，基本维持着明清时期的水平。

之后，山西水利工程委员会大力推动规划建设水力发电厂，相继测量了黄河壶口瀑布、广胜寺霍泉、曲沃沸泉、晋祠难老泉和太原兰村泉5处瀑布水泉的数据，进而形成建设黄河瀑布水电厂、广胜寺水泉水电厂、曲沃瀑布水电厂、晋祠水泉水电厂和兰村水泉水电厂的规划方案。关于曲沃沸泉瀑布水电厂，“据测量之结果，其可靠流量，只每秒20立方尺，水势之高度，为223尺，所生之力量，只400马力。此水电厂所发电将有下列用途：①磨面粉；②纺织（曲沃产棉颇丰）；③轧棉花；④榨棉籽油及提炼棉籽油；⑤供给廿里以西曲沃城电灯。预计此电厂成本，约需十二万元，合每马力三百元”[③]。就内容来看，

①《山西考察报告书》，张研、孙燕京主编：《民国史料丛刊348 经济·概况》，大象出版社，2009年，第333页。

②《山西考察报告书》，张研、孙燕京主编：《民国史料丛刊348 经济·概况》，大象出版社，2009年，第333页。

③《山西考察报告书》，张研、孙燕京主编：《民国史料丛刊348 经济·概况》，大象出版社，2009年，第114页。

这项规划是要依靠现代水电工程技术，变沸泉水能为电能，用电磨取代水磨加工面粉。在此基础上，将水电资源进一步运用到纺织、轧棉、榨油、电灯照明等民生和近代新式工业领域，这是对传统泉域水资源利用的一项创新性的变革，是在传统技术条件下不可能实现的。就工程规模而言，也只是一项小型水电工程。然而，这项水电规划最终未及批复上马，全面抗战便开始了，山西很快陷入战争硝烟之中，山西省政府的这项水力发电计划遂不了了之。

尽管如此，对于古老的沸泉灌区而言，这毕竟是金至明清以来从未有过的创新之举，尽管未能顺利实施，却挑战了泉域社会原有的人水关系，使得泉域社会的未来发展充满多种可能性。在这次水电规划之中，最大的改变是过去由泉域村庄和民众主导的水资源开发和管理，被代表国家的山西省政府所取代，如此必然会导致泉域社会人水关系的重大调整和变革。

(三)国家治水工程:沸泉水库与引沸入溢

新中国成立后，通过修建沸泉水库、溢沟水库、实施引沸入溢工程等，将20世纪30年代山西省政府未及实施的民生水利工程变成现实，将沸泉水改变了流向，扩大了用途，增加了效益，在新的时代和生产力条件下获得了新生，极大地改变了泉域社会延续数百年的人水关系。国家对水的支配、规划和管理的力度空前提高，过去那些与沸泉无关者，被纳入新的灌溉系统当中，得到沸泉水的滋养，明清时期日益走向内卷的泉域社会开始走向新的发展阶段。

沸泉水库包括沸泉一库和沸泉二库，二者均为库容量10万~100万立方米的小（二）型水库。其中，一库位于泉域白水村东南，系1973年政府投资11万元建成。坝高17米，顶宽3米，坝长56米，总库容量31万立方米，有效库容量31万立方米，设计灌溉面积及有效灌溉面积1000亩。二库位于一库下游200米处景明瀑布上方，1976年投资6万元建成，集蓄水、灌溉、发电、养殖、娱乐为一体。大坝高

24米，顶宽4米，坝长150米，总库容量为41万立方米，灌溉面积也是1000亩。

引沸入滋是将沸泉灌区废弃不用的泉水引入滋沟水库的一项区域调水工程，实施引沸入滋、引沸入浍两期工程完成，前后历经15年。其中，滋沟水库位于绛县紫金山北麓滋沟沟口，因拦蓄绛县滋泉水得名，是一座以灌溉为主，兼顾防洪、养殖等综合利用的小（一）型水库，总库容235万立方米，有效库容197万立方米。该水库坝长240米，坝高24米，于1968年12月动工，1974年建成，可灌溉东闫、西闫、南北下郇等土地7500亩。1995年，引沸入滋工程启动。工程由曲沃县政府、北董乡政府和东闫、西闫、白水、李野、南下郇、北下郇、东下郇7个受益村筹措资金动工兴建，从沸泉一库引水调蓄滋沟水库，不仅改善了曲沃县东闫、西闫、南下郇、东下郇、北下郇、南属寺、白水、东明德8村5700亩农田灌溉，而且极大缓解了北董乡旱垣缺水问题，新增灌溉面积10200亩。

从20世纪70年代到2000年，不论是沸泉水库、滋沟水库还是引沸入滋、引沸入浍，与明清时期最大的不同不仅是象征国家的地方政府和水利部门的全面介入，更为重要的是通过现代工程技术手段，使传统时代利用效率极低的沸泉水资源，得到了最大程度的开发利用。水资源的权属关系也从过去为个别村社和私人独享变成覆盖面日益扩大的区域共享，人水关系亦由此出现划时代的变革。

五、结论

围绕清道光二年（1822）《沸泉水利图碑》，本章对明清以来直至20世纪沸泉社会的历史变迁做了一个整体性的论述和分析。在此基础上，可以进一步从以下三个方面进行讨论和总结。

第一，就金代、明代尤其是清代的沸泉水利社会而言，这里原本是一个充满层级和差别的传统社会。垂向差异是我们理解沸泉社会特点的一个有效视角。作为沸泉发源地的沸泉村，深处绛山之中，虽毗邻水源地，却受人力、技术、制度等多方面因素的影响，长期以来“止占一景，点无资藉”。直到20世纪六七十年代，国家实施三线工程，在这里修建了生产绷带、针织品的后勤军工厂，为满足近七千名职工的生活用水，在泉边修建了无塔供水池，为村民接通了自来水管道，沸泉村才改变了长期用水不便的局面。相比之下，绛山之下的平川地带，则是一个相对富庶的区域。景明村首屈一指，占尽天时地利人和，不仅风景秀美，而且用水便利，尽享灌溉和水磨之利。与景明村长期对立的林交村，在用水上则会经常受到景明村的威胁，明清两代的两起争水诉讼大案，是两村关系紧张的明证。清顺治十一年（1654）景明村公然退出由泉域所有村庄参与的水磨交易，既体现了景明村作为沸泉首村的任性，也体现了泉域村庄地位的不平等。林交村独立为众村垫资的行为，则体现出作为沸泉上游最大受益村的雄厚实力。相比之下，位居下游的白水、北阎、下郇及东、西明德则在明清以来的沸泉社会中显得默默无闻，悄无声息。这种自上而下的层级和差别，是传统水利社会的一个突出特点。

第二，沸泉社会的垂向差异还体现为主体性的变化，存在一个从民间主导到官方主导的变化过程。对于沸泉社会而言，从金代东、西两渠分水到20世纪初期，是一个以民间治水为主、官方有限介入的时代。在该阶段，民间社会的主体性突出表现在对有限水资源的分配和管理方面，充分发挥了官方断案的权威性，维护自身的用水权益，制止破坏现行水利秩序的行为。明成化、弘治争水案中，林交村人宁愿冒着被官府杖责的风险，也要越级上诉，为村庄争取合法水权，体现了他们的主体性。在打赢争水官司后，他们又及时通过补刻金代碑记的方式，将自身在泉域社会的主导权确定下来。同样，清嘉庆、道光时期再次发生的水利诉讼当中，两村均采取了层层上诉直至山西巡抚衙门的方式，迫使官方高层关注地方水利冲突，满足各自用水需求，这再次体现了民间的主体性。再者是清道光二年（1822）林交村绘制水利图，主动刻图于石，将官方断案刻碑竖立于村庄公共空间的举动，也是民间主体性的象征。此外，作为泉域社会的神圣信仰空间，村民共建九龙庙，营建公共信仰空间的行为，也是民间主体性的一种表达。在这种民间占据主体性的时代，由于村庄间利益的相对固化，也导致了泉域社会的长期停滞和内卷化。

20世纪上半叶，民间主体性渐渐让位于国家和地方政府。1933年由山西省水利工程委员会筹划的沸泉水电计划，代表了现代国家对长期低效运行的沸泉水利的一种主动调整。新中国成立之后的六七十年代，地方政府通过修建水库、实施跨区域引水等工程措施，扩大了沸泉的灌溉面积和运行效率，改变了过去有限的用水范围，使沸泉水更好地发挥了推动经济发展、改善民生福祉的作用。国家全面介入到地方公共水利建设，体现出国家试图通过行政手段实现地方资源有效配置的一种努力和姿态。但是国家的主体性也存在弊端和局限。在泉域社会的未来发展中，如何有效平衡两种主体性的关系，在国家和民间社会之间寻找一个能够充分发挥各自优势的平衡点，成为一个新的问题。

第三，工程技术治水对维系水利秩序和推动水利发展发挥着重要作用。工程技术手段始终伴随着沸泉水利的古今变迁。金代沸泉东、西两渠分水，用的是“使水分数尺寸则子”，为了做到长久稳定，使用高厚石头培埋，不致日后移动。虽然有材料局限性，但也体现了当时人们的分水智慧和追求稳定性的努力。明成化水利纠纷案中，景明村人“将古旧分水石砍去壹块，中渠石口砍讫柒斧，后洞石口砍开壹处”，表明当时使用的仍是石头材质，为了解决这个问题，县令刘玑镕铸分水铁斛，解决了分水石容易遭受破坏的问题。清嘉庆、清道光讼案中，景明村梁玉文破坏中渠“赵家水口”导致纠纷产生是关键问题，官员解决这次纠纷时使用了熔铁闸板解决争端，使得赵家水口实现了从椿木板到青石板再到铁闸板的变化。这些都是通过工程技术措施解决争水纠纷的有力证据。不过，传统时期这种通过材料、技术的调整来维护既有水利秩序的方式，在20世纪出现了重大历史变革。

前述民国时期未及实施的沸泉水电计划、社会主义建设时期先后上马的沸泉水库、溢沟水库和引沸入溢、入浍工程，是工程技术方面前所未有的变化，通过这些工程技术手段的实施，彻底改变了过去沸泉水利上下游发展不均衡的局面，水资源利用率得以空前发展和提高。

今昔不同，每个时代都有着属于这个时代的工程技术和治水理念，我们进行古今比较的目的是总结历史，启迪当下，惠及未来，而不是厚此薄彼，以今人之世界评判古人之长短。在此意义上，清道光二年（1822）《沸泉水利图碑》所承载的沸泉水利社会，是特定时代条件下人们能够做出的最优选择，是清人生存智慧的象征。读图讲史，图碑证史。当下沸泉水利社会尽管已经失去昔日的水乡风采，但并不妨碍人们通过访碑读图，走进古人的生活世界，讲述古代人与水的动人故事。

本章尽管是以沸泉为中心的区域社会史研究，但是与以往研究最大的不同在于，除了继续关注水利社会中的用水主体及其变化外，还充分留意了外部性因素对泉域社会的影响。沸泉水磨业为此提供了一个重要视角，使我们能够将内部因素和外部因素结合起来，在以水为中心的基础上，充分关注外部因素对泉域社会的影响和改变，从而将沸泉社会置放于一个更大的市场空间中加以审视，有助于克服就水言水的局限。沸泉的事例表明，水利社会是一个富有层次的地理和社会空间。将外部性因素考虑进来，不仅有助于扩大水利社会的地理边界，将更多与水有关的人群纳入这个社会体系当中，而且能够加深对作为小区域的“沸泉”灌溉社会的理解，建立起小区域与大社会之间的广泛联系，从而赋予水利社会史研究更为弹性的空间和整体性。

第八章　洪灌型水利社会的诉讼与秩序

——基于明清以来晋南三村的观察

一、引言：中国历史上的引洪灌溉

引洪灌溉是黄土高原水资源缺乏地区民众开发水利的一种重要类型，笔者在以往研究中将这种类型的社会称之为洪灌型水利社会。[①]历史时期人们就已经意识到山洪水兼具灌溉、淤地和肥田的效果。1964年，当代著名水利史专家姚汉源先生关注过中国古代的农田淤灌及放淤问题，认为我国古代专门放淤自汉代开始，北宋王安石变法时期形成一个高潮。[②]不过，姚先生的关注点主要是洪灌的技术问题而非社会问题。与此不同，2006年，李令福指出淤灌是中国农田水利发展史上的第一个重要阶段，战国秦汉时期中国北方最早兴修的漳水渠、郑国渠、河东渠、龙首渠等诸多大型引水工程，均不是一般意义上的引水灌溉工程，都具有淤灌、压碱、造田的放淤性质。[③]郑国渠的放淤和白渠的"且溉且粪"是淤灌的两种主要形式，在秦汉时期得到空前的发展。由此可见，汉代山西汾河下游的河东渠应当也是类似于郑国渠的放淤性质。文献记载说，当时河东太守番系"穿渠引汾灌

① 参见张俊峰：《水利社会的类型：明清以来洪洞水利与乡村社会变迁》，北京大学出版社，2012年。

② 参见姚汉源：《中国古代的农田淤灌及放淤问题——古代泥沙利用问题之一》，《武汉水利电力学院学报》1964年第2期。

③ 参见李令福：《论淤灌是中国农田水利发展史上的第一个重要阶段》，《中国农史》2006年第2期。

皮氏、汾阴下，引河溉汾阴、蒲坂下，度可得五千顷。五千顷故地尽河壖弃地，民茭牧其中耳，可得谷二百万石以上”。可知河东渠是以汾水和黄河为主要水源的大型水利工程，目的主要是放淤，兼有灌溉功能。不过遗憾的是，之后由于黄河河道变动的缘故，这项水利灌溉工程效益不佳，难以维持，“数岁，河移徙，渠不利，则田者不能偿种。久之，河东渠田废……”[①]可见汉代的淤灌并不都是成功的。

相比较而言，笔者重点考察的晋南三村的洪灌水利系统，尽管是小型洪水灌渠，却接近于白渠那种“且溉且粪、长我禾黍”的性质，其所解决的主要是灌溉和肥田的问题。正史中关于晋南区域这种类型的洪水资源开发，主要见于《宋史·河渠志》。北宋熙宁年间（1068—1077），正是王安石变法大兴农田水利的时期。时任宋都水监职务的吴人程师孟注意到山西所在的河东路引洪淤灌具有巨大经济效益，便极力予以推广，据载：“（熙宁）九年八月，都水监程师孟言：河东多土山高下，旁有川谷，每春夏大雨，众水河流，浊如黄河矾山水，俗谓之天河水，可以淤田。绛州正平县南董村旁有马壁谷水，尝诱民置地开渠，淤瘠田五百余顷。其余州县有天河水及泉源处，亦开渠筑堰。凡九州二十六县新旧之田，皆为沃壤。……闻南董村田亩旧直三两千，收谷五七斗。自灌淤后，其直三倍，所收至三两石。……今臣权领都水淤田，窃见累岁淤京东、西碱卤之地，尽成膏腴，为利极大。尚虑河东犹有荒瘠之田，可引天河淤灌者。”这里提到的马壁谷，就是位于今新绛和稷山两县交界地带的一条洪水涧河——马壁峪。新绛南董村的田地经过马壁峪洪水浇灌之后，地价翻番，产量翻倍，获益明显。于是程师孟便要求河东地区大规模推广引天河水淤灌田地，实现淤田和灌溉的双重目的。对此，《宋史·程师孟列传》中还有进一步记载说：“晋地多土山，旁接川谷，春夏大雨，水浊如黄河，俗谓之‘天河’，可溉灌。师孟劝民出钱开渠筑堰，淤良田万八千顷，裒其事为《水利图经》，颁之州县。”可见对于引洪灌溉这一水

① 《史记》卷二十九《河渠书第七》，中华书局，1982年，第1410页。

利类型，程师孟不仅极力倡导，还著书立说，广为宣扬。遗憾的是，这部反映洪灌历史的珍贵文献《水利图经》未能流传于世，早已佚失不存了。尽管如此，包括晋南在内的黄土高原地区洪灌型水利开发却就此打开了局面，被不断传承和发展下来，成为山区水资源匮乏地区民众生产生活的一个重要依赖。

研究表明，山西的洪灌区域以吕梁山东南麓所在的晋南地区最为典型，自北而南涉及今汾西、洪洞、临汾、襄汾、新绛、稷山和河津七个市县，地理上属于吕梁山东南麓和汾河下游交界地带，是山前丘陵区向盆地河谷区的过渡带，地形上整体呈倾斜状，西高东低或北高南低，汾西、洪洞、临汾、襄汾的洪灌区域整体呈西高东低状，洪水为由西向东走向；新绛、稷山、河津属于北高南低的类型，洪水系由北向南走向。受地形和降水的影响，这些区域发育出大大小小的川谷河沟，当地人称之为峪或沟，这些河沟里平时无水或少水，只有下雨天才会有水下泄于此，即程师孟所言“天河水”，当地人形象地称为“雷鸣水”。笔者在实地调查中了解到，当地人对于这种雷鸣水钟爱有加，民间俗语所谓“炮响三声五谷丰登”，“三声炮响黄金万两”，就是说每当洪水来的时候，村里老百姓会蜂拥着争相上渠，引洪灌地。他们的土地只要能用山洪水多浇几遍，来年就会有很好的收成，这样洪水就成为村民赖以为生的“命根子”。

这类洪灌水利系统灌溉规模大小不一，大者如襄汾豁都峪，可灌溉襄陵、太平两县38个村庄，受益地亩达到20万亩左右，相当于现代一个中型水利灌区。[①]小者则是一个或数个村庄，灌溉面积为数百亩到上千亩不等。据初步统计，上述区域中比较著名的洪水灌区有襄汾的豁都峪、尉壁峪、三官峪，新绛和稷山两县交界地的马壁峪，稷山的黄华峪，河津的三峪等，其余大多是一些不知名的小型沟涧。我

① 根据我国水利行业的标准规定，控制面积在20000hm^2（30万亩）以上的灌区为大型灌区，控制面积在667~20000hm^2（1万亩~30万亩）之间的灌区为中型灌区，控制面积在667hm^2（1万亩）以下的为小型灌区。

们注意到，这些区域的洪灌历史均晚于北宋熙宁年间程师孟在河东大力倡导的洪水淤灌，可视为后世对这种颇具实效的水资源开发利用形式的一种继承和发扬。其中，襄汾豁都峪的开发历史可以追溯到金皇统四年（1144），年代相对较早。洪洞县河西一些洪灌渠道文献记载比较清楚，最早也不过金元时期，其余多数是在明清时期才得到有效开发利用的，笔者怀疑这可能与上述区域村庄的历史、人口的变动有关，姑且不论。本章着重讨论的晋南三村，其洪灌历史始自于明万历时期，主要是在清代以来，是一个非常典型的小型洪灌区域。

二、资料新发现：从水利碑刻到诉讼文书

晋南三村水利诉讼文书原藏于临汾市尧都区魏村镇羊舍村村民杜百龙先生之手，原件共厚厚两册，由杜家几代人辛苦辗转保存，殊属不易。[①]原始资料用麻纸毛笔书写，字迹潦草、不易辨识。1999年4月，这套资料由临汾市尧都区区志办主任李百玉先生照原件复印，并题写书名为《大清羊舍亢村柴里三村水利讼案日志》。后经临汾市尧都区宗教局原局长左元龙先生（系临汾柴里村人）多方访查、悉心整理，一字一句甄别、补遗、校勘，最终在地方人士配合下，将这部总计十余万字，反映临汾市亢村、羊舍、柴里三村因水打架、因水争讼、因水结仇，抗衡近四百年的珍贵水利史料整理出版，了却了他记录和整理家乡历史的一桩心愿。[②]

在这套资料中，共有三村呈送临汾县、平阳府、河东道、山西按察司、山西巡抚、九门提督、都察院等各级官府衙门的诉状（词）、答辩状、说单等，共计104篇，每篇状词上均含有原被告的籍贯、姓名、诉讼理由、诉讼请求、案情经过等内容；案件断结后的原被告具结25篇；各级官员的断案判词10篇；下级衙门向上级请示或汇报案

① 笔者怀疑或许杜氏祖上曾亲身参与过三村水利争讼，知道这套资料是事关村庄生死大局的重要资料，因而叮嘱家人要好好留存，以备不时之需。

② 中国人民政治协商会议临汾市尧都区委员会编：《尧都文史》第二十集，内部印刷资料，2016年5月，山西省内部图书准印证(2016)016号。

情的禀帖4篇；书吏、差役的过堂实录与查勘报告6篇；邻村缙绅调停禀文2篇。不仅如此，几乎每篇呈词、诉状均有各级衙门官员的批示，多达百余篇，完整展现了三村水利讼案的每个细节。翻阅这套资料，可知它记录的是明万历十五年（1587）至清光绪三十四年（1908）三百余年间互有利害关系的三个缺水村庄围绕洪水资源如何分配利用而发生的各种暴力冲突、纠纷和诉讼事件。最为突出的是三村为了争夺洪水，不断诉讼，竟然发生了诉讼战，诉讼升级，由县到府城、省城乃至京城，相互控告，无休无止。柴里、羊舍两村间的争端在新中国成立后依旧没有停止，20世纪60年代，两村再次因为争夺洪水发生集体械斗、流血事件，多人遭捆绑、殴打，最终由临汾土门七一公社领导出面调停方才制止了两村殴斗。这套诉讼史料较为完整地记录了三村诉讼的全过程，由于它涉及的是黄土高原的三个普通村庄，记录的是普通民众的言行举止，材料具体翔实，因而成为深入观察和了解明清以来民众诉讼行为和国家治理方式的一个典型案例，对于深化水利社会史研究无疑具有突出的史料价值和学术意义。关于这一研究取向的学术意义，在此可以借用古尔迪（Jo Guldi）和阿米蒂奇（David Armitage）2014年《历史学宣言》中的一句话来加以表述："我们希望复兴的是这样一种历史，它既要延续微观史的档案研究优势，又须将自身嵌入到更大的宏观叙事……微观史档案研究与宏观史框架的完美结合将为历史研究展现一种新的境界。"

具体而言，二十多年来不论在区域社会史还是水利社会史研究当中，新史料的发现和运用是最值得重视的核心问题。由此产生了方法论的更新，学者们大力倡导社会史研究要"走向田野与社会"，"走进历史现场"，而以碑刻、契约、族谱、村庄基层档案等为主要搜集对象的山西民间文献资料搜集整理工作，正是在此背景下开展的。不无遗憾的是，在北方水利社会史研究中发挥重要作用的水利碑刻、契约文书和水册、地册文献等，尽管记录了丰富的史料信息，却也存在着先天的不足，即多数史料只是对某个特定区域曾经发生过的历史事实的片段记录，系统性、完整性严重不足，研究者尽管可以根据这些史料间的相互关系，连缀事实，对区域社会的历史做出合理性解释，但结果总是不尽如人意，常常有“隔靴搔痒”的感觉，研究者看到的往往只是最终的结果而非详细的历史过程，因而会产生一些想当然的认识和看法，对社会历史过程的研究便会失之简略乃至发生错误。要克服这个瓶颈，除了进一步发挥研究者的想象力外，更关键的在于新史料的发掘和利用。晋南三村水利诉讼文书的数量，尽管无法和近年来学界已经整理和公布的清水江文书、龙泉司法档案、清代巴县衙门档案等系统性资料相提并论，但其性质和价值应该是相似的。尤其对于北方区域社会而言，晋南三村水利诉讼文书的意义就更为突出，至少在山西水利社会史研究当中，它意味着一种史料类型上的突破，具有填补空白的意义。循此理路，区域水利社会史文献史料如果能够有更多发现的话，必将推动水利社会史研究进入一个新阶段。本章将利用这一珍贵文献，对晋南三村这一微观水利社区的历史进行观察和研究，希望能够持续推进类型学视野下中国水利社会史研究的深入发展。

三、旱域垣坡:晋南三村洪水资源的开发利用

(一)刁底河边的晋南三村

晋南三村位于今山西省临汾市西北30余里一条不知名的季节性涧河——刁底河流域。这条河自西向东汇入汾河，是汾河的一级支流。河流所在山涧名叫麻峪沟，因麻峪沟洪水出山口后经过的第一个村庄名叫刁底村，故命名刁底河。刁底河全长20余里，流经9个村庄，流域面积有限。关于这条河流，方志中记载不多。从年代最早的明万历二十三年（1595）三村水利诉讼文书中可以得到如下信息：“临汾县西北乡有横岭山一座，山下有自西而东涧河一道。平时并无积水，每遇夏月雷鸣天雨，山水骤发，名为雷鸣水，归入涧河。”[①]刁底河自西向

① 《平阳府“亢村开渠案”断结》，明万历二十三(1595)年。

东从“潘家庄、岭上、刁底、亢村、羊舍、柴里、郭村、太涧、吴村九村经过”①，由吴村南汇入汾河。

受地形条件影响，刁底河流经的九个村庄对河水的开发利用程度各不相同。其中，潘家庄、岭上、刁底是上游三村，因地居山中，不具备引水条件，只可浇灌少量涧旁河湾地。处在中游的亢村、羊舍、柴里三村处于刁底河出山口的山前洪积扇地带，地势由西向东渐次放缓，便于开渠引水。郭村、太涧、吴村为下游三村，因地处下游，洪水经上游村庄引灌到达下游时，剩余水量已经极小，即使全部利用，受益地亩也十分有限。因此，下游的太涧、吴村另寻出路，转而通过引汾河灌溉赵城、洪洞、临汾三县十八村的通利渠提供水源，刁底河洪水只起辅助作用。因此，历史时期刁底河沿线修建引水渠道的只有亢村、羊舍、柴里、郭村四村，尤以中游三村为主。

亢村位于涧河出山口的北侧，村庄地势整体较高，村庄土地以坡地为主，约有2000亩，但引水难度较大，仅有少许河湾低平地受益。自亢村顺坡而下，东偏北四里为羊舍村，东偏南五里是柴里村，三村大体呈品字形结构分布（见图8-1所示）。其中，柴里村正对刁底河出山口，具有得天独厚的引水优势。羊舍村偏离刁底河北四里多,中间隔着亢村土地，且地势略高，取水条件虽优于亢村，却远逊于柴里村。就三村行政建制而言，明清时期临汾县在乡村推行都里制，三村均位于临汾县西河乡平水都。平水都下设八个里，羊舍村属羊城里，柴里村属土门北里，亢村属土门南里。羊城里由三个村组成，土门南里由四个村组成，土门北里由五个村组成。刁底河流经的其他村庄如潘家庄、岭上等山区小村，属石陈里，共由二十四个村庄组成。里的设置主要是按照人口规模，不同的里下属村庄的多少表明了所辖村庄的规模大小，村庄数量越多，表明村庄人口越少。

---

①《平阳府“亢村开渠案”断结》,明万历二十三(1595)年。

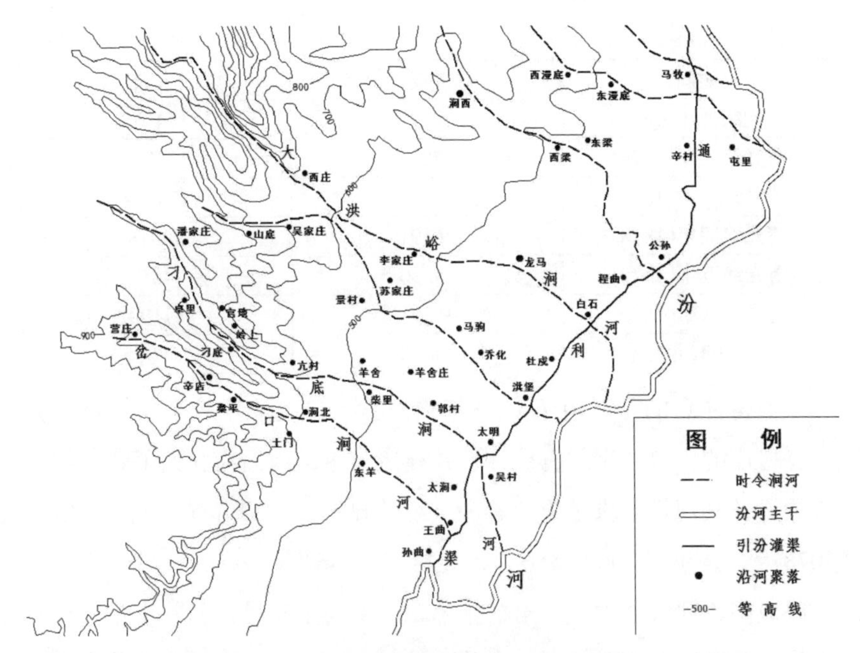

图8-1　刁底河流域晋南三村形势示意图[①]

(二)晋南三村的人口与家族

据《临汾县志》历代人口统计数字可知，明清以来临汾县的人口数量总体呈增长态势。从明初的110830人，持续达到清光绪三年（1877）的人口顶峰174564人。清光绪三年（1877）开始，华北五省发生丁戊奇荒，导致人口锐减，短短两年内临汾县人口亡失数量超过一半。此后经过半个多世纪，至1932年进行全县人口统计时，仍未恢复到清光绪三年（1877）饥荒前的水平，足见此次饥荒对地方社会影响之深，详见下表。

表8-1　明清至民国时期临汾县人口数字统计表

时间	户数	人数
明洪武	19163	110830
明万历	21375	122328
清乾隆四十三年(1778)	45804	166561

① 底图采自《山西省地图集》之“临汾县”图幅，内部印刷资料，1973年，第90页。

续表

时间	户数	人数
清光绪元年(1875)	47292	174558
清光绪二年(1876)	47293	174561
清光绪三年(1877)	47294	174564
清光绪四年(1878)	26391	94548
清光绪五年(1879)	28390	74554
清光绪六年(1880)	26394	87100
1932年	28638	156095

值得注意的是，由于1932年临汾县人口统计比较全面，对全县所有村庄的人口数字均有统计，并载诸县志，因而为我们了解三村人口数量及其规模提供了重要参考。统计显示，1932年羊舍村有145户1078人，柴里村106户550人，亢村93户464人。可见三村中羊舍村人口最多，规模最大，柴里村排第二，略高于亢村，相差不大。1932年临汾县实行的是区村制，全县共设五个区，三村均属临汾县西北乡第二区。当时第二区下辖69个村（镇）7510户38012人，每村平均人口551人。第二区村庄中人口超过1000人的有七个，羊舍村即在其中，排名第六，远远高于当地平均水平。[①]因此可以确定羊舍村实为当地一个人口大村。柴里村和亢村则处在村庄人口平均线以下，属于小型村落。三村间的这种人口差距一直延续至今，据实地调查，羊舍村现有480余户2120人，柴里村现有550户1567人，亢村现有320户1580人，今非昔比。可见柴里村和亢村人口在当下已经得到较快增长，人口总数是民国时期的三倍左右，而羊舍村人口增长却相对放缓，但仍然保持着较柴、亢二村的优势。三村间空间距离基本不超过五里，处在一个大体相似的地理和经济区域内，若按照民国时期的人口数字往前追溯，可以判断三村在没有发生重大变故的情况下，明清时期三村人口相对比例和村庄规模与民国时期不会有太大出入，具有一定的参考意义。对此，我们从清代三村诉讼文书中看到的诸如羊舍村凭借

① 该区域村庄人口数字均出自1933年《临汾县志》卷二《户口略》。

村大人多欺压弱小的柴里村之类表述中，也可以得到一些佐证。

在此，还有必要对三村人口姓氏和家族等基本信息做一交代。三村中羊舍村是一个杂姓村庄。村志记载该村张姓家族占全村人口的45%，杜、王、安、曹、李、吴六个姓氏占全村人口的35%，其余还有36个杂姓占全村人口的20%。村中有“自古人张尚冯”的古谚流传。其中张姓自山东迁来，人丁最多，建有张氏祠堂。尚、冯二姓虽然是羊舍村早期住户，但在村人数不多，仅有几户而已。羊舍村《张氏家谱》记载了张氏在明永乐年间洪洞大槐树移民之事，讲述张氏迁至山东后，遭天灾人祸无处安身，由长女带着两个兄弟逃荒要饭返回临汾。老大世龙落户羊舍村，老二世虎落户东羊村。羊舍村的张氏家谱便从二世祖世龙记起，迄至2013年，羊舍村张氏共计19世,基本可以追溯至明永乐年间。

相比之下，柴里村则是一个左姓居多的单姓村，左姓占全村人口的70%以上。不过，左姓并非该村最早的姓氏。村名虽为柴里，或曰柴李，但并没有柴姓，李姓也只有一户，可见村庄人口变动情况是比较大的。村庄姓氏有文字可考者始于元末明初。据该村《连氏族谱》记载，连氏原籍浙江省处州府青田县，明初迁居平阳府岳阳县，至三世时分派三支，一支居柴里村，一支居临汾城内东关，一支居临汾城内莲花池。连清为柴里村连氏第一世，传至连国庆为第十九世。可见柴里村连氏与羊舍村张氏进入该区域的时间相差不多。柴里村左姓分大左和小左两支，两支本是一家，自洪洞县左家沟迁来，且与洪洞左家沟族人长期保持联系。该村左氏族人传言，元末明初洪洞县西左家沟村左门一妇人丧夫后受到同族人的欺负排挤，生活艰难，便带着两个年少的儿子逃荒来到柴里村定居。后来妇人的一个本家小叔前来该村探望他们，见此处条件尚好，也迁来该村居住。后来，妇人和他的两个儿子便成为小左一支，本家小叔这一支为大左。村庄左姓两支传至现在均为十七世，时间尚略晚于连氏。三村之中，亢村与羊舍一样，也是个杂姓村。该村有刘、韩、张、王、苏五大姓氏。目前全村共有1400人，刘姓最多，有六七百口。亢村刘姓在此已繁衍十来辈人，没有家谱和祠堂，只有每年清明和逢年过节以家户为单位的祭祖活动，宗族功能弱化。[①]

综合三村姓氏家族和村庄历史，可以得出这样一个判断：三村中羊舍村历史最为久远，村名来历与春秋时期晋国大夫羊舌氏有关。不过，从现存资料来看，该村中有家谱的张姓与明洪武永乐年间的移民运动有关，尽管村庄历史很久远，但是经历元大德七年（1303）洪洞八级大地震后，临汾作为地震中心，受灾最大，人口损失极为严重。[②]羊舍张氏是该村在地震后多年重建过程中才迁入的。羊舍村之所以是一个姓氏繁多的杂姓村庄，和该村原民人大量减少有一定关联。其他姓氏和张姓一样，多数也是在明代以后才逐渐进入该区域。因此，我们在羊舍村看到的就主要是元末明初以来的历史，村庄最具标志性的建筑玄帝楼，始建于明正德十三年（1518）。同样，该村的其他历史建筑，如村东的关帝庙、明代戏台，村南的腾蛟塔、文昌阁等均系明代所建。这种状况在该区域具有一定的普遍性。柴里村与此类似，村中左姓是洪洞大槐树移民后裔，连姓也是在明初迁入的，因此村庄历史也是在明代以后才翻开新的一页。村庄古代建筑包括文昌阁、敷化寺、玉皇楼、娘娘庙、马王庙、三官庙等，多为明清所建，村中左姓大院也多数是明清时期的遗存，可见该村历史也是以明清作为界限划分的。此外，由于三村对刁底河洪水资源的开发是在明万历时期才出现最早记述，说明该区域内村庄在经历元代大地震和元末明初战乱的双重打击后，经过百余年的调整，终于进入一个新的历史阶段。

---

① 笔者在2021年11月28日对三村姓氏、家族、人口做了实地调查，并结合村志、家谱和地方县志资料进行了综合分析，得出上述认识。

② 根据地震史专家王汝雕先生的考证，1303年洪洞8级大地震总共死亡275800人，其中平阳路死亡176365人，人口震亡率32.7%，涉及家庭占45%；太原路死亡100000人左右，人口震亡率29.6%。详见王汝雕：《从新史料看元大德七年山西洪洞大地震》，《山西地震》2003年第3期。

(三)晋南三村的洪灌渠系

从地理环境上看，三村所在区域属于旱地塬坡，缺水是该区域社会经济发展的最大瓶颈，水资源不足始终困扰着当地民众的生产和生活，使得这里的村庄多数处于贫穷、欠发展的状态，抵御风险的能力极低，生活充满不确定性，这种状况一直延续到20世纪上半叶。刁底河洪水是当地唯一具有开发利用价值的水源，因而水资源极为稀缺。沿河村庄总是想方设法兴修水利工程，引水灌田，试图长治久安地解决问题。但是洪水的不稳定性和破坏力，又常常让这些村庄花费较大力气修建的一些水利设施毁于一旦，为此不得不年复一年地投入巨大人力、财力和物力去筑堤、修堰、筑坝、开渠、引水，甚至还要与其他存在利害关系的村庄讨价还价，维护利益，争取权益。水资源的严重不足和不稳定性，使民众对与水有关的行为反应相当敏感，导致村庄间的敌对和竞争远较其他区域激烈。

三村中柴里村有渠名曰永丰渠，是三村中最先开发刁底河洪水的一条渠道。清光绪三十四年（1908），柴里村诸位有科举功名的左姓士绅带领全村渠长、地亩花户人等刻立《柴里村永丰渠碑记》，碑中言明："吾乡古有永丰渠一道，开自前明万历年间，邑侯邢公督为修凿。西疏源于横岭，东泄流于汾河，地千余胥蒙沃泽。"明万历年间"邑侯邢公"应是指明万历十四至十九年（1586—1591）任临汾知县的邢云路。这条记载表明柴里村永丰渠是在明万历年间由临汾知县邢云路亲自督工开凿的。《临汾县志》确实有明万历十九年（1591）王荣诰撰写的《开永丰渠记》，不过此渠并非柴里村永丰渠，而是指太明村的永丰渠，开永丰渠是为了"泄通利渠之暴发淹没大害也"，而通利渠是金代开凿的一条引汾大渠，可灌溉赵城、洪洞、临汾三县十八村田。因此，邢云路督凿的太明村永丰渠并非柴里村永丰渠，二者没有直接关系。可以认为，柴里村左姓士绅之所以如此讲述永丰渠的历史，意在通过立碑和话语建构彰显柴里村引用刁底河洪水的正当性和合法性，具有较强的象征建构意义。三村之中，柴里村文风最盛，清光绪年间，村中有秀才数十名，举人、拔贡、进士十余名，方圆百余里盛传“上了柴里坡，秀才比驴多”，表明柴里村确有一批掌握文字工具的人，他们试图利用手中的文字，蓄意刻画和宣扬村庄在地域社会中具有的利益和优势。

从实际情况来看，柴里村对刁底河的开发利用的确较他村为先。清道光二十二年（1842）柴里村与羊舍村的诉讼中，该村人左荣清就声称：“我永丰渠开自明初，由来久矣。”这是关于该村永丰渠年代最早的记录。实地调查中我们了解到，该村渠俗名桥子渠，因刁底河洪水流经柴里村后，分为两股，一股从村南沟中直泄汾河，一股从村北涧中直泄汾河，于是村人商议在刁底河出山口距村二百多米远的涧河中筑起一道石坝，然后从石坝南侧挖渠引水。石坝的作用是水小时将水汇入渠中浇地，水大时直接从坝上溢过泄入涧河流走，不致淹没村庄，形成水害。渠道挖到村西时一分为二，一条从村南沟边绕过村子向东，一条从村北涧边绕过村子向东。因村南渠上分别架设了三座石桥，故名桥子渠。村北渠道因从住户房屋后经过，因而命名为厦背后渠。桥子渠和厦背后渠就是后来柴里村人所称永丰渠的前身。因现存诉讼史料中最早的有明万历十五年（1587）柴里村与亢村争水的记载，此时柴里村的洪灌渠道应该已经建成，因此，柴里村开渠时间应不晚于明万历年间，甚至会更早。联系柴里村左姓和连姓元末明初迁入该村的史实，不难判断这些新住户进入该村庄后历经几代人积累，站稳脚跟后方有可能进行大规模的水利建设，其时间也大体是在明万历前后。柴里村永丰渠从刁底河出山口到柴里村东，全长约2500米，沿渠以石头砌帮，途经每块地头都有石砌夹口，便于闸水进田，是一套有效的洪灌系统。这套洪灌系统的核心工程是修建于该村西刁底河河滩的拦水石坝。需要说明的是，柴里村人开始修渠获益时，邻近的羊舍和亢村尚未有筑坝修渠之举，柴里村可以说是拔得头筹，占尽地利。

羊舍村修渠要比柴里村困难很多。羊舍村渠道名为横岭渠，系引用横岭山洪水得名。该村原来无渠，只是从亢村的洞子渠石夹口下接水，灌溉非常有限。“伊村借横岭山以名渠。洞子渠灌毕始放入伊渠”[①]，横岭渠是在明万历二十三年（1595）羊舍与柴里两村联手阻止亢村开渠的水利诉讼获胜情况下，由羊舍村士绅张世春出面，向柴里村提出分享一部分刁底河洪水的请求。为体现两村人同舟共济的情谊，柴里村接受了羊舍村的请求，愿意分一部分洪水给羊舍村使用。这条渠的关键工程是图8-2中横在刁底河河道中的滴水石台。滴水石台高约10米，长约30米，工程浩大，系明代羊舍、柴里二村合力修建，可谓两村友谊的见证。因为羊舍村在刁底河东北向，中间隔着亢村地块，地势高，河道低，故需要修建拦水石坝，抬高水位，逼水入渠。在滴水石台上，羊舍村还修筑有一个长九丈五尺，外高三尺，里高一尺的沙堰，目的是保证羊舍村在水小时可以获得一尺高的洪水，而高出一尺沙堰的洪水就可以从滴水石台溢流而下，进入下游柴里村渠，实现两村对洪水的同时利用。但是由于洪水的不确定性，常常导致两村难以共享，因此在两村间就存在争夺有限洪水资源的隐患。图8-2中还有一处值得注意的地方，就是横岭渠上游的四个亢村地块。羊舍人要引水入村，渠道必须先要经过亢村的四个地块。为了确保横岭渠开通，羊舍人花费了很大的代价，分别在清顺治八年（1651）、清雍正二年（1724）、清乾隆二十三年（1758）、清乾隆二十七年（1762）与亢村相关地户签订过四次水契约，其中包括承诺渠畔亢村地户无偿浇地、不兴夫役、代纳粮银等优惠条件，方能顺利开渠。羊舍村真正开始引用刁底河水，应是在清乾隆二十七年（1762）以后。紧接着在清乾隆三十一年（1766），他们就与柴里村人产生了争水纠纷。

与柴里、羊舍二村相比，处在上游的亢村就显得非常窘迫了。该村原有一条小渠，名曰洞子渠，修建年代不详，灌溉规模有限。“夫

---

①《柴里村左荣清诉状》，清道光二十二年（1842）十二月十七日。

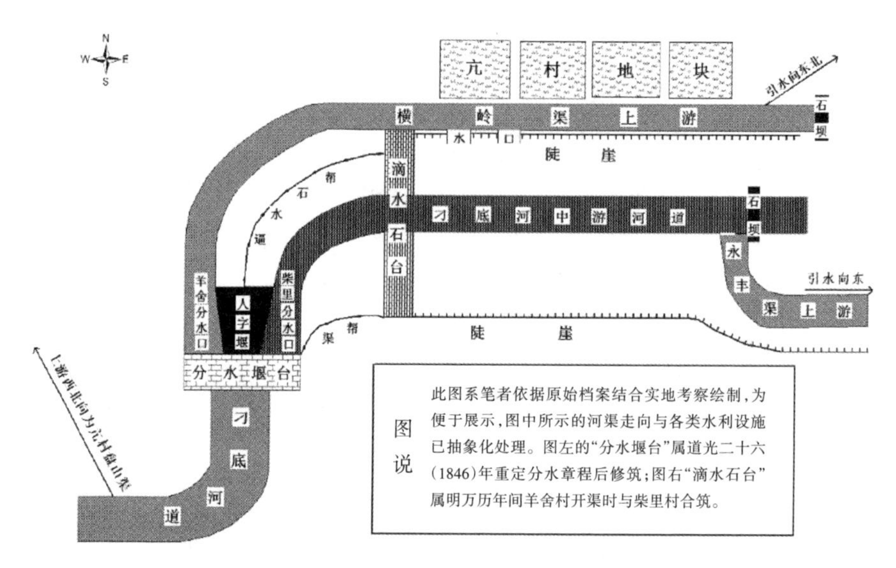

图8-2　清道光二十六年（1846）羊舍村、柴里村分水示意图

亢村洞子渠先年本系土洞，即以洞名。”①如前所述，该村虽在刁底河边，却因地势太高，两千多亩坡地难以浇灌，眼看着下游的柴里村、羊舍村引水受益，亢村人相当焦虑。据清光绪三十四年（1908）《柴里村永丰渠碑记》所言，“慨自万历开渠以来，亢村刘进民等四次夺水”，讲述的就是明代亢村人企图凿山开渠引水进村的故事。碑记和诉讼文书中对明代亢村开渠之时间交代不详，大体可以判断：位于上游的亢村试图开渠引水，遭到柴里、羊舍二村阻止，后经官府断案永远不准亢村开渠，理由是会给下游的柴里、羊舍二村带来水患。清嘉庆七年（1802），亢村人旧事重提，再次发动对柴里、羊舍二村的诉讼战，再告失败，始终不得如愿。亢村人的开渠夙愿，直至1958年人民公社时期，在临汾土门公社的支持下沿着横岭山顺利修成了“盘山渠”，工程浩大。其间柴里、羊舍二村虽也有意阻拦，却未能成功，亢村盘山渠最终修成，该村两千多亩坡地瞬间由旱塬变成了水浇地，产量翻番，结束了干旱缺水的历史。1970年刁底河发生大洪水，亢村盘山渠泄水不及，导致柴里、羊舍二村被洪水淹没，损失惨重，至今村人记

①《柴里村左荣清呈平阳府诉状》，清道光二十二年（1842）十二月十七日。

忆犹新。事实表明：明代以来官府和柴里、羊舍二村人不许亢村开渠并非没有道理。

四、争水大战：晋南三村水利诉讼与官民互动

晋南三村的水利诉讼由两条非常清晰的线索构成：一是明清两代，亢村为获得刁底河洪水使用权，不惜代价层层上控，却屡屡招致柴里、羊舍二村联手阻止的斗讼案；二是清乾嘉以来，柴里、羊舍二村为争夺刁底河用水权而发生的缠讼案。两条线索贯穿了三村争水诉讼的全过程，前后长达300余年，构成在地方社会有较大影响的事件。以往我们对水利诉讼案件的研究也是通过官方断案形成的判决，往往在碑刻和方志中有集中体现，但是其数量和详细程度若与三村水利讼案相比则相形见绌。三村水利诉讼文书的整理和发现，给研究者提供了一个典型的案例，借此我们可以对历史时期黄土高原水资源紧张地区人们围绕水的争夺所表现出的意识、行为、观念有一个更为贴近事实的认知和理解，对于传统时期国家和地方官员处理民间水利纷争，进行社会治理的实践也会有一个贴近事实的认识。围绕水案的发生及其解决，应该是提供了一个认识和反思传统时代社会治理和运行机制效率高低、治理成败的观察视角，也有助于我们对传统时代人们因水而争、因水而讼的行为有一个同情之理解和近距离观察。历史虽然已经过去，但并未走远，历史时时走进现实，这也正是晋南三村水案的学术价值和现实意义。

(一)明清两代“亢村开渠案”

明清两代亢村开渠案包括两个阶段：一是明万历十五年至二十三年（1587—1595），柴里、羊舍二村联手阻止亢村开渠案；二是清嘉庆七年至十三年（1802—1808）亢村二度开渠发起的京控案。两次案件诉求几乎完全一致：亢村人试图开渠引水上旱塬，灌溉该村坡地，与柴里、羊舍二村同享洪水之利，两村联手干预，最终亢村未能如

愿。双方为此争讼不休，不断上诉，形成诉讼战，尤以清嘉庆年间的两次京控案最为典型。

关于明万历十五年（1587）的亢村开渠案，三村水利诉讼文书记载不多，仅存有明万历二十三年（1595）平阳府判决书。这个判决书相当关键，是明清两代亢村人无法逾越的一道鸿沟。平阳府判令亢村"只可灌涧旁平地，永禁开渠夺水引灌坡地"，理由是"惟亢村地处高阜，向无渠道，若经开渠引水，倘遇山水骤发，退泄不及，势必漫溢下游。柴里、羊舍等村地势低洼，必致尽被淹没。是亢村未见其利，而柴里、羊舍等村之害已可立至"[①]。在这次为期八年的诉讼案件中，亢村人杨汝林、刘进民等"屡判屡违，藐视王法，实属刁恶，判令收监，听候依法量刑治罪，以儆效尤，以杜讼端"。平阳府的态度非常明确，亢村开渠给下游的柴里、羊舍两村造成严重隐患，绝不允许亢村人开渠。在这次讼案中，亢村两位带头诉讼者被处以严刑峻法，亢村大败而归。柴里、羊舍则以胜利者的姿态，庆祝双方的友谊和胜利，此前没有用水权的羊舍村还凭借在这一事件中的积极表现，获得柴里村人的好感，为羊舍村赢得分享刁底河洪水的权利。清道光二十四年（1844）柴里村呈给平阳府的一篇诉状中如此记载："万历十五年，亢村刘进民等从上流私开渠道，我村左光辉、左光耀与羊舍村张世春三人协力顶案。二十三年，致亢村永不许开渠夺水。彼时因张世春同心协力，始与伊村分水使用，有两村同立碑迹可考。"[②]可谓是有人欢喜有人忧。

清嘉庆七年（1802），亢村人重整旗鼓，再度开渠。此次开渠亢村人下定决心志在必得。柴里、羊舍两村此时虽在刁底河洪水分配和利用上已有嫌隙，但是共同利害关系又使两村人捐弃前嫌，再度联手。从亢村与柴里村、羊舍村各自的诉讼文书中，可以复原此次事件

①《平阳府"亢村开渠案"断结》，明万历二十三(1595)年。

②《柴里村左荣清等呈平阳府告状》，清道光二十四年(1844)六月初二日。

的细节："嘉庆七年正月，亢村人刘通达等复思开渠，引灌坡地"[①]，"在村中遍贴招帖，觅人揽工，故日聚数百人，急赶掏挖，并雇石匠凿山，山下凿洞，意欲速成"[②]，"已开掏渠道五里有余"[③]，"新在山坡石上开凿渠口一个，欲浇灌东北坡地，尚未挖成"[④]。在亢村的多篇呈词中，无不透露着"天地自然之利同享"的用水观念，他们认为"涧河之水先从我村经过，为上下流村咽喉之地，岂不能修渠导水，均沾水利？"[⑤]可见，刁底河水的公共所有性质是其开渠的一个重要理由。不仅如此，亢村人在这次开渠时，充分吸取明万历朝败诉的教训，将新开的渠道隐晦为旧渠修复，言之为"缘亢村西旧有古渠一道，每逢雷鸣水发，浇灌上下九村地亩，我等亢村渠堰因水冲坏，居民贫穷无力修理，今正月二十二日动工修复旧渠"[⑥]，意即他们只是为了恢复旧渠水利，并非新开渠破坏旧规。

羊舍村与柴里村人对亢村的行为心知肚明，逐条予以批驳：其一，"自古横岭山雷鸣水发，从涧中泄下，浇灌我等羊舍、柴里两村地亩，所以，两村之地历纳地粮甚重。伊村自古踞坡地，不应夺我平地之水利"[⑦]，这是从赋税的角度；其二，"因亢村地高，一经开渠引水，则水势急暴，归泄不止，必致淹没下游各村地亩"[⑧]，况羊舍两旁深沟具有居民，焉能不受水淹之害"[⑨]，这是从水患的角度；其三，"明万历年间，有禁亢村开渠碑记可考，俱不准开渠"[⑩]，这是从旧规的角度；其四，亢村"并无旧渠行迹，潘家庄、岭上、刁底、吴村、

①《山西巡抚禀九门提督文》，清嘉庆八年（1803）十一月初一日。

②《羊舍张世政、柴里潘正礼呈平阳府临汾县告状》，清嘉庆七年（1802）二月初九日。

③《羊舍张世政、柴里潘正礼呈平阳府临汾县告状》，清嘉庆七年（1802）二月初三日。

④《平阳府乾大老爷断词》，清嘉庆七年（1802）五月二十五日。

⑤《亢村呈河东道告状》，清嘉庆七年（1802）二月二十八日。

⑥《亢村苏明远等呈平阳府临汾县诉状》，清嘉庆七年（1802）二月初七日。

⑦《羊舍张世政、柴里潘正礼呈平阳府临汾县告状》，清嘉庆七年（1802）二月初九日。

⑧《山西巡抚禀九门提督文》，清嘉庆八年（1803）十一月初一日。

⑨《羊舍张世政、柴里潘正礼呈平阳府清军厅告状》，清嘉庆七年（1802）二月十三日。

⑩《羊舍村吴君才等呈平阳府诉状》，清嘉庆十三年（1808）七月二十二日。

太涧等村亦俱称向来并不闻亢村曾有渠道，其为私开渠道无疑”[①]，这是从历史的角度。以上四个方面全面揭露了亢村试图改变现状，引水上垣的意图。

由于亢村人开渠不止，羊、柴二村拦阻不及，清嘉庆七年（1802）正月十九日，羊舍村人张世政、柴里村人潘正礼联名将亢村状告于平阳府同知署理清军厅。亢村首事人苏明远等在二月初七日向平阳府同知呈递诉状，说明渠道古已有之，只因渠堰被水冲坏，需要复修，并非私自新开。二月初十日，同知王宪亲赴刁底河道勘验，发现亢村渠道确为新开，当即责令填埋渠道，不许亢村再行开挖。亢村又呈递诉状一篇，表明原委，极力辩解。羊舍村、柴里村随即禀呈两篇反诉状，言及亢村捏诬饰非。二月十五日，平阳府同知判令亢村“填埋所挖渠道，永禁开渠”[②]，亢村首事人苏明远、乡约刘全德等甘愿遵结，承诺不再开渠，以后“村中动工即行呈报，并将揽工之人报名到案”[③]。案件至此暂时了结。

输了官司的亢村人并不服气，继续在二月二十八日赴上级衙门河东道告状，控诉羊舍村、柴里村独霸水利，阻止其修渠引水。河东道台当即批示“仰平阳府勘讯明确”，将案件打回平阳府复审。亢村为使其告状中“修复旧渠”的理由成立，自三月初五日起，“夤夜之间，苏洪兴、刘秉中、刘五娃等管工率领四五人，将渠道开凿未成之处极力开做，以符旧形”[④]。羊舍、柴里连呈平阳府两篇告状，请求速差人止工，知府转批临汾县衙“即日秉公勘讯明确”。在勘明亢村私开渠道属实后，平阳知府升堂问案，断令亢村“将新开渠道填平，毋许另生枝节，再起争端”[⑤]，并将判决书抄报河东道，原告亢村刘通达、乡约刘全德，被告羊舍村张世政、柴里村潘正礼均当庭遵结。

①《平阳府清军厅断词》，清嘉庆七年（1802）二月十五日。

②《平阳府清军厅断结》，清嘉庆七年（1802）二月十五日。

③《亢村乡约刘全德遵结》，清嘉庆七年（1802）二月十五日。

④《羊舍张世政、柴里潘正礼呈平阳府清军厅诉状》，清嘉庆七年（1802）三月初九日。

⑤《平阳府“羊舍、柴里争水互控案”断词》，清嘉庆七年（1802）五月二十五日。

清嘉庆七年（1802）八月十二日，亢村人刘通达、韩文福、苏洪德联名将羊舍村、柴里村控告于山西按察使司，官司升级至山西省府层面。在这篇长达千余字的诉状中，亢村人罗列了他们所认为的前审案件中的主要问题，诸如：羊舍村劣绅张耀鼎仗伊公门有素，主使王周柱、吴君才意在独霸水利，舞弊行术，纠合柴里村捐助左全有、书吏侯建业，革役李芝、侯建邦敛钱帮讼，兼之“恶党书吏田普、快役安荣、府役贾自镜，不知受羊舍、柴里多少银两，将小的等百般凌辱”[①]。意在状告羊舍、柴里人勾结官府，仗势欺人。对亢村这次诉状，山西按察使司受理后批转“河东道亲勘迅明具报，刘通达、韩文福、苏洪德俱押发河东道省遇，听候查办”，河东道台又转委绛州会同平阳府勘察审理，案件再次回到平阳府。次年二月十五日结案，继续维持平阳府原判，不许亢村“创开渠口并打坝拦水”[②]。

输掉官司的亢村仍然不依不饶，继续上控。这次他们兵分两路，一路委派村人张光泰前往山西巡抚衙门上控。关于张光泰，羊舍村、柴里村呈送给平阳府衙的诉状中有“张光泰虽系亢村之人，而村内村外无尺寸之土，遇有喜丧人家，伊为代劳供役，亦于闲时装卖水烟”[③]，称其为“无籍匪棍”。张光泰于清嘉庆八年（1803）二月二十四在徐沟县仁义镇拦轿喊冤，向山西巡抚伯麟呈上诉状，控告河东道、平阳府、清军厅官官相卫，瞻殉偏断，致使亢村人蒙受冤屈，不能开渠，请求山西巡抚为他们主持公道，诉状中他们提出地方官员“明系碍面同审，一面瞻徇，敢于藐批朦胧，并不思背清遵明，生今反古，岂能容于尧舜之世。一笔一泪，一字一血，合村焚顶泣恳院宪老大人案下作主施行”[④]。山西巡抚当即批示“仰河东道照前词批示，委员秉公勘讯详报，毋任瞻徇滋诉”。第二路则由刘通达、苏明远等

①《亢村刘通达等呈山西按察使司告状》，清嘉庆七年（1802）八月十二日。

②《亢村苏洪德、韩文福遵结》，清嘉庆八年（1803）二月十五日。

③《羊舍生员张耀鼎、柴里捐职从九左全有等呈平阳府诉状》，清嘉庆八年（1803）三月十六日。

④《亢村张光泰等呈山西巡抚告状》，清嘉庆八年（1803）二月二十四日。

提前一月启程前往北京，步行1800里，于清嘉庆八年（1803）二月二十八日在京城九门提督衙门告状，发动京控。之所以如此，是因为“刘通达恐钱守不肯翻案，叶牧瞻面同寅，又因前明年远，碑记不足为凭，王丞不遵本朝碑记，反遵前明碑记，以致伊村不能均沾水利，心生气忿，即自作呈词，捏王丞背清遵明，又作说单一纸，希图转奏，遂奔赴九门提督衙门控告”。此处钱守系平阳知府，叶牧系绛州知州，王丞系平阳府同知。亢村人虽然向这些官员告状，却并不信任他们会秉公处理。因此试图通过自上而下的压力传导，逼迫地方官做出对自己有利的判决。时任九门提督禄康在接到诉状后，随即批示将“刘通达所递原呈移咨送山西巡抚详加查勘明确，秉公办理”。

这样，张光泰拦轿喊冤和刘通达上控九门提督两起案件最终都落到了山西巡抚案前。山西巡抚在接到九门提督批文后，即刻委派官员查办，对于该案的具体审理过程，柴里、羊舍二村呈递给平阳府的诉状中有明确记载：“缘小的等两村因亢村刘通达等私开渠道，强欲夺水相讼一案，已蒙军宪并临汾县主、绛州叶宪、霍州恒宪亲勘讯明，该村古无渠道，不准私开。伊等恃强不服，反觅并无身家之韩文福于七月间翻诬院辕，蒙委太原府李宪、大同府郭宪、霍州恒宪于八月初八、九、十等三日会审三堂，将刘通达监禁，韩文福、苏洪德、刘全德、刘之洋俱行掌责，锁押班房，不准该村开渠，取具遵结候详。”[①]至此，亢村人的所有努力似乎再次落空。对此结果，亢村人表现得异常愤怒，据羊舍、柴里村人诉状，清嘉庆八年（1803）八月二十三日，“不料该村劣生韩文杰，恶棍刘之江、刘法耀、刘全印、刘方昭、苏洪祥等一闻此断，愈为不服，昨十五日，鸣锣聚众合议此渠无论官司输赢总要开成。果于十六日率领多人硬做灰石渠帮，又觅石匠在山坡凿石开渠，至今并未停工”[②]。对此胆大妄为之举，平阳府知府批转临汾县即日亲赴该村查勘明确，锁拿首犯。清嘉庆八年（1803）十

①《羊舍村王周柱、柴里村侯复盛等呈平阳府诉状》，清嘉庆八年（1803）八月二十三日。

②《羊舍村王周柱、柴里村侯复盛等呈平阳府诉状》，清嘉庆八年（1803）八月二十三日。

一月初一日，山西抚院向九门提督呈送了案情汇报，由九门提督下了终审判决，断令“首事者刘通达因捏称平阳府王同知为朱裔，越赴京告重事不实，发边远充军，至配所杖一百折责四十板，韩文福应照不应重律，杖八十，折责发落”[①]，亢村人对羊舍村人、平阳府同知及其属下官员的指控不实，不予追究。亢村京控案至此了结。亢村人耗费大量人力、财力、物力，却落得竹篮打水一场空，教训可谓深刻。

即便如此，亢村人并未就范，而是选择继续抗争。清嘉庆十一年（1806）十月二十七日，因亢村苏明远等不遵九门提督断案复开渠道，引水灌地，羊舍村张永顺、吴君才等将其告至平阳府。十一月初九日，经平阳府讯明，将亢村“苏洪德、刘之江掌责外，断令拆毁石堰，填平渠道”[②]。但是亢村人借口隆冬地冻，无法施工，拖延至第二年初春仍未拆堰填渠。清嘉庆十二年（1807）三月十五日，平阳府詹老爷亲自押令亢村刘之江、刘法耀、刘学诗等人领工拆堰，填平渠道，并责令亢村人出具“永不敢私开渠道”[③]的甘结。亢村人在这场水利官司中可以说输得是一败涂地了。

不料，清嘉庆十三年（1808）五月，亢村人委派韩文福再次进京，发动京控。资料显示，韩文福时已60岁，按照羊舍村人的说法，他之所以跋涉1800里进京告状，其实是受该村苏洪德等人的唆使。清嘉庆十三年（1808）七月二十二日，羊舍村人呈送给山西巡抚的呈词中说：“韩文福并无尺寸地亩，昼则佣工糊口，夜守村门栖身。如此无赖之徒，伊等又觅翻控者，意在官司若赢，伊等居功。官司若输，自有韩文福受罪。伊等身在局外，好为再图。总之告状者虽系文福，而运筹做主者，实系苏洪德等八人。”[④]事情说得已经非常明白，羊舍

①《京师九门提督断文》，清嘉庆八年（1803）十一月二十六日。

②《羊舍村张永顺、吴君才呈平阳府诉状》，清嘉庆十二年（1807）二月初一日。

③《羊舍村张永顺、吴君才具结》，清嘉庆十二年（1807）三月十五日；《亢村苏洪德刘全德具结》，清嘉庆十二年（1807）三月十五日。

④《羊舍村吴君才、张永顺等呈山西巡抚徐大老爷呈词》，清嘉庆十三年（1808）七月二十二日。

村人认为亢村人完全是为了翻案才出此下策。与清嘉庆八年（1803）亢村给九门提督的诉状相比，这次诉状中，亢村人告状的突破点是平阳府水利分府王大老爷的外甥蒋姓，声称蒋姓与羊舍村人素有来往，正是他与羊舍村人勾结，将亢村渠长刘通达等捏词诬控在王分府案下，而在案件审理过程中，“当蒙王分府来乡踏勘，即在羊舍村止歇，屡讯数次，小的村民频加掌责，并不容禀一字”，意在说明平阳府有意偏袒，对亢村不公。不仅如此，韩文福在诉状中还将平阳府钱守、绛州叶牧、临汾张县令、霍州恒牧及其随从郭书吏等一并控告，说“斯时钱守因恐前后不符，未究讯，即照前案了结”，而叶牧、张县令等“身居客官，仍需王分府主断，不能另出意见为辞”，霍州恒牧“到平阳先入府城，次日始行踏勘，以致跟随之郭书吏至小的村中诈去银七十两”。之后王分府的外甥蒋某“向小的村中索银五百两，包管复其旧渠，否则将渠拆毁。小的村众无奈，凑给银八十两及零星酒食费用钱数千文，有伊开账单可证”。[①]又说羊舍村富户安文元等“既和詹署典史贿嘱官外甥蒋某朋比为奸，将亢村银八十两既吞复吐，即刻将村人传集，不容辩白，即行枷号衙前示众，仍复逐日传唤村人，昼夜在村肆行骚扰，押令老幼拆毁填平渠道。而詹署典史在五道口地方庙内止宿，逐日偕同羊舍村之富户一同宴饮，并与诸富户携手至渠巡查拆毁，倚恃财势，耀武扬威，不但有关仪制，可见情弊显然”[②]。

我们通过这次京控案，可以对两村争讼的实质有进一步的了解，同时也可以从中发现在基层水利诉讼的案件处理中，可能存在着一些灰色地带，导致偏袒不公或者以权谋私、吃拿卡要的问题出现，因而不利于矛盾的化解，反而更加激化了矛盾。但是这些现象的背后可能是具有利害关系的村庄之间的社会关系和整体实力差距问题。两村为了赢得诉讼，消除威胁，必然要进行全民动员，因此村庄之间的诉讼最终还是村庄综合实力的较量。在这场较量中，羊舍村无疑是具有

①《亢村韩文福都察院诉状》，清嘉庆十三年（1808）五月。

②《亢村韩文福都察院诉状》，清嘉庆十三年（1808）五月。

一定优势的。这种优势在亢村人看来，就是所谓的官民勾结和偏袒不公。面对亢村人的指控，都察院批示山西巡抚“如果属实，殊干法纪，应行查明究办。事关农田水利，不可不详筹妥善，免使一村向隅，支蔓难图。……迅即委贤明公正之员前往酌妥，务使村民均沾水利，永杜争端”[①]。关于这次京控案的结果，由于资料的欠缺，不得而知，不过从后来的发展趋势来看，亢村人的开渠梦想长期未能实现。因此在这次京控案中，亢村人可以说再次无功而返。

(二)乾嘉以来柴、羊二村缠讼案

柴里和羊舍本是友好村庄，两村在明万历十五年（1587）亢村开渠案中结下了深厚友谊，团结一致，互谅互让，同享一涧水。但是这种友好局面却在清乾隆三十一年（1766）出现问题。如前所言，羊舍村横岭渠自明万历二十三年（1595）开始筹划修建，其间颇费周折，直到清乾隆二十七年（1762）才完全开通。紧接着就与柴里村在分配和使用刁底河洪水的问题上出现了严重分歧。关于两村间的首次冲突，清道光年间时人有清楚的回忆：“乾隆三十一年，羊舍独霸水利，我村由县府控及藩辕，至三十四年结案，断令两村同时均沾，不得稍有偏袪。”[②]清乾隆三十七年（1772）平阳府断词中有详细交代：“初断俟羊舍灌足后，即拆堰放水，以灌柴里民田。继断，一递一次轮流浇灌。两断俱有流弊，水利不能同时并沾，以致两村人等连年争讼不休。”

清乾隆三十一年（1766）之前，刁底河原本只有柴里一村用水，羊舍村横岭渠完全建成后，马上面临的问题是羊舍渠口在柴里渠口上游，羊舍村试图按照自上而下的顺序用水，待其用毕，再放水给柴里。对此方案，柴里村坚决不同意。因为尽管羊舍在上游，柴里在下游，但是柴里村先开渠，羊舍村后开渠。而且羊舍村的横岭渠是明万历年间羊舍村人向柴里村先辈苦苦央求并在柴里村人的协助下才得以

①《都察院给山西巡抚批示》，清嘉庆十三年(1808)五月

②《柴里村左荣清等呈平阳府告状》，清道光二十四年(1844)六月初二日。

修成的。如今羊舍村渠道修成，却贪得无厌，要夺走柴里村原本独享的水权，影响到柴里村人的根本利益，因此发生矛盾。于是平阳府拿出第二套方案，断令两村一递一次轮流浇灌，一碗水端平，体现一个公平处理的原则，但是两村仍然互不同意。两村争执的焦点是刁底河洪水的优先使用权，双方各执一词，都认为自己应该优先使水，不允许他村侵占。这个矛盾的关键在于，刁底河水量有限，极不稳定，水大时两村均能受益，不会起争执，水小时则会因为用水时间早晚导致轮到己方时无水可用。平阳府官员为此专门进行了实地勘验，发现原本见证两村友谊的拦水工程——羊舍柴里滴水石台“地系偏坡，非筑沙堰一道，水不能流入羊舍渠。若留一缺口，势必尽由下泄”。为了做到即使在水小时两村也能同时引灌，共享均沾，平阳府断令“石台以上，羊舍村筑沙堰一道，计长九丈五尺，因地系偏坡，是以外高里低，外留高三尺，里留高一尺，若大雨时行，雷水猛发，便可越堰直抵下村；即小雨细流，只需尺余之水，亦可漫溢而下流，柴里无俟上流开堰即可与羊舍村同时浇灌。两村所争不在大水而在小水也。如此，无论大小水发，两村均可同时浇灌，水利均沾，永杜讼端矣”①。这一判决的核心在于用技术手段，确保在水小时，位居上游的羊舍村至少能守住一尺之水，超出一尺沙堰的水可同时下泄到下游河道供柴里村引用，从而达到两村同时浇灌、水利均沾的目的。这一方案较之前两次断案更为合理，争讼双方均无异议。于是，清乾隆三十七年（1772）平阳府断案便成为此后两村共同遵守的用水规则。

分析两村之间争执的原因，正如平阳府断案中所言“两村所争不在大水而在小水也”。换言之，大水不用争，小水必须争。小水不争，则极有可能无水可用，不确定性正是两村矛盾的症结所在。因此，在这种困难的生态环境下，人与人、村与村之间无法合作共享，只能选择排他。正因为如此，从清乾隆三十七年（1772）的这一断案结果来看，对于平阳府而言尽管强调的是两村“同时浇灌，水利均沾”的原

①《平阳府断案》,清乾隆三十七(1772)年。

则，而且在事实上也用技术手段尽可能地保证两村可以同时使水。但是就实践层面来看，羊舍村毕竟通过这次断案客观上获得了“一尺之水”的优先用水权，羊舍村作为一个水利上的后来者赢得了与先来者同等的权力，甚至是某种程度上的优先权，在这样一个小型水利社区中意义非常重大。于是，羊舍村便在刁底河渠口位置竖立碑刻，记述这次断案的过程和结果，以彰显其对刁底河水的合法使用权，并将这次断案结果作为以后必须共同遵守的宪章和判例。

柴里、羊舍二村间最大规模的诉讼发生在清道光二十二至二十六年（1842—1846）间,前后延续达5年之久。现存资料中对于此次诉讼的过程记载最为完整。事实上，自清乾隆三十七年（1772）两村争水判决以后，柴里、羊舍二村之间的争水斗争就从未真正停息，时有发生。前已述及，清嘉庆七年（1802）亢村为开渠与柴里、羊舍二村发生的争讼中，两村曾捐弃前嫌二度联手阻止亢村开渠。不过，紧接着两村就因争水发生了分歧，两村关系急转直下。清嘉庆九年（1804），羊舍村还在因亢村开渠案而焦头烂额的时候，柴里村渠长左全任却以恃强横霸等词控羊舍村于平阳府清军厅，官府断令两村照清乾隆三十七年（1772）的分水方案引水。清嘉庆十年（1805）羊舍村霸水致柴里村无水可引，柴里村再诉羊舍村于平阳府同知，据道光年间柴里村左荣清给平阳府知府的诉状中追述：“嘉庆十年，天旱水少，伊村恃村大人众，将我村九丈五尺渠口用灰石做窄，我村控经平阳府王军宪讯明，将伊村所作灰石堰押令拆够原数，依照旧规。后伊奸心复萌，又徐徐将我村九丈五尺渠口侵剩二丈有余。我村不允，伊情愿不筑沙堰，是以有水同时均沾，庶合旧规。不意道光十一年，天旱雨少，七月间始雷水大发，伊渠盈满，我村渠无点水。渠长已故侯复升等赴渠验口，尽行堵塞，与之理论。伊仗其村大人众，被张永维等率领二百余人，将我村侯复升等俱殴重伤。我等喊控到县，有伤单存卷焉。县主勘验渠形，详阅碑卷，断令依照旧规，两造具结存案。即委徐捕廉带差押拆，伊等虎踞不拆，马县主传伊到案，伊等逃案不到，卷内有伊村乡约张立茂禀帖可查。嗣后，伊虽逃案，尚不堵口，大小水发，照旧均沾，是以案悬未决。至（道光）二十一年，天旱，伊等故智复萌，又将我村渠口堵塞。我等不依，伊又率领数百人各执凶器，将我村渠民侯浦清等殴有重伤。”满纸充斥的是羊舍村依仗村大人多欺压柴里村，官府断案难以有效执行的状况。尽管这只是柴里村的一面之词，但也能够反映两村争水的基本情形，从具体过程来看，尽管有清乾隆三十七年（1772）平阳府断案，但是并不足以震慑和制约两村人的争水行为，尤其是在水少的时候。

紧接着，清嘉庆十一年（1806）七月，柴里村渠长左荣清又状告于临汾县，羊舍村随即反控至河东道，案件被批转到临汾县，仍照旧规结案。清道光十四年（1834），柴里村以羊舍村违规霸水为由上控至山西巡抚衙门，案件批转到平阳府，这次却因柴里村人逃案未到而不能审结。延至清道光十八年（1838），平阳府传集两造重审原案，明令查照旧规使水，又邀请邻村缙绅并府房科五吏等从中调解，柴里村人不服判决，适逢平阳知府罗绕典调任，致使案件再次悬而未结。清道光二十一年（1841）八月，羊舍村在平阳府状告柴里村违规盗水，二十二年（1842）七月，柴里村反诉于平阳府清军厅，八月初三日，羊舍村上控至山西按察使司，案件再次批转平阳府。从双方诉状中可以看到，自清嘉庆十年（1805）开始，直至清道光二十二年（1842）双方连续开始大规模诉讼之前，两村之间已多次出现冲突和诉讼事件。羊舍村因为村大人多且占据上游之利，屡屡霸水得手，柴里村在争斗中明显处于下风，只得付诸诉讼一途。尽管柴里村多次告官，官方也判令不准羊舍独霸，却难以得到有效执行。清道光二十五年（1845）平阳府知府延志给山西按察使司的汇报材料中，对两村嘉道年间争水打斗的历史也有提及，可兹佐证：“嗣于嘉庆九年、十一年，柴里村渠长左全仁等以恃强横霸等词先后控经卑府同知及该县讯明，断令羊舍村将新做灰石堰拆去，与该村渠底相平，仍照古规在石台筑沙土堰一道，不许加梢加茨。”这个判决仍然是不允许羊舍村独霸水利，要求恢复两村同时浇灌共享水利的旧规。以上是清道光二十二年（1842）两村诉讼发生前双方间已经久已积累的宿怨和争斗。就具体过程来看，柴里村指责羊舍村霸水违规，羊舍村指责柴里村盗水违规，始终无法实现和平相处，利益均沾。究竟谁在霸水，谁在盗水，双方各自站在己方立场上的互相指责，其核心在于对双方用水先后次序和每次来水量多寡的不同理解。由于来水时机和来水量充满不确定性，在水不足用的情况下，双方在长期对峙中无论是行为还是心态已经高度敏感，即使是正常的举动也会被视为别有用心或者有意违规。因此，动辄争执诉讼便发展成为一种日常惯习了。

不同于清嘉庆年间柴、羊二村与亢村间轰轰烈烈的京控案，双方此次诉讼战主要发生地点是平阳府。其间虽然有清道光十四年（1834）柴里村上诉于山西巡抚衙门，清道光二十三年（1843）羊舍村上诉至山西按察使司，但案件最后均批转回到平阳府，因此平阳府成为双方争讼的主战场。在此过程中，我们看到的是两村之间年复一年、反复发生的控诉与反控诉大战。如果说清道光二十二年（1842）之前，双方之间的争讼还是隔三岔五断断续续的话，自此以后双方接连诉讼，展开了一场诉讼拉锯战。现存资料显示，双方的诉讼与反诉讼在清道光二十二年（1842）十二月已经达到针锋相对的程度。当年十二月十七日，柴里村左荣清向平阳府控诉羊舍村吴绍虎等人藐法抗谕独霸水利，违反两村同时浇灌水利均沾的旧规。十二月二十日，羊舍村反控至平阳府，状告柴里村“意欲紊自上而下挨次浇灌古规，希图在我村渠泄水口上永远盗水”。很显然，双方争讼的焦点其实仍然围绕的是清乾隆三十七年（1772）平阳府断案所解决的老问题。尽管这样的争执在清乾隆三十七年（1772）断案中已有明确规定，要求双方水利均沾，同时浇灌，却始终无法得到有效落实。双方在发生冲突时往往是各执一词，相互指责对方违规。紧接着，清道光二十三年（1843）、二十四年（1844）、二十五年（1845）、二十六年（1846）两村之间连续不断的诉讼大战便开始上演。据初步统计，清道光二十三年（1843）

二月、三月、五月、六月、七月、八月、九月、十一月、十二月，两村向平阳府呈递的各类诉状就有20多条。清道光二十四年（1844）自正月始诉讼再起，正月、二月、六月、七月、九月、十一月递给平阳府的诉状、呈词、答辩状等共有15条。清道光二十五年（1845）的诉讼从正月初八就开始，历经二月、四月、五月、六月、七月、八月、十月、十一月，共计12条。清道光二十六年（1846）从二月开始，历经三月、四月、七月、八月，共计各类诉状、呈词、判决、具结12条。在此诉讼似乎已经成为一种常态，双方都已习以为常。

分析两村四年间往来诉状，“羊舍村霸水，柴里村盗水”是关键词，双方相互指责，叠控不休。双方争执焦点是位于刁底河上滴水石台上所筑沙堰的位置和尺寸。这个沙堰是清乾隆三十七年（1772）平阳府断案的最终结果，双方已经遵守实行多年，所谓“（滴水）石台以上，羊舍村筑沙堰一道，计长九丈五尺，因地系偏坡，是以外高里低，外留高三尺，里留高一尺，若大雨时行，雷水猛发，便可越堰直抵下村；即小雨细流，只需尺余之水，亦可漫溢而下流，柴里无俟上流开堰即可与羊舍村同时浇灌”，由于沙堰的位置地系偏坡，所以要将其修成“里高一尺，外高三尺，长九丈五尺”的沙堰，这也是确保两村同时浇灌的一个关键性工程。然而时过境迁，由于洪水冲刷、泥沙淤积等原因，沙堰所处的“偏坡”形势在后来已经荡然无存，“嗣年久失修，被水冲刷，沙土堰并无形迹，沙堰里外地势相平，并无偏坡，兼有外高里低处所又积有鱼脊形土石堆两条”。[①]对此变化，平阳府知府李荣在实地勘验后发现：“该渠堰引水情形，核与原案迥不相同，若欲照旧式修理，工费浩繁，因查羊舍村渠口靠东石堎上有该村泄水口两个，断令于第一泄水口筑沙堰一尺，以为柴里村使水之口，仍与旧案堰里高一尺相符，如过尺余之水，亦可满溢下流，以浇柴里村地亩。”对于这个方案，继任的平阳知府延志也表示认可，他说：“今昔情形不同，亦不得不酌量变通，以均水利。卑府再三筹酌，

①《霍州华知州会勘书》，清道光二十六年（1846）七月二十五日。

自应照前署卑府李丞原断，令羊舍村第一泄水口处筑石堰一尺，以为柴里村使水之口，亦与旧案里高一尺相符。”

两任知府的处理意见一致，这一方案就是要做到在沙堰地形发生变化的情况下，以变通的方式保证羊舍村能够守住一尺之水，从而做到与旧规相符。其中，最大的变化是将羊舍村的泄水口改为柴里村的引水口。对此改变，柴里村人欣然应允，羊舍村人却“一味狡展，抗不具遵”。他们认为自己村的泄水口与柴里村无关，不愿将其改做柴里村的引水口。于是平阳府拿出第二套方案：“卑府等谕以两造遵照古规，将石台挑垫平坦，从西向东筑分水石堰一条，无论涧水大小，均可分灌，亦属均平。”结果羊舍村渠长吴绍虎等“坚不遵依”。无奈之下，平阳府提出第三套方案：“卑府等查石台外垅及北首湾口处均系河身公共处所，断令柴里村在湾口上开宽一丈二尺，以为柴里村使水之口。”对此羊舍村吴绍虎等“亦不允服”。对于羊舍村人三番五次坚决反对的态度，平阳知府看得非常清楚，他认为羊舍村人“无非欲案悬不结，该村可以永久独占水利之意”。在综合比较三种方案利弊后，平阳府拿出最终意见，“惟以羊舍村泄水口处筑石堰一尺，以为柴里村使水之口，最为简易”。

由于此前羊舍村曾上诉至山西按察使司，因此平阳府知府延志便将这一方案和决策过程向山西按察使司做了详细汇报，得到了上级的大力支持：“据禀会勘情形甚为明晰，仰即照议，断令于羊舍村第一泄水口处筑石堰一尺，为柴里村使水之口，俾得水利均沾，以照平允而归简易。倘吴绍虎等再敢固执私见，狡抗不遵，即治以应得之罪，毋稍宽纵，并转移同知，知照缴勘图存。”自清乾隆三十七年（1772）平阳府断案以来，羊舍村在刁底河柴里、羊舍二村滴水石台上偏坡地带修建沙堰，实现两村无论大小水均可同时浇灌的分水方案，因沙堰偏坡形势的变化，难以恢复往日情形。平阳府根据实际情况，在多方征询意见的基础上提出了这一变通方案。两村间的纠纷至此似乎可以了结，但是我们发现在实践中却并非立竿见影，而是面临着更多的不确定性。

山西按察使司下发给平阳府的批文是清道光二十五年（1845）六月二十五日。紧接着在七月十日，平阳府就接到了柴里村的诉状，状告羊舍村人“私垫口底，朦胧宪聪”。此次争执焦点是在羊舍村泄水口修建石堰时究竟是以泄水口口底为准还是以羊舍村渠底为准。因为羊舍村该泄水口口底比渠底低一尺七八寸。羊舍村要以渠底为准，柴里村要以口底为准。按照此前官方丈量，羊舍村泄水口有六尺六寸高，一丈二尺宽，官方要求在这个口上修建一个一尺高的沙石堰，以符旧规所定羊舍村一尺之水的用水权。在施工过程中，羊舍村人将泄水口的口底用灰石砌高约有一尺，上面用沙堰堵口，渠底沙土“涨漫约有尺余”，柴里村人认为“伊（指羊舍村）要以渠底垫平，再砌石堰一尺，则六尺六寸之口，伊已明占一尺高，暗有欲占二尺有余”。这里的六尺六寸之口指的就是羊舍村泄水口的高度，柴里村人认为如果以渠底为准去找平的话，实际上羊舍村得到的就不是一尺之水而是二尺之水，这样旧规所定两村均沾水利的原则便会落空，“我等无灌地之日矣”。但是在羊舍村人看来他们这样做是为了保证水不下泄，因为正常情况下该村泄水口只有在水大时才会启用，平时不用时完全堵塞。泄水口地势低，若将泄水口放开，洪水就会全部下泄，难以入渠，那样羊舍村一尺之水便无从谈起，“我等村永无浇地之日矣”。如此来看，不论是按照口底尺寸修筑沙堰还是按照渠底尺寸修筑沙堰，两村总会有一村持有异议，难以做到双方都满意，也没有谁会主动让步，难题再次摆到了平阳府面前。清道光二十五年（1845）十一月十三日，知府延志批示：“此案筑堰情形，久已勘讯明晰。至泄水口处筑堰分水，渠底应填若干，两造互相狡执，非当场核定不能见原。今值严冬，非动工之时，俟来岁春再行会同清军厅复勘核讯断可也。”这个批示显示了知府的万般无奈，对双方可以说是各打五十大板，案件于是再次延期，仍未了结。

清道光二十六年（1846）年初，在柴里村一再催逼下，平阳知府派差役前往刁底河渠口现场进行精确丈量，随后传集两造升堂审理。在知府的威逼之下，双方当堂具结画押。据清道光二十六年（1846）三月初八日双方具结可知，“兹蒙恩断令将西退水口一个，作为使水口，宽一丈二尺，口底至帮顶高五尺六寸，口帮至北地坙宽六丈余，尽用灰石铺平，口东铺平石十丈，口西铺平石十丈，靠口里坙筑石堰一条，高一尺，厚二尺三寸，遇水发时，用尺余漫溢之水”。这一方案较之前更为精确详细，便于执行。同时，为了避免双方再有争执，甘结中再次言明：“至修渠工料，两造共同修理，平石上下不得任意挖补私用灰石修理。如平石上有涨漫损坏，随时修补，每年清春前后，两村公共修理，以平石为准，禀官查验。”至此可知，不论双方各自有多不情愿，最终还是在官方的调处下达成了妥协，案件似乎就此可以终结了。然而一波三折，短暂的安宁只是一个更大冲突的开始。

清道光二十六年（1846）四月十八日，平阳知府询问两村施工进度时，柴里村左荣清自食其言，突然反悔，“渠工一两天就完了，前蒙勘验，我们看其形势，水能下去。今工将完，我们恐水不能下去，村中众地户也如此说，将来我柴里村仍不能浇灌，只求即日往勘，另行改断是实”。对柴里村的突然变化，知府延志当堂予以反驳，认为“水口濒临水渠，今天未下雨，何以即知水不能下?”在羊舍村极力反对将该村退水口改作柴里村进水口的情况下，平阳府努力为柴里村争得了一个变通引水的方案，眼看工程即将完成，柴里村人却再次反悔，枉费平阳府一番苦心，“生以酌量在羊舍村第一泄水口处筑石堰一尺，以为尔等柴里村使水口。尔等一阅此断，知使水有期，甚为悦服。只因羊舍村渠长吴绍虎等不肯轻舍伊村泄水之口作为尔村使水之口，以致延讼年余，只经遵断修垫将次完工，尔等忽称恐将来水不能下，究何所据而云然?”于是平阳府断然否决了柴里村人的请求，“饬候工竣，再行勘验收工”。然而此时柴里村人依然不依不饶，“左荣清一行前跪，一味狡辩，词气甚属刁蛮”。知府延志于是“饬役欲将左荣清掌嘴，尚未动手，不意旁跪之左璋即手执剃刀自将咽喉抹伤。当伤人役为之敷药包扎贴救，协同左荣清等将左璋抬至署前歇店内调养，旋即因伤身死”。左璋为争水当堂抹脖自刎，成为这次缠绕数年未决的柴里、羊舍二村争水案的一个重大转折点。案件性质也因为出了人命而从民事变成了刑事，在平阳府的大堂上庭审中出了人命案，平阳知府承受的压力可想而知。

山西按察使司在接到平阳府报告后，即刻派人前往平阳府提集原、被告相关人等及其卷宗，一并押解到太原按察使司审讯，紧接着委派太原府知府、同知和徐沟县令三堂会审两村分水案，随后又委派霍州华知州会同平阳府知府延志亲履渠口踏勘，提出了“人字堰分水方案”，分水原则从过去的“同时浇灌水利均沾”变为“同时浇灌平分水利”①，其要点是在刁底河出山口七丈三尺五寸宽的两村渠首位置，两旁各砌筑宽一丈一尺五寸，长五尺，高五尺的两道石帮，两个石帮之间为五丈零五寸口门，在口门中心设立人字灰石堰一座，长三丈，高五尺，顶宽五寸，尾宽一丈五尺，下铺平石，南北长六丈，东西宽七丈，将口门一分为二，东边宽二丈四尺五寸，流入柴里村永丰渠，西边宽二丈六尺，流入羊舍村横岭渠。通过人字堰分水工程，做到两村平分水利，同时浇灌。这一方案对于柴里村而言无疑是一个重要的补偿，而对于羊舍村而言则是哑巴吃黄连——有苦说不出。于是在羊舍村便流传有“左璋抹脖子讹了羊舍半条渠”的说法，几乎是老少皆知。不同的是，柴里村人感念左璋以命换渠的英勇献身精神，不仅为左璋在村中修建了左公祠堂，岁时致祭，同时对左璋的家眷进行了优抚，准许他家的二十五亩平地永免夫役，不禁重灌，“以为合村优恤重酬之至”。

这样，自清乾隆三十七年（1772）平阳府通过工程措施，确保羊

① 其间，羊舍村再次提出参照赵城县广胜寺洪洞、赵城二县三七分水之例，给羊舍村七分水，柴里村三分水，遭到霍州华知州的拒绝，理由是洪赵三七分水是因为两县灌溉地亩悬殊之故，而羊舍村灌地1170余亩，柴里村灌地1200余亩，面积基本相等，因而不能使用三七分水的办法，所谓“水分三七引灌，实因地数悬殊，非若羊柴两村地数相等，未便引以为证”。事实上，羊舍村的这一要求，仍然是试图维护该村优先用水的权力，但终未得到官方的支持。

舍村守住一尺之水，柴里村使用尺余之水的分水方案后，直到清道光二十六年（1846）柴里、羊舍二村人字堰分水方案的出台，两村间因为霸水、盗水的问题七十多年间你争我夺，你霸我盗，始终无法做到合作共享，和平共处，村际关系也因此陷入长期的敌对冲突状态，始终无法彻底消弭争端。争水打架、争水斗讼是该洪灌区域在清代村落社会发展中的一个常态，极大地影响和塑造了当地人的社会心理和日常行为，也为地方社会打上了好讼、斗讼的烙印。晚清以来，柴里、羊舍二村之间的争水纠纷和水利诉讼仍然在继续上演，且并未因人字堰分水设施的建立而发生质的改变。两村间的诉讼战只是在激烈程度和影响力方面较之乾嘉时期有所减弱，但是本质依然未有丝毫改变。唯一变化的是此前长期处于强势地位的羊舍村，在此后两村的诉讼中有时却处于弱势地位，过去是羊舍村灌而又灌，柴里村无滴水可用，现在反而变成柴里村灌而又灌，羊舍村无水可引。羊舍人指责柴里人“似此霸水盗挖之徒，非以种命分水，即以行盗夺水……伊等视盗挖为故常，我村永无浇灌之日矣”，正是这种状况的反映。过去是羊舍村想要独霸水利，现在因为人字堰分水工程的出现，柴里村也有了独霸水利的可能性，如羊舍村诉状中所言“现在伊等渠势比生等之渠低二丈有余，水性就低，雷水一发，尽入伊等低下之渠内，生等在高之渠点水难沾”。[①]总体来看，水资源的紧张和不确定性，是导致两村无法和谐相处的一个关键要素。与水资源相对富足的区域相比，这里的村庄和民众的生存状态尤为恶劣，他们的争讼行为既是恶劣生存环境塑造的结果，也是他们积极适应恶劣生存环境的一个主动行为。研究者对他们的行为和心理应当有一个同情之理解，不能一味予以指责和否定。

清咸丰二年至四年（1852—1854）、咸丰十一年（1861），两村间的水利诉讼再起，从现存诉讼文书来看，咸丰二年至四年（1852—1854），两村呈递临汾县衙诉状15篇，咸丰十一年（1861）呈递平阳府衙诉状

①《羊舍村答辩状》，清咸丰十一年（1861）二月十五日。

15篇，延至同治元年（1862）呈递诉状3篇。这一时期两村间的诉讼与清道光年间一样，限于府县两级，较少越级上诉。推其缘由，应该是吸取了历史上两村诉讼的经验教训，他们已经很清楚劳师动众兴起大规模诉讼对于改变两村用水现状并不会产生太大的作用。但是发起诉讼又是维护自身权益不受侵害的有效手段，诉讼在此已经变成了手段而非目的。至于诉讼缘由，仍为控诉对方私挖乱修渠口、违规霸水等，与此前案情大同小异，具有一定的重复性，在此不再赘述。

（三）对三村争水诉讼案的认识

通过对三村争水诉讼历史的梳理，可以得出如下两点基本认识：

一是洪灌型水利社会中的不确定性是导致村庄水利争讼的一个重要原因，甚至可以理解为洪水的不稳定性和巨大破坏性参与了地方水利秩序的形成与变迁，并不仅仅是村庄和人的因素在起作用，而是村庄、人和洪水环境共同塑造了地方社会的用水秩序。

亢村开渠案中我们发现，亢村无论怎样想尽办法，竭尽全力，都难以实现几辈人开渠引水的夙愿和梦想。究其缘由，既不能完全怪罪于柴、羊二村，尽管亢村开渠屡屡遭到两村的阻拦和诉讼，也不能完全怪罪于地方官府，尽管官方屡屡禁止亢村人开渠。最大的制约因素在于亢村地势高亢，位居上游，一旦开渠引洪，如果处理得当，当然可以使该村土地受益，旱地变水地，并将余水放下，供下游使用，三村各取所需，相安无事。一旦处理不当，洪水过大时排泄不及，便会给下游村庄带来灭顶之灾。洪水的大小，发生的时机，是否可以处理得当，都是不可控且难以预料的。这正是官府和与亢村敌对的柴、羊二村最为忧虑的。可见，洪水的不确定性才是导致明清两代亢村无法获取合法用水权的根本原因。所谓上下游左右岸、上游村庄享有用水优先权等原则，并不适用于此。

同样，柴里村和羊舍村的争水诉讼中也存在环境因素。这一点在以往的研究中是最容易被忽略掉的。不难发现，无论是清乾隆三十七年（1772）平阳府断案所确定的羊舍村持守一尺之水，与柴里村共同使水利益均沾的分水方案，还是清道光二十六年（1846）人字堰分水法所确定的柴、羊二村同时灌溉平均分水的分水办法，均是时任官员基于多次诉讼、多次调查咨询和反复斟酌基础上形成的最佳分水方案，但是在执行过程中，常常难以得到有效执行，相反却仍然是争斗不断，诉讼迭起。何以如此？是两村人故意违反规定，非要整个你死我活，甘愿长年累月陷入诉讼旋涡之中吗？笔者以为并非如此。在这里起决定作用的仍然是洪水的不确定性，即洪水的大小不好确定，洪水对分水设施造成的破坏不易确定。官方制定的分水方案往往因引水条件的改变而难以执行。导致利害关系双方会因此而发生矛盾，不断上演争水事件。清咸丰十一年（1861）羊舍村呈送平阳知府的一份答辩状中，就明确讲述了洪水为患导致两村用水形势大变的情形："去年六月间雷水大发，将我村渠南帮及石台冲坏二十丈有余，冲坏田地三亩有余，又冲坏南湾渠堰长约二丈。现在伊等渠势比生等之渠低二丈有余，水性就低，雷水一发，尽入伊等低下之渠内，生等在高之渠点水难沾。因此，伊等要独吞水利，不肯动工。"[①]洪水的不确定性、巨大破坏性和水资源的严重匮乏，使得争水矛盾不可避免，难以调和。在这里我们发现，洪水已经深度参与到了地方社会水利秩序的形成和变迁当中，它严重破坏了村庄间的和谐稳定。传统时代这一问题长期存在，始终未能得到很好的解决。

二是明清时期村庄水利秩序中，明显存在等级关系。尤其在三村所处的水资源匮乏地区，这种等级关系体现得更为突出。不打破这种因水资源匮乏和洪水影响而产生的不平等用水关系，便难以彻底改变地方社会的争水问题。

在亢村与柴里、羊舍二村的争讼案中，从明万历十五年（1587）开始，历经清嘉庆朝的两次京控案，再到人民公社时期亢村开渠成功，达成夙愿，却导致柴里、羊舍二村遭受洪水淹没的灾害。亢村开

① 《羊舍村刘士林等呈平阳府状》，清咸丰十一年（1861）二月十五日。

渠案的中心环节是该村地势高亢，开渠引水较为困难，且对下游柴里、羊舍二村会造成潜在危险。正因为如此，尽管亢村几代人都在为争取用水权努力抗争，却从未得到官方的支持，哪怕是他们发动声势浩大的京控案，不惜诬告官员官官相护、徇私舞弊，终究也难以达到目的。可见，在地方社会水资源分配和水利秩序形成过程中，存在一个基本的原则和底线。这个原则和底线就是柴里、羊舍二村开渠在先，且受益最多，给国家缴纳赋税钱粮最多，官方不可能因一村之私和少数人的利益而损害多数人的利益，打破地方社会已经形成的稳定秩序。亢村不利的地理条件是制约该村开渠的最大障碍，无论该村人如何折腾，也难以重新构建一套新的水利秩序。于情、于理、于法均不利于亢村而有利于已经长久享有洪灌利益的柴里、羊舍二村。此外，还有一个不可忽略的重要因素是亢村与柴里、羊舍二村实力对比悬殊，这一点在水利社会实践中有时会起到决定性的作用。因此明清时期刁底河流域不同村庄之间在用水问题上显然是存在等级关系的。亢村长期处于弱势地位，难以抗衡柴里、羊舍二村，因而在用水问题上难以取得话语权。鉴于亢村开渠案存在的上述问题，可以说是事实清楚，问题明确，对于官方来说就不再是如何取舍的问题，而是表现出强硬的态度，坚决制止了亢村开渠的行为。

柴里和羊舍二村的争讼案中，村庄间的用水关系则存在着不稳定性。最初柴里村独享刁底河洪水，享有独家用水权，羊舍村的用水权最初是依附于柴里村的，也是两村合力对付亢村之友谊的见证。清乾隆三十七年（1772）官方对柴、羊争水的断案，则改变了这一用水秩序，羊舍村从依附于柴里村，变成拥有刁底河“尺余之水”的优先用水权，在与柴里村的竞争中占得先机。此后八十年间，羊舍村长期拥有这种优势，柴里村则为了打破这种局面而持续抗争，希望回归到最初的优势地位，却久久未能成功。其中除了官方判决客观上有利于羊舍外，还与柴里、羊舍二村的实力对比有关系。羊舍村村大人众，柴里村村小人少，在实际用水过程中，抵敌不过，难以改变羊强柴弱的局面。直至清道光二十二年至二十六年（1842—1846）两村间爆发诉讼战，柴里村人在极度绝望之下，村人左璋在平阳府大堂刎颈自尽，改变了诉讼结果，官方出台人字堰分水法，柴里村取得与羊舍村平分水利的权限，两村用水形势再次发生反转，从羊强柴弱转变为羊弱柴强，之前一直是柴里村告羊舍村，现在变成羊舍村告柴里村，诉讼始终不能避免。在此情况下，诉讼甚至成为当事村庄借以违背用水规则的一种消极手段，无休无止，成为该时段地方社会的一大奇观。

(四)三村水利诉讼中的地方社会

与三村水利诉讼案中各级官员的前述表现相比，三村领袖、头面人物、士绅和宗族势力、普通民众等在水利诉讼中也有较为突出的表现。通过水利诉讼文书，可以观察到地方社会各种力量和群体是如何主动参与到水利诉讼中的。

1.村庄头面人物、士绅及其宗族的表现

亢村开渠案和柴里、羊舍二村缠讼案中，处处都有村庄头面人物的身影。亢村开渠案中，明万历年间该村头面人物杨汝林、刘进民等出面组织开渠、诉讼等事宜。柴里村有左光辉、左光耀兄弟和羊舍村士绅张世春联名发起诉讼，反对亢村开渠。清嘉庆年间亢村两次京控案中，该村先后有多位村庄头面人物带头强行开渠，组织村人制造开挖旧渠的假象，唆使村人前往省城拦轿喊冤，邀请讼师编造谎言，颠倒黑白，甚至是亲自带头赴京城发动京控。无论是明万历年间的诉讼还是清嘉庆七年至十三年（1802—1808）的京控案中，亢村头面人物均屡屡遭到官方的严惩，却一而再再而三地发起诉讼，不肯善罢甘休，导致地方社会因此而陷入紧张对峙状态。亢村与柴里、羊舍二村之间虽然鸡犬之声相闻，却老死不相往来，更不要说谈婚论嫁。就每次诉讼的结果来看，亢村这些头面人物尽管为了村庄公共事务付出较多努力，但因为屡屡违反官府的判决和意志，因而遭受官方严惩。明万历年间亢村杨汝林、刘进民甚至因此身陷囹圄。清嘉庆年间，亢村

首事人刘通达、苏明远等人多次被官府杖责，甚至充军发配。清嘉庆八年（1803）山西巡抚给九门提督所作案情汇报末尾有原被告双方的代表名单，从中可以看到：原告亢村代表是刘通达、韩文福、苏洪德、苏明远、刘之祥、刘全德。其中刘全德为该村乡约。被告羊舍村三人，为张耀鼎、张世政、吴君才；柴里村四人，为左全有、侯建业、左遐龄、左全瑛。这些人中，有明确身份和职务的是：张耀鼎，生员；张世政，羊舍村渠长；左全有，捐职从九；侯建业，书吏。尽管职位和身份不高，但在村庄层面已经能算上头面人物了。

同理，在清代柴、羊二村的诉讼战中，因清乾隆三十七年（1772）平阳府断案赋予羊舍村一尺之水的优先用水权，羊舍村人出钱雇石匠刻碑详细记述这场官司的始末，用以宣示和捍卫自身的用水权利。最为典型的是清道光年间两村之间的诉讼大战，集中体现了该村头面人物在水利诉讼中所发挥的核心作用。最先出面的是柴里村渠长，前有渠长左全任状告羊舍村霸水，继有渠长左荣清再告羊舍村违规霸水。与此针锋相对的是，羊舍村渠长吴绍虎控告柴里村违规盗水。随着诉讼局势的变化，两村参与诉讼的人员不断扩大。亢村方面有左荣清、左全瑾、左桂、左璋等人，显然是同宗同族；羊舍村则有吴绍虎、吴萃文、张永维、张训等人出面，张、吴二姓均为羊舍村中大户。诉讼双方各有所执，互不相让。与亢村一样，羊舍村吴绍虎等人为了打赢与柴里村的官司，一度上诉到省城按察司衙门。清咸丰十一年（1861），羊舍村生员、渠长刘士林，柴里村渠长连居奎再次为维护各自权益出面参与诉讼。清光绪三十四年（1908），为了彰显柴里村在刁底河洪水利用上的合法权益，柴里村左氏宗族中五位具有较高社会地位和科举功名的家族成员共同发起树立《柴里村永丰渠碑记》，碑文末留有参与此事的五位左氏族人的信息，分别是左廷垲，增贡生、钦加六品衔、候选训导；左廷麟，辛酉科拔贡、甲子科举人，例授文林郎、拣选知县、前任平定州知州；左炳南，岁贡生，例授文林郎，候选训导；左崇典，己丑科举人、壬辰科进士、钦加六品衔、工部屯田司主事；左秉钧，乙酉科拔贡、丙戌科教习，钦加同知衔、赏戴花翎、山东候补知县。该碑正是由五人率阖村督工、渠长、地亩花户人等同建的。上述行为反映了这些具有科举功名、较高身份和公共职务的村庄头面人物或地方能人一贯参与地方公共事务，维护所在村庄权益的特点。

就三村诉讼案中宗族的表现而言，柴里村左氏宗族应该说是最具代表性的。在这个村庄，从渠长到士绅，几乎清一色由左氏家族成员构成，显示了宗族因素在该村所具有的影响力。柴里村左氏宗族晚清时的上述五人，加上清道光二十六年（1846）以身殉渠的左璋，六人中有四位进入《临汾县志》人物志，足见其拥有的社会地位和话语权。柴里村永丰渠的历史便是由这些掌握文字工具的人来书写和把控的，以此宣扬和巩固柴里村在清道光二十六年（1846）人字堰分水方案出台后所拥有的用水优势。而在另外两个相邻村庄中，宗族因素就表现得不够明显，只有村中若干殷实大户的身影，无法与柴里村相提并论。因此，宗族在地方社会的作用也仅仅保持在一个相当有限的水平。这也大体反映了三村宗族的基本特征。

2.水利诉讼的民间调解及其有限性

三村水利诉讼中，除了各级官府和基层精英、士绅、宗族的广泛参与外，还存在一个介于国家与地方社会之间的民间调解机制，类似于黄宗智所言“第三领域”。当村庄之间的争讼处于两难境地，官府判决无法得到有效贯彻和执行的时候，这一民间调解机制就会启动，并发挥一定的作用。我们在三村水利诉讼文书中，能够不时捕捉到这方面的蛛丝马迹。清道光二十三年（1843）五月间，羊舍村与柴里村争讼期间，羊舍村人对于知府劳崇光将羊舍村泄水口改作柴里村取水口的判决不服，向知府提出的解决中就提出，“我等恐酿成祸端，进退两难，无奈冒罪陈情，恳恩作主，饬两造各举邻村人理处，或照碑在沙堰上定案”云云。六月十五日在羊舍村人给山西按察司的呈词中又有如下记录：“于今岁三月初间，我等蒙恩讯明，断令各查照旧规使水，有伊村殷实绕事之监生左荣朝、左昌龄，生员左璞在内调停。”但从结果来看，柴里村士绅出面调解两村争端的实际效果并不理想。清咸丰十一年（1861），柴里、羊舍二村因人字堰分水平台这一公共区域的修理问题再次发生争讼，双方互控至平阳府，各执一词，争论不休，难以结案。知府王溥委托班房“将两造请到一处，从中讲和，言归于好，仍烦原说和人讲处”。其中说和人就是邻村绅士，讲处就是居间调解。经过众人调解，两村终于达成协议，并以书面形式禀告平阳知府，以下是呈送给知府的调解禀帖：

> 三月初七日，和息人拔贡刘善庆、从九温如璠、生员蒋望礼、生员李有荣、张可贞。敬禀者，恳祈示谕，以便兴工事。缘上月间，柴里村与羊舍村因渠事互控一案，十七日蒙恩堂讯，未曾了结，生等情关亲友，不忍坐视终讼，从中调处：石堰一道，着柴里村修理，至石堰西南冲坏之处，并分水平石界水俱系两村同修。恐内有嫌疑，不要两村人做工，同觅邻村人照二十六年案卷修理，各出情愿，均愿息讼，但工程浩大，耽误日期，工难告竣。祈究额外施恩，出示晓谕，并饬差监守，庶两村不至有争，工程亦不至有误矣。刘善庆等批准饬差监修，并谕催两村渠长赶紧兴工，修理完固，来府禀报，仍令两造各具甘结，送案备查。

这一禀帖是民间调解机制发挥作用的直接证据，也是三村水利争讼中信息最为完整、成效最为显著的一次民间调解，显示了民间调解对于官方审判的一种有效补充，是民间社会较为常见的一种争端解决方式。但是在三村严重缺水的生存环境下，这种调解机制能够发挥的作用和时效也是短暂和有限的。从资料中看到，在这次成功调解后刚刚一个月，柴里、羊舍二村因为在分水平台施工中的分歧再起诉讼，使讲处人的努力再次落空。

3. 民众争水殴斗行为与村际关系的紧张对立

官方审理和民间调解之外，三村民众的观念、行为和心理，也是三村水利诉讼研究中值得关注的问题。由于水利关乎民生，因而生活在该区域的村庄民众是最容易被煽动和组织起来的，尤其是在事关村庄发展的重大问题上，他们往往能做到声气相通，同仇敌忾，甚至在某些情况下演变成群体殴斗事件，社会影响恶劣，影响了村际关系和区域社会秩序稳定。

清嘉庆七年（1802）亢村开渠案中，亢村人在苏明远等人鼓动下，“在村中遍贴招帖，觅人揽工，故日聚数百人，急赶掏挖，并雇觅石匠凿山，山下凿洞，意欲速成，霸水利己，而损我等邻村”[①]。清嘉庆八年（1803），亢村人刘通达、苏明远千里进京告状于九门提督衙门，指使村人张光泰到太原拦轿喊冤，状告于山西巡抚衙门，试图通过一而再再而三的诉讼，引起上层官员重视，施压于地方，以图改变诉讼结果。与此同时，亢村村民韩文杰等鸣锣聚众，声称无论官司输赢都要将渠道开成，[②]气焰嚣张。最终亢村带头闹事的刘通达被发配充军，涉案相关人员受到惩罚方才了结。与此相似，清道光二十三年（1843）柴里村的一篇诉讼状中，对争水场景做了如下描述：“昨初七日，雷水大发，我等赴渠观口，望见吴绍虎等同安应照、张立丰、杜凤吉等鸣锣聚众数十人，各执凶器硬行霸水。我等不敢近前，恐遭毒手，致伊村灌地千有余亩，无工之地尚灌许多。我村点水未沾，村中愚民无不踊跃欲争，我等力为禁止。伊村大人众，总属虎狼之辈，我村小势微，岂无舍命之人？”[③]两村民众因争水而紧张对峙，大村欺压小村的形势赫然在目。

对于三村民众而言，除秋种夏收、夏种秋收的农业劳作外，每年雨季来临之后因争水而打架，或者是在农闲时因争水而打官司，特别

---

①《羊舍张世政、柴里潘正礼呈平阳府临汾县告状》，清嘉庆七年（1802）二月初九日。

②《柴里、羊舍呈平阳府诉状》，清嘉庆八年（1803）八月二十三日。

③《柴里村左荣清等呈平阳府告状》，清道光二十三年（1843）六月初十日。

是前者，已是司空见惯的事情。争水几乎成为他们日常生活中的重要组成部分。经历过1960年柴、羊二村争水殴斗事件的羊舍村86岁老人张郃兴回忆说："每年汛期一到，全村就进入一个紧张状态，期盼老天下雨。要是雷鸣声响，天雨降下，村中青壮年个个头戴斗笠，身披蓑衣，扛着木板、门板，不分昼夜地跑到分水石台处抢争洪水浇地。刁底洪水不让人，与柴里村争水打架是常有的事。一旦多争得洪水，来年必定会是好收成，当年就要唱戏答谢神灵。由于洪水无情，除了经常冲坏渠道之外，还可能将村民卷入洪流，导致受伤甚至是丢了性命，但也不能退缩，争水浇地就是老百姓心目中的头等大事。"①

紧张对立的村际、人际关系又延伸并影响到当地人的婚姻圈。柴里、羊舍两村虽为近邻，但长期以来还有一条不成文的规矩，即双方互不通婚。在柴里村考察时我们了解到："过去本村姑娘若要嫁到羊舍村，会受到全村全族人的反对，这是他们祖祖辈辈都要遵守的规定，十里八乡的媒婆对此也是心知肚明，不会冒着风险为两村人说和牵线。直至现在，尽管两村关系已有改善，出现通婚嫁娶的现象，但并不常见，即便通婚者多数也没有好结果。在村人看来，与羊舍通婚是不吉利的事情。反过来说，羊舍村人也不允许自家姑娘嫁给柴里人。"②由此可见，历史时期柴里村与羊舍村的通婚已成为两村民众不敢触碰的禁区，影响至今。在传统时代"十里八村"这样一个涉及生产生活、人际交往、婚姻、祭祀等社会活动的熟人空间里，刁底河中游三村所展现的显然是乡村社会关系的非常状态。

五、结论

通过对明清时期晋南三村水利诉讼大战的细致观察，我们得以对历史时期黄土高原水资源不足区域村庄间的水利纠纷和诉讼行为的发

① 2019年11月3日羊舍村现场访谈记录，受访人：羊舍村民张郃兴，年龄86岁，1965—1977年担任羊舍村大队队长，记录人：白如镜。

② 2019年11月2日柴里村现场访谈记录，受访人：柴里村民左兴喜，年龄76岁，记录人：白如镜。

生、发展过程有一个近距离的观察，对这种类型水利社会的运行机制及其发展变迁形成以下认识：

第一，站在国家的视角来看，诉讼作为明清时期治理乡村社会的一种手段，具有类似安全阀的作用，对于缓解民众因争水产生的矛盾和积怨，保持地方社会的动态平衡和稳定，发挥了重要作用。“率由旧章”的处事原则是官方在处理民间公共水利诉讼时的一个重要行动策略，官方深谙此道，民众也是心领神会，在长期争水过程中他们形成了小争大讼的习性，使得诉讼成为当地民众应对生存困境和现实难题的一种行为惯习。

就制度设计来看，传统时代洪灌型水利社会中民众似乎拥有一种无限上诉权。尽管制度规定民众不得越级上诉，但是民间常常会用很灵活的应对方式来规避制度约束，获得合法的上诉机会。不难发现，只要官方断案结果不能满足一方或双方的诉求，人们就会选择继续上诉，将官方判决搁置一旁，不予理睬。如文中所观察的亢村与柴里村、羊舍村的京控案，就连续发生过两次，诉讼当事人宁可冒着被流放、惩罚的风险，也要冒险争诉，导致山西巡抚不得不三次接受同一案件的审理，可谓深受其累，不堪其扰。然而尽管民众有权上诉，但是从实际成效来看，审理案件的官员并非是非不分，敷衍了事，通常是“上面千根线，下面一根针”。在晋南三村讼案中，平阳府、山西按察使、山西巡抚是接受三村诉讼案件最多的衙门，不论是京控案还是逐级上控，最终处理问题的仍然是这批官员。因此，“率由旧章”成为官方断案时遵循的一条重要行事原则，这一点不论是在笔者过去对山西泉域社会水利官司的研究中，还是在本章所考察的三村水利诉讼案中，概莫能外。对于官府来说，“率由旧章”既能保证地方用水秩序的平稳，又可以规避风险，降低官方治理成本。民众对于官方的这种偏好，应该说是非常了解的，于是围绕地方水利秩序的调整问题，便产生了一系列官民博弈，导致水利诉讼越来越多，诉讼的解决时间被无限期地拉长，付诸诉讼便成为民间公然违背或改变现行用水秩序的一种重要手段。很多违规用水的行为正是在诉讼的掩护下公然发生的。

从三村水利诉讼实践中还能看到，柴里和羊舍二村对亢村一直占尽优势，传统时代亢村人的开渠诉求从未获得过官方的支持，直到1958年全民总动员的时代背景下，亢村人才最终实现了四百年未曾实现的愿望，在临汾土门七一公社的大力支持下，修成了盘山渠，使该村两千多亩坡地得到刁底河水灌溉，柴里、羊舍二村人跟他们的祖先一样，前往土门公社告状，希望公社出面制止亢村开渠，以免影响两村安全，却遭到公社领导的训斥，亢村开渠成功，结果当年柴里、羊舍遭洪水淹没。这一现实表明历史时期柴里村、羊舍村不容许亢村开渠，官府断案历来支持柴里村、羊舍村，不支持亢村开渠，本是有其合理依据的。反观既存在合作又长期对抗的羊舍和柴里二村，两村在进入清代以来分别在清乾隆、嘉庆和道光朝三次大兴诉讼，双方剑拔弩张，谁也不敢掉以轻心，羊舍村拥有相对优势，柴里村略显势弱，最终柴里村人靠牺牲人命的方式换来了与羊舍村人同时用水的平等权利。因此可以说，诉讼是维持地域社会动态平衡的一种重要手段，明清时期，诉讼作为一种社会治理术，对于办案官员而言，甚至可以说是心知肚明的，反复受理并裁决民众诉讼便成为地方官员的工作常态。

第二，站在社会的立场来看，由于水利是超越个体、家户乃至宗族之上的公共事务，属于公的领域。因而，发生在公共领域的诉讼行为与私人领域的诉讼行为有着本质的区别，不宜将乡村民众的水利诉讼行为作为评判地方社会好讼与否的依据。正是由于水利的公共属性，使得以晋南三村为代表的黄土高原水资源稀缺区域，形成了以水为中心、为水而争的观念、习俗和文化，为公共水利诉讼行为的发生提供了土壤和条件。

通过对明清以来晋南三村水利诉讼的考察可知，水利诉讼行为多数条件下并非个体行为，而是牵涉到一村、数村民众集体利益的公共事件，其性质大不同于私人领域的个体或家庭、家族的诉讼行为。费孝通先生曾经指出，传统中国社会是一个无讼的社会，乡土社会是一个熟人社会，传统观念中并不赞成某一社区内熟人之间、亲友之间反目成仇、对簿公堂的诉讼行为，取而代之的是依靠宗族、乡绅、长老、村社组织的力量予以调解，以和平的方式来解决，乡土社会是一个充满张力的差序格局的礼治社会。维持礼治秩序的理想手段是教化，而不是折狱，因此打官司在人们眼里便成了一种可羞之事，表示教化不够。文中对传统时代山西乡村社会民众水利诉讼行为的观察，与费先生所揭示的乡土社会的礼治秩序之间存在着明显张力。水利诉讼不同于诉讼社会史研究者界定的“好讼社会”中的户婚、田土类案件，最大的区别在于户婚、田土类案件大多属于私人领域的诉讼行为，比如卞利在处理徽州民间契约文书中的民事诉讼案件时，就将案件类型划分为田地、山场、坟地、塘堨、婚姻、继子、主仆等七大类，多数是属于私人之间的。与此不同，绝大多数水利诉讼案件中，诉讼双方多是某一村庄或用水主体推选出的代表，这些人代表的是集体利益，而不仅仅是个人利益。对于个人而言，可能无法承受因诉讼尤其是连绵不绝的上诉导致的巨额诉讼成本、时间成本，当然还包括社会成本，在选择是否诉讼时会有所取舍。对于水利诉讼而言，则不存在这方面的问题。作为村庄或集体推选出的代表，他们往往会得到全体村民的支持，由村庄全体为其支付诉讼费用和成本，一些人甚至不惜牺牲个人生命去为集体争取权益，前文中提及的柴里村人左璋就是一个典型代表，用剃刀自刎于平阳府衙门大堂，以身殉渠，为柴里村赢得了与羊舍同时用水的权益，被柴里村人尊奉为英雄。村人公议决定，在村中建起左公祠堂，刻碑记述他的英雄事迹，每年全村男女老幼春秋两季对其隆重祭祀。同时，对左璋家眷进行抚恤，准许他家村东二十五亩平地永免夫役，随时浇灌，不受时间和次数限制。

类似事例在山西水利社会中多有发生。如洪洞县洪安涧河渠道，清道光年间因久旱不雨，洪洞古县、董寺、李堡三村私掏新渠，盗范村北泉之水浇灌，范村掌例（即渠长）范兴隆等率众与三村理论，古县等三村聚合数百人与范村人斗殴，致使古县村吉广顺身死。事发后，官府令范兴隆顶罪。范村人聚众议定，范氏为范村永远掌例，传于后代，不许改易，“且于每年逢祭祀之时，请伊后人拈香，肆宴设席，请来必让至首座，值年掌例傍坐相陪，以谢昔日范某承案定罪之功”。同样，清雍正年间太原晋祠名士杨二酉的父亲杨廷璇也是一位关心渠务、敢于斗争的地方名人。他参与解决了雍正年间的两起地方水利讼案，一为铲除南河渠蠹的南河水利公案，一为制止北河渠甲挟势欺僧的玉带河水车案。由于杨公的行为维护了渠众的利益，赢得了本地民众的尊敬，刘大鹏《晋祠志》南河河例中出现了一种所谓的人情口：“雍正间，杨公廷璇除河蠹王杰士等，群以为德，共议于杨公宅侧开口，俾杨公家易于汲水，以酬之，因名之曰‘人情口’。”不仅如此，晋水南河民众更于每年祭水神之时，“设木主以祭之”。此外，山西泉域社会长期流传的油锅捞钱故事和纪念争水英雄的各种建筑遗迹，表明了地方社会的民意所系。鉴于水利诉讼往往牵涉到一个地方多数民众的切身利益，往往会成为地方精英和人物借以施展个人才华和能力的重要舞台，在传统乡村社会中有着深厚的民间文化氛围和滋养其长期存在的土壤，这是传统中国乡村社会的一个重要特点。维持公众领域的公平和正义，从来都是社会稳定的重要基石，也是村庄民众共同体意识形成的一个重要媒介，这是中国乡村社会的一个常态，它所展示的恰恰是中国乡村社会长期稳定的一个重要方面，而非好讼健讼论者所批评的民风不古，世风日下。

长期以来，山西水利社会正是在这样一种环境和机制作用下不断地循环往复，原地踏步，维持着一个动态平衡。四百年来晋南三村之间分分合合，时而合作，时而斗争，既冲突又合作地共生共存，这既是三村历史的一个真实写照，也折射出黄土高原山西水利社会的基本特征。套用布迪厄的实践论来讲，水利社会可以说是提供了一个场域，在这个场域里，诉讼成为一种民众惯习，为官方和民间所共同掌握并娴熟运用，由此实现了社会力量的整合，保持了区域社会的长期平衡和动态演变。明清五百多年间，这里的用水秩序从未因频繁的诉讼行为有任何改变，唯有柴里村人左璋的以命相抵，才换来了用水规则的些微调整，然从本质上来讲，并无太大的变动。不确定性构成了洪灌区域民众日常生活的一个主要特点，导致生活在这个区域的民众只能在不确定性的环境下选择对自己最为有利的方式，以求得生存和发展权。正因为如此，诉讼就成为洪灌型水利社会的一个突出特征，允许民众在公的领域诉讼、发声，维护自身权益，也是传统时代国家对基层社会治理的一种最为常见的手段。

第三，洪灌型水利社会在当代的终结，是从不确定性到确定性。不确定性是明清以来洪灌型水利社会最为突出的特征。其存在前提是在恶劣的生存环境和有限的资源条件下，人们能够进行的选择是相当有限的，利用夏秋之际不定时到来的或大或小的洪水资源，是以农业为主要生存方式的传统社会中，他们最有可能做出的生存选择。既然选择了不确定性，那就要接受并适应不确定性带来的后果和影响。三村之间的斗争、冲突、恩怨和谈判妥协是他们生活的主色调，除此之外别无其他。晋南三村民众在明清以来直至20世纪五六十年代，长期要面对的就是洪水的不确定性，以及人们为了获得稳定可靠的保障，而采取的工程技术手段、官方的仲裁和判决，村庄间的谈判、协商和合作，依靠武力、宗族、村庄实力等确定的分水规则和水利秩序，等等。将不确定性变成确定性，是生活在这种类型水利社会中一代代民众的集体意志和行动目标。然而梦想常常难以照进现实，生存环境的艰难和洪水的巨大破坏性、不稳定性，致使人们的努力化为了泡影，由此陷入了一种死循环中无法挣脱。晋南三村四百年来循环发生的水利诉讼就是这种生存状况的真实写照。想要长治久安、一劳永逸地解决他们在日常生活中面对的困境，成为一种不切实际的幻想。

20世纪八九十年代以来，晋南三村民众生活中开始有了新的变化和选择。政府水利部门将众多的机井开凿在三村的田间地头，用稳定的地下水灌溉代替了不稳定的洪水灌溉。洪水的有无与人们日常生活的关系已经日渐淡化，只剩下那些曾经耗费无数先人心血、体力和财力的洪灌渠道、拦河坝堰等水利遗迹和三村人民的历史追忆。不仅如此，取代过去作为第一产业和唯一选项的农业生产，从事与煤炭资源开发利用相关的煤矿开采、洗煤加工、煤炭存储、煤炭运输等相关的资源型经济成为三村人新的选择。在现场调查中，我们看到那些见证三村人历史恩怨的洪水渠道、人字分水堰、滴水石台等工程遗迹，依旧默默矗立在刁底河河谷和三村人的田间地头，但是引洪灌溉的历史已经一去不复返了。人们依靠煤炭相关产业获得了稳定的收入来源，过去的不确定性也随之消失了。人们在刁底河上游山里开挖了煤矿，在河道里修建了洗煤厂、储煤场；拉煤的重型卡车频繁来往于三村周围的公路和刁底河畔，大车过处，尘土飞扬，乌黑一片。三村人的主要生计方式由过去的靠天吃饭、引洪灌溉变成如今的资源依赖，以煤矿为中心的产业链成为这个区域的中心产业。在不确定性变成确定性的同时，这里的生态环境和生活环境也发生了重大改变，环境污染、村庄破败、空心化、老龄化使得这里的民众生活面临着新的更大的挑战。洪灌型水利社会的终结和退场，看似具有确定性的物质条件的改善，但并未能彻底改变这里人们的生存面貌，未来的不确定性依然存在。走出资源型依赖的诅咒，再造秀美山川，推动乡村振兴，让生活充满确定性，是新时代以晋南三村为代表的传统洪灌型水利社会的未来图景。

结语 “以水为中心”的山陕区域社会

新时期以来，从水的立场出发开展区域社会史研究，作为一个新的学术增长点，日益得到学界认可。新时期水利社会史历经二十余年发展，初步实现了从乡土中国到水利中国、从以土地为中心到以水为中心的转换。山陕黄土高原地区的水利社会史，为探究历史时期的人水关系和生态文明提供了典型实践案例，对于当下实施好“黄河流域生态保护和高质量发展”这一国家重大战略亦具有重要启示意义。

一、超越魏特夫:从“治水国家”到“水利社会”

新时期的水利社会史，以反思和批判魏特夫的治水国家理论为首要前提。按照魏氏学说，在那些单纯依靠降水量无法满足农业生产的地方，灌溉成为农业经济的基础。灌溉所需的大型水利设施和防洪工程绝非个体所能完成，需要国家政权来统一协调和管理，以便征调各地劳动力进行修建。因此，治水导致了专制主义，由此产生的权力是一种极权力量。由于魏特夫的东方专制主义是冷战时代的产物，他的学说带有对东亚尤其是中国政治体制和意识形态的敌视和污蔑，产生不良影响。与此相应，冀朝鼎在1936年用英文发表的《中国历史上的基本经济区与水利事业的发展》一书中，不仅援引了魏特夫早期关于亚洲治水问题的学说，而且着重论述了古代中国国家在大型水利工程中所起到的决定性作用和地位，强调水利与历代封建国家基本经济区的密切关系，间接支持了魏特夫的治水国家学说。

国家在重大水利工程建设中所具有的重要作用是毋庸置疑的，但是过于夸大国家治水的绝对支配地位和有效性则是不可取的，它忽视了不同历史时期国家治水的局限性，罔顾历史时期国家治水失败的众多事实，忽略了地方社会和民间力量在水利等公共事务中的主体性和主导作用，简化乃至曲解了中国水利史和中国社会发展史。这一切有赖于水利社会史研究者予以澄清和正面回答，也是水利社会史研究者应当承担的重大使命。山陕黄土高原地区的水利社会史研究，为此提供了有力佐证。

研究表明，即使在陕西关中以秦郑国渠、唐郑白渠、宋丰利渠、元王御史渠、明广惠渠等为代表的国家大型水利灌溉工程，在长期运行和发展过程中也并非完全由国家主导，而是受到地方社会财力、物力和人力水平的多重限制，最终使得历代官员们的治水努力大打折扣甚至失败。政府治水行为如果不能得到地方社会和民众的有力支持和配合，不考虑民众疾苦，是难以成功或长久维系的。同样，在山西省汾河流域星罗棋布的“泉域社会”“洪灌型”水利社会、众多小微型灌溉社会以及“四社五村”节水型社会的历史实践中，充分体现了地方社会和民众主导的特点，体现了民间社会的聪明才智和生存智慧。充分调动民间社会的主体性，才能事半功倍地解决国家治水中所面临的难题、困境和盲点，是对国家治水的一种有力补充，不可偏废。山陕水利社会史的实证研究，对于认识历史时期黄土高原的人水关系具有重要意义，体现了水利社会的丰富性和多样性特征，有力地回击了魏特夫所谓的治水专制主义学说。以水为中心，超越魏特夫的东方专制主义，深入挖掘水资源紧缺地区人水互动的生动历史和丰富内涵，摆脱意识形态的偏见和束缚，从“治水国家”到“水利社会”，是创新和推动区域社会史研究的一个新路径。

二、“水利图碑”：山陕民众水权观念的历史见证

山陕黄土高原地区，处于我国气候半干旱半湿润地带，水资源时空分布不均衡，使得缺水成为制约区域社会发展的首要因素。历史时期的山陕黄土高原地区，以农耕为主的小农经济，靠天吃饭，水资源

的充沛与否、作物赖以生长的土地是否能够得到及时有效的灌溉，决定了农业收成的好坏，更会直接影响到小农的生存质量和生活水平。明清以来该区域因争水导致的水利纠纷和争水诉讼事件更是层出不穷，显示了水在地域社会发展中所具有的某种中心地位。为了解决水资源匮乏问题，人们不惜为水而争、为水而战，乃至牺牲身家性命。在山西各泉域普遍流传有“油锅捞钱，三七分水”的争水故事和纪念争水英雄的各种好汉庙、好汉碑、好汉墓（如太原晋祠的张郎塔）等。在长期争水过程中，形成了为数众多的水利碑刻和民间水利文献，为开展区域水利社会史提供了丰富而直接的史料，集中展示了山陕民众的水权意识。

伴随水利社会史研究的不断深入，研究者的关注点已经从水利碑文转为水利图像，期望通过图像去挖掘和呈现区域社会的历史，做到以图证史、以图补史、图史互证。山陕水利图碑就是这种性质的史料。与常见的方志水利图不同，水利图碑的载体是碑刻。方志水利图是印制在书本中，放置于官署或藏书机构，通常不易被普通民众获取，并且受识字率影响，文字信息通常也不易为民众所得。水利图碑则大为不同，它们通常被竖立于地方公共场所，与民众朝夕相伴，耳闻目睹之下，即使不识字的村人，也会通过观看图碑，结合村人讲述，熟练掌握图碑的具体内容，使之成为与人们切身利益关系密切的重要证据，在发生水利争端和诉讼时，这些图像会作为村人伸张群体权益的呈堂证供。

研究表明，山陕地区水利碑和水利图碑出现的时间顺序是有区别的，往往是前期有碑，后期有图，水利图碑是一个地方民众水权观念和水权管理日益精细化的表现。清雍正初年，平阳府知府刘登庸在洪洞广胜寺霍泉分水处所立的《霍泉分水铁栅图》即为明证，这里的水利开发早在唐宋时期即已成熟，历经金元明清，水利纠纷不断，直至这通水利图碑的出现。一图胜千言，水利图碑所承载的乃是一个地方人们长期与水打交道过程中，围绕水资源开发利用所形成的规则和秩序。以图碑为纽带，进一步挖掘整理包括水利碑刻、水利史志、水利档案、水利契约、村史村志、家谱族谱等在内的史料，注意史料的系统性、完整性和关联性，普遍建立起水利社会史研究的综合性资料库，是从水的角度推进区域社会史学术创新的一个有效门径。

三、“不确定性”:理解黄土高原人水关系的核心概念

不确定性作为一个哲学命题，在自然科学和社会科学领域得到普遍应用。如果把不确定性视为一种条件或过程，那么确定性就是目标或理想，其最终是否能够有效且持久地达成，会受到各种主客观因素的制约和影响。关注历史和现实中的不确定性，研究历史时期人们如何应对不确定性，降低风险和损失，变不确定性为确定性，便成为一个值得关注的学术议题。

近年来，随着环境史、灾害史和社会史研究的推进，将不确定性带入历史，作为一种新史观已得到研究者的倡导和践行。不确定性本来就是历史的常态，自然和社会的不确定性在人类社会历史进程中扮演着相当重要的角色。关注不确定性，讨论历史时期人们如何趋利避害，如何适应和改变不确定性，推动人类文明进程和社会进步，可以作为开展历史研究的一个问题意识和学术理念。在此基础上，把不确定性带入水利社会史，探究历史时期的人水关系及与此相关的区域社会的一系列行为、表现和影响。从人与水、人与环境、人与社会的多重互动关系出发，理解古代中国的水利文明和生态智慧，探究不同类型水利社会的历史变迁，更有裨于推动水利社会史研究的创新和进步。

研究表明，山陕黄土高原水利社会中充斥着大量的不确定性。自宋代以来关中地区引泾灌溉史中，中央和地方官员就始终围绕着如何克服或减轻泾河洪水和泥沙对引泾灌溉的影响这一中心问题展开，其结果是历代官员信誓旦旦的治水方案最终在泾河洪水巨大破坏性造成的不确定性当中归于失败，清乾隆四年（1739）的“拒泾引泉”事件，使引泾灌溉在历史时期彻底退出历史舞台，取代泾河的引泉灌

溉，不仅未能彻底摆脱不确定性，反而加剧了关中水利社会的不确定性。同样，山西晋南吕梁山东南麓丘陵区宋代以来就有的引洪灌区，人们赖以为生的洪灌原本是古人化害为利的一个典型例证，却由于洪水的不确定性和严重的缺水问题，导致人们在长期开发利用洪水资源的过程中，争端不时发生，乃至发生诉讼战，目的就是为了争夺有限的水源。人们以发起诉讼的方式挑战官方的判决，将希望寄托在屡败屡诉的反抗之中。从结果来看，这种反抗并未能带给他们更多的希望和福祉，而是使其深陷于贫穷和困顿之中停滞不前，日益内卷。

科学、合理、公平地开发利用资源，最大程度地克服不确定性造成的消极影响，营造人与自然和谐共生的生态文明，才能为黄河流域生态环境保护和高质量发展战略的实施提供历史借鉴。

四、怎样做到“以水为中心”

在以往研究中，基于水利在特定区域社会中所具有的某种中心地位或关键作用，我们提出了“以水为中心”的观点，且在不少区域的研究中得到了初步验证。但是也有研究者质疑“以水为中心”的理论预设和解释效力，认为水固然是区域社会发展中一种重要的生存资源，但是否在所有区域社会当中均具有中心地位？如何理解“以水为中心”就成为问题的关键。在此，笔者欲从两个方面对“以水为中心”这一提法及其适用性作出解释。

一是水利社会史研究中的“以水为中心”。这里的以水为中心，实际上是以灌溉水利为中心。必须承认，灌溉水利在传统时代农业为主的社会发展中确实具有某种中心地位或关键作用。无论是在过去的学术研究还是在长期的农业社会实践中，这一点已得到充分证明。不少经典研究中注意到水利与传统时代农业和社会经济发展所具有的密切关系。其中，冀朝鼎基于中国历史上的水利开发，提出“基本经济区”概念，所强调的就是中国历史上基本经济区的形成与水利事业发展二者之间的重要联系，认为在中国“几乎所有主要的地区，都有这样或那样形式的水利工程作为农业发展的基础。在西北黄土地区，主要是用渠道进行灌溉的问题；在长江和珠江流域，主要是解决在肥沃的沼泽与冲积地带上进行排水，并对复杂的排灌系统进行维修的问题；而在黄河下游与淮河流域，实质上就是一个防洪问题”，“找到并了解水利事业发展的总趋向，搞清水利事业发展的过程，就能用基本经济区这一概念，说明中国历史上整个半封建时期历史进程中最主要的特点了”。[①]与此相似，和田保在《以水为中心的中国北方农业》一书中，从农业技术的角度强调了水在中国北方农业发展中的重要意义。[②]1948年，北京大学农业经济系教授应廉耕与陈道合著了《以水为中心的华北农业》，与日本学者的研究可以说是相互呼应。该书自序中明确指出：“水利是华北农业生产上最大的一个锁钥，正如汤利教授（R.H.Tawney）所说，中国农民之长期的威胁是水。水的调节，在南方是生产代表性作物的条件。北方的大部分地区，水量适否，不仅是农业繁枯的条件，而且是农业生死的条件。”[③]他同时引用了冀朝鼎的基本经济区概念和基本观点（按：他将基本经济区译为“经济锁钥区”，似乎更为准确），他说：“我国在每个历史发展阶段上都有一个所谓经济锁钥区，水量充足，农业发达，交通便利，于是中央政权便利用这区域为根据地，借以控制其他附属区域。我们都同意这些看法，并认为水利仍是以后中国国民经济建设的锁钥，且其作用超出农业范围以外。”[④]由此可见，“以水为中心”不仅具有传统农业史研究的理论基础，也是传统时代国家政权建设、社会经济发展的理论依据。以上是中外学者对以水为中心的基本认识和看法。

与宏观层面的观察一致，我们从长期以来中国农民的自身实践中也不难发现，水资源条件的好坏和水利的有无，通常会影响到人口分

① 冀朝鼎：《中国历史上的基本经济区与水利事业的发展》，朱诗鳌译，中国社会科学出版社，1981年，第13—16页。

② 和田保、『水を中心としこ见たる北支那の农业』、東京成美堂發行、1943。

③ 应廉耕、陈道：《以水为中心的华北农业》，北京大学出版社，1948年，自序。

④ 应廉耕、陈道：《以水为中心的华北农业》，北京大学出版社，1948年，自序。

布、村庄形成、区域繁荣，更会影响到某一区域民众的行为、观念和心灵世界。历史时期我国北方多数省份长期以来就是一个以旱为主、旱涝交替的气候特征。因干旱缺水而形成的雩祭习俗、水神崇拜在在皆是。围绕水神崇拜形成的祭祀系统和村落联盟，形成了一个个的水利圈、祭祀圈和信仰圈。[①]这是自古以来因为缺水、争水、用水而形成的民众精神世界和意识形态，代代传承，对水神的信仰和对水资源的分配两者之间往往也存在着一种紧密的对应关系。[②]在民众日常用水行为和观念中，也流传着大量丰富生动的水利传说和观念，笔者熟悉的晋南一些缺水地区，长期流传有“宁给一口馍，不给一口水”；农谚中也有“庄稼没有水，好比人没髓”的比喻。一些缺水的山区人们惜水如金，娶妻嫁女竟以水做聘礼和嫁妆，一些村庄的用水权就是通过与有水村庄之间缔结婚姻关系才取得的。在北方水资源相对丰富的水利灌区，往往是一个地方人口密集、村落众多、经济富足、人文鼎盛、大姓望族聚集的中心区域。这同样体现了水在传统时代区域社会发展中的中心地位。

就目前不同区域水利社会史研究的实践来看，以水为中心仍然具有较强的解释力。在山西，我们提出的“泉域社会”概念揭示了这个水资源总体匮乏的省份，基于泉水资源开发而遍布各地的古老灌区，水在地域社会发展中所具有的中心地位，围绕水资源、水组织、水权利、水信仰和水冲突而形成的水利秩序和水利文化，具有强烈的以水为中心的色彩。[③]这种类型的水利社会在山西省汾河流域星罗棋布，具有一定的普遍性。鲁西奇对江汉平原围垸型水利社会的研究中，则通过揭示长江流域这个水资源丰富的区域，人们为了防洪、排水、筑堤、修圩而结成的水利关系，进而以围垸为单位进行赋税征收，以围

① 行龙：《晋水流域36村水利祭祀系统个案研究》，《史林》2005年第4期。

② 张俊峰：《油锅捞钱与三七分水——明清时期汾河流域的水冲突与水文化》，《中国社会经济史研究》2009年第4期。

③ 张俊峰：《泉域社会——对明清山西环境史的一种解读》，商务印书馆，2018年。

垸为单位设置行政机构，由此形成的水利社会，体现出显著的以水利为中心的特点。[1]同理，前文提及的南北方不同类型的水利社会中，也各自凸显了水利在不同区域不同类型水利社会中所扮演的中心地位。就此而论，在目前的水利社会史研究中，“以水利为中心”可视为研究者的共识。

二是水的社会史研究中的“以水为中心”。从水利社会史到水的社会史，意味着研究范围的扩大、研究内涵的提升，是一种研究的深化和升华，反映了水利社会史研究本身所具有的辐射力和示范效应。水的社会史与水利社会史虽仅有一字之差，但意义却有很大的差别。这里的“水”并不局限于“灌溉水利”，而是涵盖了与水有关的诸多方面，它包括灌溉水利，生产用水（如水磨、水碓、水碾等水利经济），民生用水（人畜吃水），城乡景观用水，人工运河，水库工程，海塘工程，航运渡口，洪涝灾害及防洪排涝，水体污染，水土流失，水土保持，等等。这里的以水为中心，实际上已经不是要强调水的中心地位，而是将水作为观察问题的一个视角，研究与水有关的一切事物和现象。相对于水利社会史而言，其关注和研究的范围已经大大拓展了。水利社会史研究中的以水为中心，凸显的是水在地域社会发展变迁中所具有的中心地位，因而在该地域会出现与水相关的众多紧密关联的社会关系网络和表征水的中心地位的各种水利文化，具有突出的以水为中心的地域特色。水的社会史研究中的以水为中心，则是将水作为一个切入点，选择从水的相关问题出发，去探讨和展示区域社会的历史。进一步而言，这里的以水为中心只是一个视角的转换而非简单突出水在区域社会发展和社会关系网络建构中所具有的某种中心地位或关键作用。以水为中心并不排斥社会发展中以其他要素为中心，比如以土地、宗族、祭祀、信仰、市镇等为中心也未尝不可。

正是在此意义上，无论是已有二十余年发展历史的水利社会史，

① 鲁西奇：《“水利社会”的形成——以明清时期江汉平原的围垸为中心》，《中国经济史研究》2013年第2期。

还是方兴未艾的水的社会史研究，都在提示我们，从水的角度和立场出发去观察中国社会，不仅是可能的，而且是必要的。当然，以水为中心并不意味着全然否定土地对于中国农民和中国社会的意义。土地和水对于认识中国社会，均具有相当重要的意义，不可厚此薄彼。相比起费孝通先生所言“乡土中国”，从水的立场出发，开展以水为中心的整体史研究，从乡土中国到水利中国，从治水社会到水利社会，既有学术传承，又有学术创新。正因为如此，今后的水利社会史乃至水的社会史研究，仍然是大有可为的。

参考文献

一、正史

1.《史记》中华书局，1982年。

2.《后汉书》，中华书局，2000年。

3.《晋书》，中华书局，1996年。

4.《隋书》，中华书局，1982年。

5.《宋史》，中华书局，1985年。

6.《元史》，中华书局，1976年。

7.《清史稿》，中华书局，1977年。

二、志书

8.（明）弘治《八闽通志》。

9.（明）嘉靖《曲沃县志》。

10.（明）嘉靖《太原县志》。

11.（明）嘉靖《淄川县志》。

12.（明）万历《韩城县志》。

13.（明）万历《太谷县志》。

14.（明）万历《沃史》。

15.（清）顺治《赵城县志》。

16.（清）康熙《安溪县志》。

17.（清）康熙《束鹿县志》。

18.（清）康熙《新修南乐县志》。

19.（清）康熙《永昌府志》。

20.（清）康熙《直隶绛州志》。

21.（清）雍正《山西通志》。

22.（清）雍正《陕西通志》。

23.（清）乾隆《大清一统志》。

24.（清）乾隆《汾州府志》。

25.（清）乾隆《甘肃通志》。

26.（清）乾隆《崞县志》。

27.（清）乾隆《南和县志》。

28.（清）乾隆《曲沃县志》。

29.（清）乾隆《任丘县志》。

30.（清）乾隆《顺德府志》。

31.（清）乾隆《太谷县志》。

32.（清）乾隆《闻喜县志》。

33.（清）乾隆《新修怀庆府志》。

34.（清）乾隆《直隶绛州志》。

35.（清）嘉庆《河津县志》。

36.（清）嘉庆《介休县志》。

37.（清）道光《河内县志》。

38.（清）道光《后泾渠志》。

39.（清）道光《上元县志》。

40.（清）道光《章丘县志》。

41.（清）道光《赵城县志》。

42.（清）咸丰《同州府志》。

43.（清）同治《续天津县志》。

44.（清）光绪《广平府志》。

45.（清）光绪《山西通志》。

46.（清）光绪《顺天府志》。

47.（清）光绪《新续渭南县志》。

48.（清）光绪《宜兴荆溪县新志》。

49.（清）光绪《永年县志》。

50.（清）光绪《鱼台县志》。

51.（清）光绪《直隶绛州志》。

52.（清）宣统《新疆图志》。

53. 民国《昌图县志》。

54. 民国《洪洞县志》。

55. 民国《洪洞县水利志补》。

56. 民国《获嘉县志》。

57. 民国《临汾县志》。

58. 民国《满城县志略》。

59. 民国《朔方道志》。

60. 民国《太谷县志》。

61. 民国《闻喜县志》。

62. 民国《新修曲沃县志》。

63. 民国《翼城县志》。

64.（晋）常璩：《华阳国志》，齐鲁书社，2010年。

65.（宋）宋敏求、（宋）李好文著，辛德勇、郎洁校：《长安志·长安志图》，三秦出版社，2013年。

66.（宋）郑瑶、（宋）方仁荣：《景定严州续志》，中华书局，1985年。

67.（清）毕沅撰，张沛校：《关中胜迹图志》，三秦出版社，2004年。

68.（清）和宁：《三州辑略》，清嘉庆十年（1805）修旧抄本。

69.（民国）高士蔼：《泾渠志稿》，李仪祉作序刊行本，中国国家图书馆藏，1935年。

70.《泾惠渠志》编写组编：《泾惠渠志》，三秦出版社，1991年。

71. 李永奇、严双鸿主编：《广胜寺镇志》，山西古籍出版社，1999年。

72. 刘大鹏：《晋祠志》，吕文幸、慕湘点校，山西人民出版社，2003年。

73.《宁夏水利志》编纂委员会：《宁夏水利志》，宁夏人民出版社，1992年。

74. 乌鲁木齐市党史地方志编纂委员会编：《乌鲁木齐市志》，新疆人民出版社，1994年。

75. 郑东风主编：《洪洞县水利志》，山西人民出版社，1993年。

三、笔记、文集、资料集等

76.（秦）吕不韦：《吕氏春秋》，上海古籍出版社，1989年。

77.（汉）刘安等：《淮南子》，上海古籍出版社，1989年。

78.（北魏）郦道元撰，陈桥驿点校：《水经注》，上海古籍出版社，1990年。

79.（齐）刘勰：《文心雕龙》，人民文学出版社，1961年。

80.（梁）萧绎：《金楼子》，中华书局，1985年。

81.（唐）韩愈：《韩愈全集》，中国文史出版社，1999年。

82.（唐）李肇：《唐国史补》，中华书局，1991年。

83.（宋）洪迈：《夷坚志》，文渊阁四库全书版。

84.（宋）金履祥：《书经注》，清光绪五年（1879）陆心源刻十万卷楼丛书本。

85.（宋）李昉：《太平广记》，中华书局，1961年。

86.（宋）李昉、李穆、徐铉等编纂：《太平御览》，河北教育出版社，1994年。

87.（宋）吕颐浩：《忠穆集》，四库全书本。

88.（宋）乐史：《太平寰宇记》，中华书局，2007年。

89.（宋）曾公亮：《武经总要》，《中国兵书集成》第3册，解放军出版社、辽沈书社，1987年影印本。

90.（宋）周去非著，屠友祥校注：《岭外代答》，远东出版社，1996年。

91.（元）马端临：《文献通考》，中华书局，1986年影印本。

92.（元）王恽：《秋涧集》，文渊阁四库全书版。

93.（元）张可久：《张小山北曲联乐府》，清劳平甫抄本。

94.（元）周伯琦：《近光集》，清乾隆四十七年（1782）抄本。

95.（明）陈仁锡辑：《八编类纂》，明天启刻本。

96.（明）焦周：《焦氏说楛》，明万历刻本。

97.（明）李濂：《汴京遗迹志》，中华书局，1999年。

98.（明）于慎行：《谷山笔尘》，明万历刻本。

99.（明）张国维：《吴中水利全书》，文渊阁四库全书本。

100.（清）陈裴之：《澄怀堂文抄》，清道光刻本。

101.（清）成书：《多岁堂诗集》，清道光十一年（1831）刻本。

102.（清）褚人获：《坚瓠集》，上海古籍出版社，2012年。

103.（清）贺长龄编：《皇朝经世文编》，清道光刻本。

104.（清）李燧、（清）李宏龄著，黄鉴晖校注：《晋游日记·同舟忠告·山西票商成败记》，山西人民出版社，1989年。

105.（清）梁份：《秦边纪略》，青海人民出版社，1987年。

106.（清）林则徐：《畿辅水利议》，清光绪二年（1876）林氏刻本。

107.（清）王夫之：《读通鉴论》，中华书局，1975年。

108.（清）翁同龢：《翁同龢日记》，清光绪十年甲申（1884）稿本。

109.（清）徐珂：《清稗类钞》，中华书局，1984年。

110.（清）张廷玉等编撰：《皇朝文献通考》，四库全书本。

111.（清）周城：《宋东京考》，清乾隆刻本。

112. 傅德岷、卢晋主编：《诗词名句鉴赏辞典》，长江出版社，

2008年。

113. 国家文物局主编：《中国文物地图集·山西分册（下）》，中国地图出版社，2009年。

114. 杭州古都学文化研究院编：《杭州古村名镇》，杭州出版社，2016年，第198页。

115. 郝平主编：《清代山西民间契约文书》（全13册），商务印书馆，2019年。

116. 黄典权：《台湾南部碑文集成》，台湾大通书局，1966年。

117. 李英明等主编：《山西河流》，科学出版社，2004年。

118. 李玉明、王国杰编：《三晋石刻大全：运城市新绛县卷》，三晋出版社，2015年。

119. 刘幼生编校：《香学汇典》，三晋出版社，2014年。

120. 慕平译注：《尚书》，中华书局，2009年。

121. 宁夏回族自治区文史研究馆编：《宁夏文史》第2辑，宁夏人民出版社，1986年。

122. 山西省洪洞县霍泉水利管理处、中国地质大学（武汉）水文地质与工程地质系：《山西省霍泉岩溶水系统研究报告》，内部印刷资料，1993年。

123. 山西省水利厅、中国地质科学院岩溶地质研究所、山西省水资源管理委员会编著：《山西省岩溶泉域水资源保护》，中国水利水电出版社，2008年。

124. 王明校注：《无能子校注》，中华书局，1981年。

125. 张发民、刘璇编：《引泾记之碑文篇》，黄河水利出版社，2016年。

126. 张学会主编：《河东水利石刻》，山西人民出版社，2004年。

127. 张研、孙燕京主编：《民国史料丛刊348 经济·概况》，大象出版社，2009年。

128. 政协襄汾县文史资料委员会：《襄汾文史资料——水利专

辑》第十一辑，内部印刷资料，2002年。

129. 中国人民政治协商会议临汾市尧都区委员会编：《尧都文史》第二十集，内部印刷资料，2016年。

130. 中国人民政治协商会议宜昌市委员会文史资料委员会编：《宜昌旅游史话》，《宜昌市文史资料》总第二十二辑，内部印刷资料，2001年。

131. 中国自然资源学会编著：《资源科学学科发展报告2016—2017》，中国科学技术出版社，2018年。

四、田野资料

132. 金承安三年（1198）《沸泉分水碑记》，碑存曲沃县景明村龙岩寺碑林。

133. 元元贞二年（1296）《闻喜县东乔村重修岱岳庙碑并序》，碑存绛县横水镇东山底泰山庙门口。

134. 明嘉靖四十二年（1563）《水利人工牌帖碑记》，碑存闻喜县侯村乡元家院宋氏祠堂院内。

135. 明万历十六年（1588）《介休县水利条规碑》，碑存介休洪山源神庙内。

136. 明万历二十四年（1596）《印经碑记》，碑存绛县横水镇灌底堡村景云宫。

137. 明万历四十五年（1617）《东闫争水碑》，碑存绛县溢沟水库管理站院内。

138. 明万历四十八年（1620）《水神庙祭典文碣》，碑存洪洞县广胜寺霍泉水神庙。

139. 明天启元年（1621）《柳在判文碑》，碑存绛县横水镇柳庄村。

140. 清顺治六年（1649）《断明水利碑记》，碑存翼城县武池村乔泽庙内。

141．清雍正四年（1726）《建霍渠分水铁栅详》，碑存洪洞县广胜寺霍泉水神庙分水亭北侧碑亭。

142．清乾隆三十五年（1770）《双堆渠册》，复印件现存山西大学中国社会史研究中心。

143．清道光十一年（1831）《圪塔村因渠道兴讼自立碑记》，此碑镶嵌于该村大路旁墙体。

144．清道光二十年（1840）《麓台河历代以来争讼断结章程碑志》，碑存平遥县洪善镇沿村堡古佛堂院内。

145．清道光二十年（1840）《再录三村公议合约》，此合约见于平遥县沿村堡古佛堂《亘古不朽》碑上。

146．清道光二十四年（1844）《和息水利碑记》，碑存平遥县杜庄村玉皇庙内。

147．清同治元年（1862）《平遥县新庄村水利图碑》，碑存平遥县新庄村三圣庙河神殿廊下。

148．清光绪二十五年（1899）《重修十八夫碑记》，碑存洪洞县广胜寺镇北秦村村南秦建义家门外。

149．清光绪二十八年（1902）《公议社碑记》，碑存平遥县清虚观。

150．清光绪二十九年（1903）《鲁涧河执约碑序》，碑存平遥县庞庄村庙内墙壁。

151．清代《景云宫创建享亭碑》，碑刻年份不详，碑存绛县横水镇灌底堡村景云宫。

152．清代《求护泉源碑记》，碑刻年份不详，碑存新绛县古堆村孚惠圣母庙。

153．1925年《同庆安澜碑》，碑存平遥县七洞村关帝庙正殿廊下。

154．1935年《南北鲁涧河源流水道详图》，碑存平遥县金庄村文庙。

155．《霍泉灌区水利管理局1954工作总结》，现存山西大学中国社会史研究中心。

156.《严家庄村史资料札记》，内部印刷资料，1994年，现存山西大学中国社会史研究中心。

157. 董爱民主编：《洪洞村名来历》，内部印刷资料，2004年。

158. 郭根锁：《道觉村史》手稿，现存山西大学中国社会史研究中心。

159. 杨明诗：《坊堆村史》手稿，现存山西大学中国社会史研究中心。

五、学术著作

160. 安介生、周妮：《江南景观史》，江西教育出版社，2020年。

161. 白述礼：《灵州史研究》，宁夏人民出版社，2018年。

162. 柴瑞祥：《广胜寺风物传说》，内部印刷资料，2002年。

163. 陈寅恪：《金明馆丛稿三编》，生活·读书·新知三联书店，2001年。

164. 董晓萍、[法] 蓝克利：《不灌而治：山西四社五村水利文献与民俗》，中华书局，2003年。

165. 贺喜、科大卫主编：《浮生：水上人的历史人类学研究》，中西书局，2021年。

166. 胡英泽：《流动的土地：明清以来黄河小北干流区域社会研究》，北京大学出版社，2012年。

167. 黄勇主编：《唐诗宋词全集》第4册，燕山出版社，2007年。

168. 吉林大学古籍研究所编：《1—6世纪中国北方边疆·民族·社会国际学术研讨会论文集》，科学出版社，2008年。

169. 冀朝鼎：《中国历史上的基本经济区与水利事业的发展》，中国社会科学出版社，1981年

170. [法] 蓝克利、董晓萍、吕敏：《陕山地区水资源与民间社会调查资料集》，中华书局，2003年。

171. 李令福：《关中水利开发与环境》，人民出版社，2004年。

172. 李祖德、陈启能编：《评魏特夫的〈东方专制主义〉》，中国社会科学出版社，1997年。

173. 廖艳彬：《陂域型水利社会研究——基于江西泰和县槎滩陂水利系统的社会史考察》，商务印书馆，2017年。

174. 刘翠溶：《积渐所至：中国环境史论文集》，台湾“中研院”经济研究所，1995年。

175. 刘志伟：《溪畔灯微：社会经济史研究杂谈》，北京师范大学出版社，2020年。

176. 陆鼎煌编著：《气象学与林业气象学》，中国林业出版社，1994年。

177. 罗枢运：《黄土高原自然条件研究》，陕西人民出版社，1988年。

178. 马启成：《回族历史与文化暨民族学研究》，中央民族大学出版社，2006年。

179. 钱杭：《库域型水利社会研究——萧山湘湖水利集团的兴与衰》，上海人民出版社，2009年。

180. 山西大学中国社会史研究中心编：《山西水利社会史》，北京大学出版社，2012年。

181. 陕西师范大学西北历史环境与经济社会发展研究中心编：《人类社会经济行为对环境的影响和作用》，三秦出版社，2007年。

182. 唐长孺：《魏晋南北朝隋唐史三论》，武汉大学出版社，2013年。

183. 王成敬：《西北的农田水利》，中华书局，1950年。

184. 夏明方：《文明的“双相”：灾害与历史的缠绕》，广西师范大学出版社，2020年。

185. 萧枫、桑希臣编：《唐诗宋词元曲》，线装书局，2002年。

186. 辛德勇：《古代交通与地理文献研究》，商务印书馆，2018年。

187. 行龙：《以水为中心的山西社会》，商务印书馆，2018年。

188. 徐海荣主编：《中国饮食史》，杭州出版社，2014年。

189. 杨伯峻：《春秋左传注》，中华书局，1981年。

190. 杨继国、胡迅雷主编：《宁夏历代诗词集》，宁夏人民出版社，2011年。

191. 杨念群：《何处是“江南”——清朝正统观的确立与士林精神世界的变异》，生活·读书·新知三联书店，2017年。

192. 姚汉源：《中国水利史纲要》，水利电力出版社，1987年。

193. 应廉耕、陈道：《以水为中心的华北农业》，北京大学出版社，1948年。

194. 张俊峰：《水利社会的类型：明清以来洪洞水利与乡村社会变迁》，北京大学出版社，2012年。

195. 张俊峰：《泉域社会：对明清山西环境史的一种解读》，商务印书馆，2018年。

196. 赵世瑜：《小历史与大历史：区域社会史的理念、方法与实践》，生活·读书·新知三联书店，2006年。

197. 周贵平主编：《中国旅游景观》，国防工业出版社，2015年。

198. 周嘉：《共有产权与乡村协作机制——山西“四社五村”水资源管理研究》，中国社会科学出版社，2018年。

199. ［英］彼得·伯克：《图像证史》，杨豫译，北京大学出版社，2008年。

200. ［英］基思·托马斯：《人类与自然世界：1500—1800年间英国观念的变化》，宋丽丽译，译林出版社，2009年。

201. ［英］W.G.霍斯金斯：《英格兰景观的形成》，梅雪芹、刘梦霏译，商务印书馆，2017年。

202. ［美］W.J.T. 米切尔编：《风景与权力》，杨丽、万信琼译，译林出版社，2014年。

203. 和田保、『水を中心にして見た北支那の農業』、東京成美堂発行、1943。

204．長瀬守、『宋元水利史研究序章』、日本国書刊行ギルド、1983。

205．森田明、『山陝の民衆と水の暮し』、東京汲古書院、2010。

206．Zhang Ling: *The River, the Plain, and the State: An Environmental Drama in Northern Song China, 1048—1128*, Cambridge University Press, 2016.

六、学术论文

207．安介生：《明清扬州世族与景观环境之营建——以北湖地区为核心的考察》，《中国历史地理论丛》2013年第4期。

208．安介生：《他山之石：英美学界景观史范式之解读》，《复旦学报》2020年第6期。

209．钞晓鸿：《灌溉、环境与水利共同体——基于清代关中中部的分析》，《中国社会科学》2006年第4期。

210．陈涛：《明代浦阳江改道与萧绍平原水利转型》，《历史地理研究》2021年第1期。

211．程民生：《关于我国古代经济重心南移的研究与思考》，《殷都学刊》2004年第1期。

212．崔云峰：《霍泉的形成及其利用》，《山西水利史志专辑》1987年第4辑。

213．邓可、宋峰：《文化景观引发的世界遗产分类问题》，《中国园林》2018年第3期。

214．丁梦琦：《“江南”地理内涵的演变及其文化意象》，《中国地名》2020年第10期。

215．董晓萍：《节水水利民俗》，《北京师范大学学报》2003年第5期。

216．杜静元：《组织、制度与关系：河套水利社会形成的内在机制——兼论水利社会的一种类型》，《西北民族研究》2019年第1期。

217. 杜树海：《明清以降中国南部边疆地区的国家整合方式研究》，《西北民族研究》2020年第1期。

218. 葛永海：《地域审美视角与六朝文学之“江南”意象的历史生成》，《学术月刊》第48卷。

219. 耿金：《中国水利史研究路径选择与景观视角》，《史学理论研究》2020年第5期。

220. 关凯：《反思“边疆”概念：文化想象的政治意涵》，《学术月刊》2013年第6期。

221. 韩茂莉：《近代山陕地区基层水利管理体系探析》，《中国经济史研究》2006年第1期。

222. 韩茂莉：《中国古代状元分布的文化背景》，《地理学报》1998年第6期。

223. 何峰：《苏州阊西地区城市景观的形成与发展》，《中国历史地理论丛》2010年第1期。

224. 贺泳：《洛阳龙门考察报告》，《文物》1951年第12期。

225. 侯立兵：《汉唐辞赋中的西域“水”“马”意象》，《文学遗产》2010年第3期。

226. 胡克诚：《何处是江南：论明代镇江府“江南”归属性的历史变迁》，《浙江社会科学》2018年第1期。

227. 胡晓明：《“江南”再发现——略论中国历史与文学中的“江南认同”》，《华东师范大学学报》2011年第2期。

228. 胡英泽：《水井与北方乡村社会——基于山西、陕西、河南省部分地区乡村水井的田野考察》，《近代史研究》2006年第1期。

229. 黄爱梅、于凯：《先秦秦汉时期“江南”概念的考察》，《史林》2013年第2期。

230. 冀福俊：《清代山西商业交通及商业发展研究》，山西大学2006年硕士论文。

231. 金寿福：《东方专制主义理论是冷战产物》，《历史评论》

2020年第2期。

232.［日］井黑忍：《旧章再造:以一石三记与三石一记水利碑为基础资料》，《社会史研究》2018年第5辑。

233.［日］井黑忍：《清浊灌溉方式具有的对水环境问题的适应性——以中国山西吕梁山脉南麓的历史事例为中心》，王睿译，《当代日本中国研究》2014年第3辑。

234. 李伯重：《简论“江南地区”的界定》，《中国社会经济史研究》1991年第1期。

235. 李嘎、王秀雅：《海子边：明清民国时期太原城内的一处滨水空间（1436—1937年）》，《中国历史地理论丛》2018年第2期。

236. 李嘎：《旱域清泓：明清山西城市中的自然水域与社会利用——基于11座典型城市的考察》，《社会史研究》2020年第9辑。

237. 李嘎：《刻画三晋之“美”：安介生先生的山西景观环境史研究》，《学术评论》2020年第6期。

238. 李怀印：《晚清及民国时期华北村庄中的乡地制——以河北获鹿县为例》，《历史研究》2001年第6期。

239. 李令福：《论秦郑国渠的引水方式》，《中国历史地理论丛》2001年第16期。

240. 李令福：《论唐代引泾灌溉的渠系变化与效益增加》，《中国农史》2008年第2期。

241. 李令福：《论淤灌是中国农田水利发展史上的第一个重要阶段》，《中国农史》2006年第2期。

242. 李晓方、陈涛：《明清时期萧绍平原的水利协作与纠纷——以三江闸议修争端为中心》，《史林》2019年第2期。

243. 李玉尚：《清末以来江南城市的生活用水与霍乱》，《社会科学》2010年第1期。

244. 梁志平：《渐变下的调适:上海水质环境变迁与饮水改良简析（1842—1980）》，《兰州学刊》2011年第12期。

245. 林昌丈：《“水利灌区”的形成及其演变——以处州通济堰为中心》，《中国农史》2011年第3期。

246. 林昌丈：《“通济堰图”考》，《中国地方志》2013年第12期。

247. 刘保昌：《近代以来中国文学的海洋书写》，《西南大学学报（社会科学版）》2015年第6期。

248. 刘家信：《〈龙门山全图〉考》，《文物》1998年第1期。

249. 刘正良：《胡宝瑔与〈水利图碑〉》，《治淮》1992年第1期。

250. 鲁西奇：《“水利周期”与“王朝周期”：农田水利的兴废与王朝兴衰之间的关系》，《江汉论坛》2011年第8期。

251. 鲁西奇：《“水利社会”的形成——以明清时期江汉平原的围垸为中心》，《中国经济史研究》2013年第2期。

252. 潘春辉：《明清以来河西走廊水利社会特点》，《中国社会科学报》2020年9月14日。

253. 潘泠：《乐府江南诗中“江南”意象的形塑及其流变》，《江南大学学报》2014年第1期。

254. 潘威：《清前中期伊犁锡伯营水利营建与旗屯社会》，《西北民族论丛》2020年第1期。

255. 潘威：《清代民国时期伊犁锡伯旗屯水利社会的形成与瓦解》，《西域研究》2020年第3期。

256. 潘威：《民国时期甘肃民勤传统水利秩序的瓦解与“恢复”》，《中国历史地理论丛》2021年第1期。

257. 潘威、蓝图：《西北干旱区小流域水利现代化过程的初步思考——基于甘肃新疆地区若干样本的考察》，《云南大学学报》2021年第3期。

258. 祁建民：《从水权看国家与村落社会的关系》，山西大学中国社会史研究中心编：《山西水利社会史》，北京大学出版社，2012年。

259. 祁建民：《山西四社五村水利秩序与礼治秩序》，《广西民族大学学报》2015年第3期。

260. 钱杭:《共同体理论视野下的湘湖水利集团——兼论“库域型”水利社会》,《中国社会科学》2008年第2期。

261. 森田明:《中国水利史研究的近况及其新动向》,《山西大学学报》2011年第3期。

262. 申汇:《评魏特夫东方专制主义研讨会述要》,《中国史研究动态》1994年第7期。

263. 沈艾娣(Henrietta Harrison):《道德、权力与晋水水利系统》,《历史人类学学刊》2003年第1卷第1期。

264. 石峰:《无纠纷之“水利社会”——黔中鲍屯的案例》,《思想战线》2013年第1期。

265. 孙果清:《石刻》,《黄河图说》2006年第2期。

266. 田宓:《“水权”的生成——以归化城土默特大青山沟水为例》,《中国经济史研究》2019年第2期。

267. 田宓:《水利秩序与蒙旗社会——以清代以来黄河河套万家沟小流域变迁史为例》,《中国历史地理论丛》2021年第1期。

268. 王国健、周斌:《唐代文人的旅游生活与新自然景观的发现——以西域、岭南两地为中心》,《湖南师范大学社会科学学报》2013年第5期。

269. 王加华:《处处是江南:中国古代耕织图中的地域意识与观念》,《中国历史地理论丛》2019年第3期。

270. 王建革:《河北平原水利与社会分析(1368—1949)》,《中国农史》2000年第2期。

271. 王建革:《19—20世纪江南田野景观变迁与文化生态》,《民俗研究》2018年第2期。

272. 王锦萍:《宗教组织与水利系统:蒙元时期山西水利社会中的僧道团体探析》,《历史人类学学刊》2011年第1期。

273. 王良田:《乾隆二十三年开、归、陈、汝〈水利图碑〉》,《农业考古》2004年第3期。

274．王铭铭：《水利社会的类型》，《读书》2004年第11期。

275．王汝雕：《从新史料看元大德七年山西洪洞大地震》，《山西地震》2003年第3期。

276．王双怀：《从环境变迁视角探讨西部水利的几个重要问题》，《西北大学学报（自然科学版）》2004年第34期。

277．王云才、史欣：《传统地域文化景观空间特征及形成机理》，《同济大学学报（社会科学版）》2010年第1期。

278．王长命：《明清以来平遥官沟河水利开发与水利纷争》，山西大学2006年硕士学位论文。

279．吴庆龙等：《公元前1920年溃决洪水为中国大洪水传说和夏王朝的存在提供依据》，《中国水利》2017年第3期。

280．吴媛媛：《明清时期徽州民间水利组织与地域社会——以歙县西乡昌堨、吕堨为例》，《安徽大学学报》2013年第2期。

281．吴左宾：《明清西安城市水系与人居环境营建研究》，华南理工大学2013年博士论文。

282．夏明方：《什么是江南——生态史视域下的江南空间与话语》，《历史研究》2020年第2期。

283．项露林、张锦鹏：《从“水域权”到“地权”：产权视阈下“湖域社会”的历史转型——以明代两湖平原为中心》，《河南社会科学》2019年第4期。

284．萧正洪：《历史时期关中地区农田灌溉中的水权问题》，《中国经济史研究》1999年第1期。

285．行龙：《晋水流域36村水利祭祀系统个案研究》，《史林》2005年第4期。

286．行龙：《从治水社会到水利社会》，《读书》2005年第8期。

287．行龙：《水利社会史探源——兼论以水为中心的山西社会》，《山西大学学报（哲学社会科学版）》2008年第1期。

288．行龙：《水利社会史研究大有可为》，《中国社会科学报》

2011年7月14日。

289．行龙：《克服“碎片化” 回归总体史》，《近代史研究》2012年第4期。

290．徐茂明：《江南的历史内涵与区域变迁》，《史林》2002年第3期。

291．姚汉源：《中国古代的农田淤灌及放淤问题——古代泥沙利用问题之一》，《武汉水利电力学院学报》1964年第2期。

292．佚名：《苏郡城河三横四直图说碑》，《东南文化》1998年第1期。

293．余康：《“山村型”社会与水利管理制度转型——以徽州吕堨为中心的考察（1127—1930）》，华东师范大学2019年硕士学位论文。

294．张国维：《龙门石、木雕刻图》，《文物季刊》1994年第2期。

295．张继莹：《山西河津三峪地区的环境变动与水利规则（1368—1935）》，《东吴历史学报》2014年第32期。

296．张景平、王忠静：《从龙王庙到水管所——明清以来河西走廊灌溉活动中的国家与信仰》，《近代史研究》2016年第3期。

297．张景平：《干旱区近代水利危机中的技术、制度与国家介入——以河西走廊讨赖河流域为个案的研究》，《中国经济史研究》2016年第6期。

298．张景平：《“国家走廊”和“国家水利”：河西走廊水资源开发史中的政治与社会逻辑》，《中国民族报·理论周刊》2018年8月24日。

299．张俊峰：《明清以来晋水流域之水案与乡村社会》，《中国社会经济史研究》2003年第2期。

300．张俊峰：《介休水案与地方社会——对泉域社会的一项类型学分析》，《史林》2005年第3期。

301．张俊峰：《率由旧章：前近代汾河流域若干泉域水权争端中的行事原则》，《史林》2008年第2期。

302. 张俊峰：《油锅捞钱与三七分水：明清时期汾河流域的水冲突与水文化》，《中国社会经济史研究》2009年第4期。

303. 张俊峰：《水利共同体研究：反思与超越》，《中国社会科学报》2011年4月11日。

304. 张俊峰：《超越村庄："泉域社会"在中国研究中的意义》，《学术研究》2013年第7期。

305. 张俊峰：《清至民国山西水利社会中的公私水交易》，《近代史研究》2014年第5期。

306. 张俊峰：《金元以来山陕水利图碑与历史水权问题》，《山西大学学报（哲学社会科学版）》2017年第3期。

307. 张俊峰：《清至民国内蒙古土默特地区的水权交易——兼与晋陕地区比较》，《近代史研究》2017年第3期。

308. 张俊峰：《当前中国水利社会史研究的新视角与新问题》，《史林》2019年第4期。

309. 张俊峰：《中国水利社会史研究的空间、类型与趋势》，《史学理论研究》2022年第4期。

310. 张亮：《清末民国成都的饮用水源、水质与改良》，《民国研究》2019年第2期。

311. 张萍：《城市经济发展与景观变迁——以明清陕西三原为例》，常建华主编：《中国社会历史评论第7卷》，天津古籍出版社，2006年。

312. 张涛：《人居科学视野下的黄河龙门文化景观营造研究——以清刻〈龙门山全图〉为蓝本》，《建筑师》2014年第3期。

313. 张涛、武毅、崔陇鹏：《本土人居视野下的黄河龙门文化景观营造研究》，《西安建筑科技大学学报（自然科学版）》2017年第5期。

314. 张小军：《复合产权：一个实质论和资本体系的视角——山西介休洪山泉的历史水权个案研究》，《社会学研究》2007年第4期。

315. 张晓燕、李中耀:《从“玉门关”意象看清代文人的西域情怀》,《西域研究》2016年第1期。

316. 赵世瑜:《分水之争:公共资源与乡土社会的权力和象征——以明清山西汾水流域的若干案例为中心》,《中国社会科学》2005年第2期。

317. 郑晓云:《国际水历史科学的进展及其在中国的发展探讨》,《清华大学学报(哲学社会科学版)》2017年第6期。

318. 郑振满:《莆田平原的聚落形态与仪式联盟》,《地理学评论第二辑——第五届人文地理学沙龙纪实》,商务印书馆,2010年。

319. 周魁一:《我国现存最早的一部水利法典——唐〈水部式〉》,《中国水利》1981年第4期。

320. 周伟州:《明〈黄河图说〉碑试解》,《文物》1975年第3期。

321. 周振鹤:《释江南》,《中华文史论丛》第49辑,上海古籍出版社,1992年。

322. 森田明、『「水利共同体」論に対する中国からの批判と提言』、『東洋史訪』2007(13)。

323. Clifford Geertz. The Wet and Dry: Traditional Irrigation in Bali and Morocco, *Human Ecology*, Vol. 1, 1972.

324. Stephen Bann. Face-to-Face with History, *New Literary History*, Vol. 29, 1998,pp.235-246.

后　记

从1999年读硕士研究生算起，我从事水利社会史研究已有25年光阴。从未想过自己从事这项研究竟会持续如此之久。在此期间，我先后完成三部水利社会史研究作品。第一部是在2006年博士学位论文基础上修改完成的《水利社会的类型：明清以来洪洞水利与乡村社会变迁》（北京大学出版社，2012年），算是我的处女作。这部书以山西洪洞为实践案例，主要解决的是如何在类型学视野下开展不同区域的水利社会史研究，既属于实证研究，也带有一定的方法论意义。第二部是在前书提出的"泉域社会"概念基础上，针对山西泉域社会这一独特类型所做的专门研究，意在充实并深化"泉域社会"的内涵，书名为《泉域社会：对明清山西环境史的一种解读》（商务印书馆，2018年），也带有从水的问题出发开展环境史研究的含义。在这部书中我特别强调了历史水权问题，认为水权是开展北方水利社会史研究的一个核心问题。第三部便是呈现在读者面前的这本新著——《图碑证史：金元以来山陕水利社会新探》。本书是在我主持完成的2017年度国家社科基金重点项目"金元以来山陕水利图碑的搜集整理与研究"（项目编号：17AZS009）的结项成果基础上修改完成的。与此前研究不同，本书试图另辟蹊径，从过去偏重以文字为中心转向以图像为中心，以刻于石碑上的水利图而不是方志水利图或其他纸质水利图等作为重点搜集、整理和研究对象，以图为媒，结合方志、碑刻和其他民间文献，讲述图碑背后的历史和故事。总体上看，三部书之间互有承接，既前后呼应，又各有偏重，是我在水利社会史研究领域努力探索的一个缩影。

本书搜集、整理的水利图碑，从地域上来讲，主要以山西为主，陕西省的水利图碑目前来看在数量上远不及山西，涉及灌溉水利的仅有明成化五年（1469）陕西巡抚项忠所立《广惠渠图碑》，现存于陕西西安碑林。另有一通为清道光二十四年（1844）《黄河滩阡图碑》，同样存于西安碑林，不过此碑主要讲述的是1822年黄河大水导致渭河以南、黄河以西潼关县一个千余户人口的村社500余顷土地遭受水患，导致人口逃亡，土地荒芜，为免将来地界混迷、纳粮无据，该村三社民人“将所伤之地亩、村庄、形式并各阡长阔数目著册绘图刊石”。这是我在陕西所见仅有的两通水利图碑。除此之外，山陕两省隔河相望，还有数通黄河图碑，在研究中我也做了搜集，并指导研究生裴孟华从景观史的角度做了初步研究。由于本书着重围绕水利图碑开展研究，因此有关陕西部分，主要选取历史悠久的郑国渠作为研究对象，讲述了这个具有两千多年历史的大型水利灌溉工程，在秦汉唐宋元明清直至民国、新中国成立以来所发生的重大变迁。与郑国渠这种国家主导的大型水利灌溉工程不同，山西省的水利灌溉工程和相应的水利社会，则具有工程中小型化甚至是微型化、管理精细化、以民间为主体的特点。我在山西省搜集到的水利图碑主要在汾河流域，包括引泉、引洪、引河灌溉三种主要类型，涉及的主要有山西平遥县、介休洪山泉、洪洞广胜寺霍泉、霍州杜庄马刨泉和贾村娲皇庙泉、毗邻曲沃和绛县的沸泉、闻喜涑水河、新绛鼓堆泉、运城盐池、稷山马壁峪灌区、河津三峪灌区等。

在进行课题设计时，我的主导思想是围绕每张图来做研究，所谓一图胜千言，水利图碑就是一个地方长期水利开发的结果，通过看图说史，图文互证、互鉴、互校的方式，以水利图碑为中心，搜集整理每个地方与水利开发有关的碑刻、档案、契约、家谱、志书及其他民间文献，系统还原地方水利开发史和区域社会的历史变迁。为了避免出现同质性，在研究中有所取舍，未能将每一地每一张图都撰写成文，独立成章，这是需要请读者和学界同仁多多包涵的地方。

受时间、篇幅和个人能力所限，本书中还存在一些令人遗憾的地方。一是关于运城盐池的研究最终未能完成。在我看来，运城盐池是非常值得深入研究的，不仅历代以来资料丰富，而且还保存了珍贵的《河东盐池之图》。从表面上看，河东盐池虽是以产盐为主的，但若从水利的角度来看，围绕池盐的生产，在运城盐池地区形成了一套非常复杂的洪水防御系统，历代以来这里的官员均奉行“治水即以治盐”的理念，因此《河东盐池之图》碑其实是一个非常有代表性的防洪水利图碑。如此重要的水利图碑，难以仓促写就，加之学界此前已有相关题目的论文问世，如果不能写出有新意的成果，不如暂时将其搁置，待将来完成后再行补充修订。二是关于河津三峪的研究，我在本书中也未能完成。之所以如此，是因为本课题的两位合作者——日本大谷大学准教授井黑忍和我国台湾“清华大学”通识教育中心暨历史所助理教授张继莹分别在日本《史林》杂志和中国台湾《东吴历史学报》发表过一篇有关河津三峪水利的文章，为免重复，本书将其列入参考文献，专此说明。

本书得以最终完成并顺利出版，还要感谢很多学界同仁和师友的帮助与提携。首先要感谢导师行龙教授多年来的鞭策和教诲。我从硕士毕业留校至今，在山西大学已超过二十个年头。二十多年间，我从学生变成老师，从博士变成教授，从教授变成中心负责人，每一步成长和发展都离不开行老师的耳提面命与严格要求。学术和人生之路上，得遇恩师，不断提携和进步，是我的荣幸，在此深表感激。感谢能够拥有山西大学中国社会史研究中心这样一个有奋斗目标和治学理念的学术团队。山西大学的人口资源环境史尤其是水利社会史研究团队的成长，正是在行龙教授“走向田野与社会”学术理念指引下取得的，今后我们仍将秉承和发扬山西大学中国社会史研究中心优良的治学传统，将水的社会史研究不断推向深入。

本书部分章节曾以单篇论文形式在《近代史研究》《史学理论研究》《史林》《民俗研究》《清史研究》《历史地理研究》《中国农史》

《山西大学学报（哲学社会科学版）》等学术期刊发表。这些论文在发表过程中吸收了各期刊编辑部和匿名审稿专家的建设性意见和建议，在此谨向他们表示感谢！由衷感谢南开大学出版社及天津人民出版社领导的大力支持。正是在他们的支持下，本书才有机会获得2022年度国家出版基金的资助，让我深感荣幸。还要特别感谢我的研究生李佩俊，作为天津人民出版社的编辑，她为本书的出版付出了极大的辛苦，正是在她的不断催促下，让有拖延症的我加快了写作进度，直至最终成稿。在编辑、校对过程中，佩俊也显示出极为专业的编辑素养，让本书增色不少。此外，我的研究生张瑜、裴孟华、白如镜、李杰、于飞、郭宇、王文文等诸位同学，在资料整理、扫描、写作和修改方面也付出了不少时间和精力，在此一并致谢！至于本书中存在的问题或错讹之处，概由本人负责。欢迎学界同仁多提宝贵意见和建议！

张俊峰
写于山西大学鉴知楼
2024年5月